21世纪高等职业教育信息技术类规划教材

21 Shiji Gaodeng Zhiye Jiaoyu Xinxi Jishulei Guihua Jiaocai

CorelDRAW X3
实用教程

CorelDRAW X3 SHIYONG JIAOCHENG

郭万军 主编 盛洁 任平 副主编

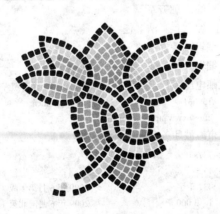

人民邮电出版社

北京

图书在版编目（CIP）数据

CorelDRAW X3实用教程/郭万军主编.—北京：人民邮
电出版社，2009.6
21世纪高等职业教育信息技术类规划教材
ISBN 978-7-115-20512-4

Ⅰ. C… Ⅱ. 郭… Ⅲ. 图形软件，CorelDRAW X3—高等
学校：技术学校—教材 Ⅳ. TP391.41

中国版本图书馆CIP数据核字（2009）第049235号

内 容 提 要

本书以平面设计为主线，系统地介绍了 CorelDRAW X3 的基本使用方法和技巧。全书共分 11 章，内容包括 CorelDRAW X3 的基本概念与基本操作、页面设置与文件操作、绘制图形与填充颜色、各种绘制图形和编辑图形工具、文本的输入与编辑、位图效果应用、系统设置、作品打印与发布等。每章在讲解工具和命令的同时还穿插了很多围绕功能的小案例以及综合案例，使读者在理解所学内容的基础上，边学边练，强化所学内容。此外在每章后都精心安排了操作题，使读者巩固并检验本章所学知识。

本书适合作为高职高专院校"CorelDRAW"课程的教材，也可作为 CorelDRAW 初学者的自学参考书。

21 世纪高等职业教育信息技术类规划教材

CorelDRAW X3 实用教程

◆ 主　编　郭万军
　　副主编　盛　洁　任　平
　　责任编辑　潘春燕
　　执行编辑　王　威

◆ 人民邮电出版社出版发行　　北京市崇文区夕照寺街 14 号
　　邮编　100061　　电子函件　315@ptpress.com.cn
　　网址　http://www.ptpress.com.cn
　　三河市海波印务有限公司印刷

◆ 开本：787×1092　1/16
　　印张：17.5
　　字数：437 千字　　　　　　　2009 年 6 月第 1 版
　　印数：1—3 000 册　　　　　　2009 年 6 月河北第 1 次印刷

ISBN 978-7-115-20512-4/TP

定价：28.00 元

读者服务热线：**(010)67170985**　印装质量热线：**(010)67129223**
反盗版热线：**(010)67171154**

前　言

随着计算机艺术设计相关产业的迅速发展，高等职业院校的计算机艺术设计类教学任务也应该紧随社会的需要开拓新的教学思路。目前高职院校的计算机平面设计教学存在的主要问题是传统的教学内容与迅速发展的现代化艺术设计产业的实际需要有较大差距。本教材的编写，在保留传统教学模式的前提下，增加与现代化艺术设计企业的业务有关的知识内容，即边学→边练→边用的教学体系，真正达到学有所用的教学目的。

根据高职学生的实际情况，本书从软件的基本操作入手，深入讲述了 CorelDRAW X3 的基本功能和使用技巧。每章都安排了 1～2 个综合案例，并给出了该章小结和操作题，以加深学生对所学内容的理解。在讲解工具和命令时，除对基本使用方法和选项参数进行了全面、详细的介绍外，对于常用、重要和较难理解的工具和命令，以穿插实例的形式进行讲解，使学生达到融会贯通、学以致用的目的。

本教材在强调基础工具和命令的同时，力求体现新知识、新创意、新理念。注重理论和实践的结合，并通过配套的《CorelDRAW X3 上机指导与练习》一书，形成边学→边练→边用的教学体系，来加强学生对相关设计公司业务实战技能的培养。

为方便教师教学，本书配备了内容丰富的教学资源包，包括素材、所有案例的效果演示、PPT 电子教案、习题答案、教学大纲和 2 套模拟试题及答案。任课老师可登录人民邮电出版社教学服务与资源网（www.ptpedu.com.cn）免费下载使用。

本课程的教学时数为 72 学时，各章的参考教学课时见以下的课时分配表。

章　节	课 程 内 容	课 时 分 配	
		讲　授	实 践 训 练
第 1 章	CorelDRAW X3 基本概念与基本操作	2	2
第 2 章	页面设置与文件操作	2	2
第 3 章	绘制图形与填充颜色	3	4
第 4 章	线形、形状和艺术笔工具	4	4
第 5 章	填充、轮廓和编辑工具	3	3
第 6 章	交互式工具	4	4
第 7 章	文本工具	3	4
第 8 章	对象操作命令	3	4
第 9 章	图像效果应用	3	5
第 10 章	位图效果应用	3	5
第 11 章	系统设置、作品打印与发布	2	3
课 时 总 计		32	40

本书由郭万军任主编，盛洁、任平任副主编，参加编写工作的还有沈精虎、黄业清、宋一兵、谭雪松、向先波、冯辉、郭英文、计晓明、滕玲、董彩霞、郝庆文等。

由于作者水平有限，书中难免存在错误和不妥之处，恳切希望广大读者批评指正。

编　者
2009 年 3 月

目　录

第1章　CorelDRAW X3 基本概念与基本操作

CorelDRAW 是由 Corel 公司推出的集图形设计、文字编辑及图形高品质输出于一体的矢量图形绘制软件，是一款深受广大平面设计人员青睐的软件。无论是绘制简单的图形还是进行复杂的设计，该软件都会使用户得心应手。

本书主要讲解 CorelDRAW X3 版本的功能及使用方法。本章首先来介绍有关学习本书时的叙述约定、运行该软件的环境要求、软件的应用领域、基本概念、软件的窗口布局及简单操作等。

1.1　叙述约定

屏幕上的鼠标光标表示鼠标所处的位置，当移动鼠标时，屏幕上的鼠标光标就会随之移动。通常情况下，鼠标光标的形状是一个左指向的箭头 。在某些特殊操作状态下，鼠标光标的形状会发生变化。CorelDRAW X3 中鼠标有 6 种基本操作，为了叙述上的方便，约定如下。

- 移动：在不按鼠标键的情况下移动鼠标，将鼠标光标指到某一位置。
- 单击：快速按下并释放鼠标左键。单击可用来选择屏幕上的对象。除非特别说明，以后所出现的单击都是指用鼠标左键操作。
- 双击：快速连续单击鼠标左键两次。双击通常用来打开对象。除非特别说明，以后所出现的双击都是指用鼠标左键操作。
- 拖曳：按住鼠标左键不放，并移动鼠标光标到一个新位置，然后松开鼠标左键。拖曳操作可用来选择、移动、复制和绘制图形。除非特别说明，以后所出现的拖曳都是指按住鼠标左键进行操作。
- 右击：快速按下并释放鼠标右键。这个操作通常弹出一个快捷菜单。
- 拖曳并右击：按住鼠标左键不放，移动鼠标到一个新位置，然后在不松开鼠标左键的情况下单击鼠标右键。

为了方便读者对后面章节的学习，本节对一些常用术语的约定如下。

- "+"：指在键盘上同时按下文中提到的"+"左、右两边的两个键，如 Ctrl+Z 表示同时按下 Ctrl 和 Z 两个键；或先按住 Ctrl 键不松手，然后再按 Z 键，执行完毕后同时松手。在实际工作过程中后一种方法比较常用。

> 在利用快捷键执行命令时，还有同时按更多键的情况，为操作正确一定要先按住键盘上的辅助键（如 Shift 键、Ctrl 键或 Alt 键）不放，然后再按键盘上的其他键，否则不能执行相应的操作。

- 【】：符号中的内容表示菜单命令或对话框中的选项等。
- "/"：表示执行菜单命令的层次。例如，选择菜单栏中的【文件】/【新建】

命令，表示先选择菜单栏中的【文件】命令，然后在弹出的下拉菜单中选择
【新建】命令。

- "\"：表示文件打开的路径。例如，选择 C 盘下"新建文件夹\操作题 1"，表
  示先选择 C 盘下的"新建文件夹"这个文件夹，然后在打开的文件夹中选择
  "操作题 1"这个文件。

1.2　CorelDRAW X3 的环境要求

下面来介绍一下安装 CorelDRAW X3 时对系统的一些要求。

1.2.1　硬件要求

在 Windows 中安装使用 CorelDRAW X3 的最低硬件配置要求如下。

(1)　Intel PentiumIII或以上机型。

(2)　256MB 或以上内存。

(3)　200 MB 硬盘空间（仅用于 CorelDRAW，加其他应用程序则需要更多空间）。

(4)　16 位以上的适配卡和 1024 像素×768 像素的屏幕分辨率的显示器。

(5)　CD‑ROM 驱动器。

(6)　鼠标或绘图板。

1.2.2　运行环境要求

CorelDRAW X3 的运行环境要求如下。

(1)　Windows 2000、Windows XP（家庭版、专业版、Media Edition、64 位或 Tablet PC
Edition）或含最新 Service Pack 的 Windows Server 2003。

(2)　Microsoft Internet Explorer 6 或更高版本。

1.2.3　其他输入、输出设备

常用的输入设备有扫描仪和数码相机，输出设备是打印机。

一、　输入设备

扫描仪是一种高精度的光电一体化的高科技产品，它是将各种形式的图像信息输入计算
机的重要工具，是继键盘和鼠标之后的第三代计算机输入设备。扫描仪的种类繁多，根据扫
描仪用途和扫描介质的不同，可以将扫描仪分为以电荷耦合元件（CCD）为核心的平板式
扫描仪、手持式扫描仪和以光电倍增管为核心的滚筒式扫描仪。分辨率是扫描仪性能高低的
主要依据，通常用每英寸上扫描图像所含有像素点的个数（DPI）来表示。扫描仪的分辨率
又分为光学分辨率和最大分辨率，光学分辨率是指扫描仪物理器件所具有的真实分辨率，而
最大分辨率是用软件加强的插值分辨率，并不代表扫描仪的真实分辨率。目前，常见的办公
用扫描仪的分辨率为 600（水平分辨率）×1200（垂直分辨率）DPI、1200×2400 DPI 或
2400×2400 DPI，插值分辨率为 9600 DPI 或更高。

数字摄影技术是胶片摄影与计算机图像技术的结合，而数码相机正是数字摄影技术的代

表产品，也是目前使用人群最多的一种计算机输入设备，其核心部件是电荷耦合器件（CCD）的光敏材料芯片。以往数字摄影技术只是依靠扫描仪和传统的胶片冲洗技术来完成，最后由计算机进行处理和编辑，其过程相当繁琐，而使用数码相机却可将这些过程变得相当便捷，可以用数码相机拍摄到满意的图像，然后可立即打印输出或将其直接传输到计算机中，进行处理和编辑。

二、 输出设备

最常用的输出设备为打印机，而常用的打印机有喷墨式打印机、针式打印机和激光打印机 3 种。

喷墨式打印机通过加热喷嘴，使墨水产生气泡，喷到打印介质上。对于普通的设计稿来说，采用分辨率在 720DPI 以上的喷墨式打印机就能满足设计的要求；如果使用分辨率更高的喷墨式打印机，并使用专用纸，可以打印类似照片质量的图像。

针式打印机由于其不可替代的定位套打、连续打印、拷贝打印以及突出的可靠性、优异的耗材性价比，逐步得到了国内很多行业用户的认同。

激光打印机的打印原理是 CMYK 四色碳粉，分 4 次打印到纸上，无需专用纸张，具有打印速度快、打印质量高的优点。

1.3　CorelDRAW 的应用领域

CorelDRAW 是基于矢量图进行操作的设计软件，具有专业的设计工具，可以导入由 Office、Photoshop、Illustrator 以及 AutoCAD 等软件输入的文字和绘制的图形，并能对其进行处理，最大程度地方便了用户的编辑和使用。此软件不但让设计师可能快速地制作出设计方案，而且还可以创造出很多手工无法表现只有电脑才能精彩表现的设计内容，是平面设计师的得力助手。

1.3.1　CorelDRAW 的用途

CorelDRAW 的应用范围非常广泛，从简单的几何图形绘制到标志、卡通、漫画、图案、各类效果图及专业平面作品的设计，都可以利用该软件快速高效地绘制出来。

CorelDRAW 的应用领域主要有平面广告设计、工业设计、企业形象 CIS 设计、产品包装设计、产品造型设计、网页设计、商业插画、建筑施工图与各类效果图绘制、纺织品设计及印刷制版等。

1.3.2　案例赏析

下面是利用 CorelDRAW X3 绘制的一些案例作品欣赏，以便提高读者对此软件的理解和学习兴趣。

（1）标志设计，如图 1-1 所示。

图1-1　设计的标志

(2) 卡通绘制，如图 1-2 所示。

图1-2　绘制的卡通

(3) 企业形象 CIS（CIS 是企业识别系统的英文缩写）设计，如图 1-3 所示。

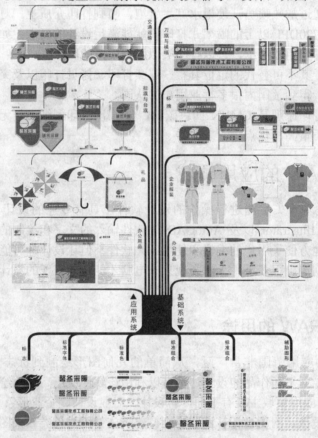

图1-3　企业形象 CIS 设计

(4) 漫画绘制，如图 1-4 所示。

图1-4　绘制的漫画

(5) 纺织品图案绘制，如图 1-5 所示。

图1-5　绘制的纺织品图案

(6) 服装效果图绘制，如图 1-6 所示。

图1-6　服装效果图

(7) 插画绘制，如图 1-7 所示。

图1-7　绘制的商业插画

(8) 网络广告设计，如图 1-8 所示。

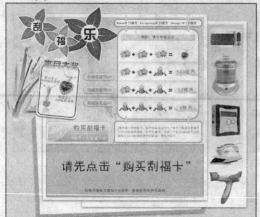

图1-8 设计的网络广告

(9) 产品造型设计，如图 1-9 所示。

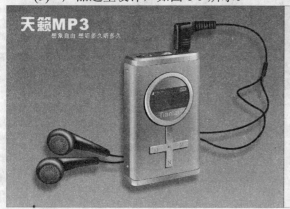

图1-9 设计的产品造型

(10) 建筑平面图及空间布置图绘制，如图 1-10 所示。

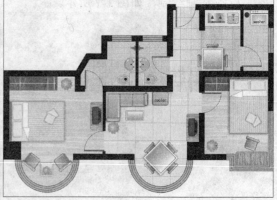

图1-10 绘制的建筑平面图及空间布置图

(11) 室内效果图绘制，如图 1-11 所示。

图1-11　绘制的室内效果图

(12) 展示效果图绘制，如图 1-12 所示。

图1-12　绘制的展示效果图

(13) 包装设计，如图 1-13 所示。

图1-13　设计的包装

(14) 平面广告设计，如图 1-14 所示。

图1-14　设计的平面广告

1.4　基本概念

本节讲解的基本概念包括矢量图和位图、颜色模式及常用的几种文件格式。

1.4.1　矢量图和位图

矢量图和位图，是根据最终存储方式的不同而生成的两种不同的文件类型。在平面设计过程中，分清矢量图和位图的不同性质是非常必要的。

一、矢量图

矢量图，又称向量图，是由图形的几何特性来描述组成的图像，其特点如下。

- 文件小。由于图像中保存的是线条和图块的信息，所以矢量图形与分辨率及图像大小无关，只与图像的复杂程度有关，简单图像所占的存储空间小。
- 图像大小可以无级缩放。在对图形进行缩放、旋转或变形操作时，图形仍具有很高的显示和印刷质量，且不会产生锯齿模糊效果。如图 1-15 所示为矢量图小图和放大后的显示对比效果。
- 可采取高分辨率印刷。矢量图形文件可以在任何输出设备及打印机上以打印机或印刷机的最高分辨率打印输出。

在平面设计方面，制作矢量图的软件主要有 CorelDRAW、Illustrator、InDesign、Freehand 及 PageMaker 等，用户可以使用它们对图形和文字等进行处理。

图1-15　矢量图小图和放大后的显示对比效果

二、位图

位图，也叫做光栅图，是由很多个像小方块一样的颜色网格（即像素）组成的图像。位图中的像素由其位置值与颜色值表示，也就是将不同位置上的像素设置成不同的颜色，即组成了一幅图像。如图 1-16 所示为一幅图像的小图及放大后的显示对比效果，从图中可以看出像素的小方块形状与不同的颜色。所以，对于位图的编辑操作，实际上是对位图中的像素进行的编辑操作，而不是编辑图形本身。由于位图能够表现出颜色、阴影等一些细腻色彩的变化，因此，位图是一种具有色调的图像数字表示方式。

图1-16　位图小图与放大后的显示对比效果

位图具有以下特点。

- 文件所占的空间大。用位图存储高分辨率的彩色图像需要较大的储存空间，因为像素之间相互独立，所以占用的硬盘空间、内存和显存比矢量图都大。
- 会产生锯齿。位图是由最小的色彩单位"像素点"组成的，所以位图的清晰度与像素点的多少有关。位图放大到一定的倍数后，看到的便是一个一个的像素，即一个一个方形的色块，整体图像便会变得模糊且会产生锯齿。
- 位图图像在表现色彩、色调方面的效果比矢量图更加优越，尤其是在表现图像的阴影和色彩的细微变化方面效果更佳。

在平面设计方面，制作位图的软件首推 Adobe 公司推出的 Photoshop。

1.4.2　颜色模式

图像的颜色模式是指图像在显示及打印时定义颜色的不同方式。计算机软件系统为用户提供的颜色模式主要有 RGB 颜色模式、CMYK 颜色模式、Lab 颜色模式、位图颜色模式、灰度颜色模式和索引颜色模式等。每一种颜色都有自己的使用范围和优缺点，并且各模式之间可以根据处理图像的需要进行转换。

一、 RGB 颜色模式

这种模式是屏幕显示的最佳模式，该模式下的图像由红（R）、绿（G）、蓝（B）3 种基本颜色组成，这种模式下图像中的每个像素颜色用 3 个字节（24 位）来表示，每一种颜色又可以有 0～255 的亮度变化，所以能够反映出大约 1.67×10^7 种颜色。

RGB 颜色模式又叫做光色加色模式，因为每叠加一次具有红、绿、蓝亮度的颜色，其亮度都有所增加，红、绿、蓝三色相加为白色。显示器、扫描仪、投影仪、电视等的屏幕都是采用的这种加色模式。

二、 CMYK 颜色模式

该模式下的图像是由青色（C）、洋红（M）、黄色（Y）、黑色（K）4 种颜色构成，该模式下图像的每个像素颜色由 4 个字节（32 位）来表示，每种颜色的数值范围为"0%～100%"，其中青色、洋红和黄色分别是 RGB 颜色模式中的红、绿、蓝的补色。例如，用白色减去青色，剩余的就是红色。CMYK 颜色模式又叫做减色模式，由于一般打印机或印刷机的油墨都是 CMYK 颜色模式的，所以这种模式主要用于彩色图像的打印或印刷输出。

三、 Lab 颜色模式

该模式是 Photoshop 的标准颜色模式，也是由 RGB 模式转换为 CMYK 模式之间的中间模式。它的特点是在使用不同的显示器或打印设备时，所显示的颜色都是相同的。

四、 灰度颜色模式

该模式下图像中的像素颜色用一个字节来表示，即每一个像素可以用 0～255 个不同的灰度值表示，其中 0 表示黑色，255 表示白色。一幅灰度图像在转变成 CMYK 模式后可以增加色彩。如果将 CMYK 模式的彩色图像转变为灰度模式，则颜色不能恢复。

五、 位图颜色模式

该模式下的图像中的像素用一个二进制位表示，即由黑和白两色组成。

六、 索引颜色模式

该模式下图像中的像素颜色用一个字节来表示，像素只有 8 位，最多可以包含有 256 种颜色。当 RGB 或 CMYK 颜色模式的图像转换为索引颜色模式后，软件将为其建立一个 256 色的色表存储并索引其所用颜色。这种模式的图像质量不高，一般适用于多媒体动画制作中的图片或 Web 页中的图像用图。

1.4.3 常用文件格式

由于 CorelDRAW 是功能非常强大的矢量图软件，它所支持的文件格式也非常多。了解各种文件格式对进行图像编辑、保存以及文件转换有很大的帮助。

下面来介绍平面设计软件中常用的几种图形、图像文件格式。

- CDR 格式：此格式是 CorelDRAW 专用的矢量图格式，它将图片按照数学方式来计算，以矩形、线、文本、弧形和椭圆等形式表现出来，并以逐点的形式映射到页面上，因此在缩小或放大矢量图形时，原始数据不会发生变化。
- PSD 格式：此格式是 Photoshop 的专用格式。它能保存图像数据的每一个细节，包括图像的层、通道等信息，确保各层之间相互独立，便于以后进行修改。PSD 格式还可以保存为 RGB 或 CMYK 等颜色模式的文件，但唯一的缺点是保存的文件比较大。

- BMP 格式：此格式是微软公司软件的专用格式，也是 Photoshop 最常用的位图格式之一，支持 RGB、索引颜色、灰度和位图颜色模式的图像，但不支持 Alpha 通道。
- EPS 格式：此格式是一种跨平台的通用格式，可以说几乎所有的图形图像和页面排版软件都支持该文件格式。它可以保存路径信息，并在各软件之间进行相互转换。另外，这种格式在保存时可选用 JPEG 编码方式压缩，不过这种压缩会破坏图像的外观质量。
- JPEG 格式：此格式是较常用的图像格式，支持真彩色、CMYK、RGB 和灰度颜色模式，但不支持 Alpha 通道。JPEG 格式可用于 Windows 和 MAC 平台，是所有压缩格式中最卓越的。虽然它是一种有损失的压缩格式，但在文件压缩前，可以在弹出的对话框中设置压缩的大小，这样就可以有效地控制压缩时损失的数据量。JPEG 格式也是目前网络可以支持的图像文件格式之一。
- TIFF 格式：此格式是一种灵活的位图图像格式。TIFF 在 Photoshop 中可支持 24 个通道，是除了 Photoshop 自身格式外唯一能存储多个通道的文件格式。
- AI 格式：此格式是一种矢量图格式，在 Illustrator 中经常用到。在 Photoshop 中可以将保存了路径的图像文件输出为 "*.AI" 格式，然后在 Illustrator 和 CorelDRAW 中直接打开它并进行修改处理。
- GIF 格式：此格式是由 CompuServe 公司制定的，能存储背景透明化的图像格式，但只能处理 256 种色彩。常用于网络传输，其传输速度要比其他格式的文件快得多。并且可以将多张图像存成一个文件而形成动画效果。
- PNG 格式：此格式是 Adobe 公司针对网络图像开发的文件格式。这种格式可以使用无损压缩方式压缩图像文件，并利用 Alpha 通道制作透明背景，是功能非常强大的网络文件格式，但较早版本的 Web 浏览器可能不支持。

1.5　CorelDRAW X3 的界面介绍

本节来介绍启动 CorelDRAW X3 的方法、界面以及退出方法。

1.5.1　启动 CorelDRAW X3

若计算机中安装了 CorelDRAW X3 软件，单击桌面任务栏中的 按钮，在弹出的菜单中依次选择【所有程序】/【CorelDRAW Graphics Suite X3】/【CorelDRAW X3】命令，即可启动 CorelDRAW X3。

除了使用上面的方法启动 CorelDRAW X3 外，常用的方法还有以下两种。

- 双击桌面上的快捷方式图标 。
- 双击计算机中保存的 CorelDRAW X3 文件的名称。

启动 CorelDRAW X3 中文版软件后，界面中将显示【欢迎屏幕】窗口。在此窗口中，读者可以根据需要选择不同的图标选项。

【欢迎屏幕】窗口及每个图标的含义如图 1-17 所示。

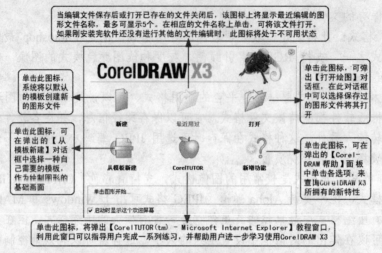

图1-17 【欢迎屏幕】窗口

 当鼠标光标移动到【欢迎屏幕】窗口中的任意图标上时，在文本框中将显示相应的提示内容；当鼠标光标放置在图标以外的其他位置时，文本框中将显示"单击图形开始…"文字，提示用户进行相应的操作。

　　取消勾选【启动时显示这个欢迎屏幕】复选项，在下一次启动该软件时，将不会弹出【欢迎屏幕】窗口。如果想让其再次出现，可在已启动软件的前提下，选择菜单栏中的【工具】/【选项】命令（或按 Ctrl+J 组合键），将弹出【选项】对话框，选择对话框左侧区域中的【工作区】/【常规】选项，然后在右侧的【CorelDRAW 启动】下拉列表中选择"欢迎屏幕"选项即可。

1.5.2　CorelDRAW X3 界面窗口布局

　　在【欢迎屏幕】窗口中单击【新建】图标，系统将以默认的模板创建新的图形文件。进入 CorelDRAW X3 的工作界面后，各部分名称如图 1-18 所示。

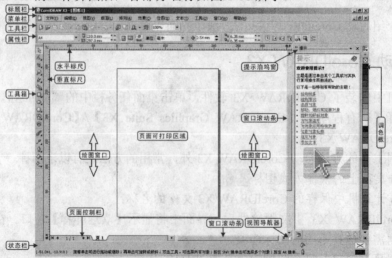

图1-18　CorelDRAW X3 的工作界面及各部分名称

下面介绍一下各部分的主要功能和作用，具体用法将在后面章节中详细讲述。

- 标题栏：标题栏的默认位置位于界面的最顶端，主要显示当前软件的名称、版本号以及编辑或处理图形文件的名称，其右侧有 3 个按钮，主要用来控制工作界面，包括大小切换及关闭。
- 菜单栏：菜单栏位于标题栏的下方，包括编辑、视图以及窗口的设置和帮助等命令，每个菜单下又有若干个子菜单，打开任意子菜单可以执行相应的操作命令。
- 工具栏：工具栏位于菜单栏的下方，是菜单栏中常用菜单命令的快捷工具按钮。单击这些按钮，就可执行相应的菜单命令。
- 属性栏：属性栏位于工具栏的下方，是一个上下相关的命令栏，选择不同的工具按钮或对象，将显示不同的图标按钮和属性设置选项，具体内容详见各工具按钮的属性讲解。
- 工具箱：工具箱位于工作界面的最左侧，它是 CorelDRAW 常用工具的集合，包括各种绘图工具、编辑工具、文字工具和效果工具等。单击任一按钮，则选择相应的工具进行操作。

在工具箱中，有些工具按钮的右下角带有黑色小三角形，表示该工具按钮下还有隐藏工具，若将鼠标光标移动到该按钮上按下鼠标左键不放，停留一段时间，隐含工具就会自动显示出来。工具箱以及工具箱中隐藏的工具按钮如图 1-19 所示。

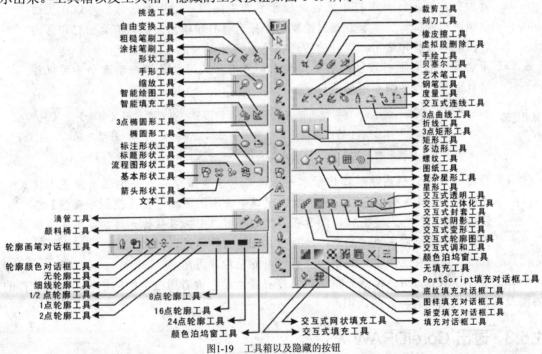

图1-19　工具箱以及隐藏的按钮

> **要点提示**　如果该组工具经常使用，可以将鼠标移动到该组工具前方的 ‖ 位置，按下鼠标左键不放，将其拖离工具箱，此时该组工具将作为一个单独的工具栏显示在工作区中。

- 状态栏：状态栏位于工作界面的最底部，提示当前鼠标所在的位置及图形操作的简要帮助和对象的有关信息等。在状态栏中单击鼠标右键，然后在弹出的右键菜单中依次选择【自定义】/【状态栏】/【位置】命令或【自定义】/【状态栏】/【大小】命令，可以设置状态栏的位置以及状态栏的信息显示行数。

- 页面控制栏：页面控制栏位于状态栏的上方左侧位置，用来控制当前文件的页面添加、删除、切换方向和跳页等操作。
- 调色板：调色板位于工作界面的右侧，是给图形添加颜色的最快途径。单击调色板中的任意一种颜色，可以将其添加到选择的图形上；在选择的颜色上右击，可以将此颜色添加到选择图形的边缘轮廓上。
- 【提示】泊坞窗：【提示】泊坞窗位于调色板的左侧，是 CorelDRAW X3 的新增功能之一。当用户选择一个工具时，在这个窗口中就会有相对应的提示，告诉用户一些工具的具体使用方法及小技巧。这个新的交互式提示系统，可显著缩短用户的设计时间，从而使用户更加快捷地完成任务。

要点提示 在【菜单栏】、【工具栏】、【属性栏】、【工具箱】、【调色板】或【泊坞窗】的‖或═位置处，按下鼠标左键并向绘图窗口中拖曳或双击，可以将其脱离系统的默认位置；在脱离状态下的【菜单栏】、【工具栏】、【属性栏】、【工具箱】、【调色板】或【泊坞窗】中的标题栏上，按下鼠标左键拖曳或双击，即可将其移动到默认的相应位置。

- 标尺：默认状态下，在绘图窗口的上边和左边各有一条水平和垂直的标尺，其作用是在绘制图形时帮助用户准确地绘制或对齐对象。
- 页面打印区域：页面打印区域是位于界面中间的一个矩形区域，可以在上面绘制图形或编辑文本等。当对绘制的作品进行打印输出时，只有页面打印区内的图形可以打印输出，以外的图形将不会被打印。
- 滚动条：在页面打印区的右下角和右侧各有一条滚动条，拖动滚动条可以移动页面可打印区域和图形的位置。

要点提示 默认状态下，CorelDRAW 会在绘图窗口中显示全部的图形，当用户利用【缩放】工具 来显示指定图形的某个部位时，绘图窗口中就不能完全显示所有的图形，此时用户可以使用滚动条来按需要显示图形的其他部分。使用此工具相当于使用工具箱中的【手形】工具 。

- 视图导航器：视图导航器位于水平滚动条和垂直滚动条右侧的相交位置，快捷键为 N 键。利用它可以显示绘图窗口中的不同区域。在【视图导航器】按钮 上按下鼠标左键不放，然后在弹出的小窗口中拖曳鼠标光标，即可显示绘图窗口中的不同区域。注意，只有在页面放大显示或以 100% 显示，即页面可打印区域不在绘图窗口的中心位置时，此功能才可用。

以上介绍了 CorelDRAW X3 默认的工作界面，希望读者通过上面的学习，对该软件的界面及各部分的功能有一定的认识。

1.5.3 退出 CorelDRAW X3

单击 CorelDRAW X3 主窗口标题栏右侧的【关闭】按钮 ，即可退出该软件。退出时，CorelDRAW X3 会关闭打开的所有文件，如果有没保存的文件，系统会给出提示，让用户决定是否保存。

1.6　综合案例——标志设计

标志是平面设计中不可缺少的主要内容。本节就来为海天科技公司设计标志图形。

🔑 设计标志

1. 执行【文件】/【新建】命令（或按 Ctrl+N 组合键），创建一个新的图形文件。

2. 选择 □ 工具，将鼠标光标移动到绘图窗口中拖曳，绘制出如图 1-20 所示的矩形。

3. 将鼠标光标移动到右侧【调色板】中的"红"颜色上单击，为绘制的矩形填充红色。然后在【调色板】上方的 ⊠ 按钮上单击鼠标右键，将矩形的外轮廓线去除，如图 1-21 所示。

> **要点提示**　单击【调色板】中的任意一种颜色，可以将其设置为选择图形的填充色；在任意一种颜色上右击，可以将其设置为选择图形的轮廓色；在顶部的 ⊠ 按钮上单击可删除选择图形的填充色；右击可删除选择图形的轮廓色。

4. 执行【排列】/【转换为曲线】命令（或按 Ctrl+Q 组合键），将绘制的矩形转换为曲线。

> **要点提示**　用工具箱中的矩形、椭圆形或多边形工具绘制出的图形都具有直线性质，要想将其调整为不规则的曲线图形，必须将其转换为曲线。

5. 选择 ⚏ 工具，将鼠标光标放置在矩形左上角的节点位置上按下鼠标左键并向下拖曳，调整图形的形状，状态如图 1-22 所示。

图1-20　绘制的矩形

图1-21　填充颜色并去除轮廓后的形态

图1-22　调整图形形状时的状态

释放鼠标左键后，下面将其在水平方向上镜像复制。

6. 选择 ⚟ 工具，然后按住 Ctrl 键，将鼠标光标移动到图形左侧如图 1-23 所示的节点上，按下鼠标左键并向右拖曳进行镜像。

7. 镜像后在不释放鼠标左键的情况下单击鼠标右键，将图形进行镜像复制，镜像状态如图 1-24 所示。

8. 按两次键盘中的右方向键 →，将复制出的图形水平向右移动，生成的效果如图 1-25 所示。

图1-23　鼠标光标放置的位置

图1-24　镜像复制图形时的状态

图1-25　复制图形移动后的位置

9. 按住 Shift 键同时单击左侧的图形，将两个图形同时选择，执行【排列】/【群组】命令（或按 Ctrl+G 组合键），将两个图形组合成一个整体。

10. 选择 ○ 工具，按住 Ctrl 键，在两个图形的中间位置拖曳鼠标绘制出如图 1-26 所示的圆形。

11. 选择 ⟩ 工具，并按住 Shift 键单击群组后的图形，然后执行【排列】/【对齐和分布】/【垂直居中对齐】命令，将选择图形在垂直方向上居中对齐。

12. 将鼠标光标移动到绘图窗口中的空白区域单击，取消对任意图形的选择，然后单击圆形将其选择。

13. 单击【调色板】下方的 ◀ 按钮将【调色板】展开，然后将鼠标光标移动到"深黄"颜色上单击，为圆形填充深黄色。

 单击【调色板】底部的 ◀ 按钮，可以将调色板展开。如果要将展开后的调色板关闭，只要在工作区中的任意位置单击即可。另外，在【调色板】中的任一颜色色块上按住鼠标左键不放，稍等片刻，系统会弹出当前颜色的颜色组。

14. 选择 ♠ 工具，然后在弹出的【轮廓笔】对话框中设置各选项及参数如图 1-27 所示。

 在设置图形的外轮廓宽度时，读者可根据绘制图形的大小来决定图形的外轮廓宽度。如绘制的图形较大，图形的外轮廓相对就要粗一些；如图形较小，外轮廓就要设置得细一点。在以后设置图形的轮廓宽度值时，读者可以参照以上提示，但实际粗细要根据实际情况而定。

15. 单击 确定 按钮，设置填充色和外轮廓后的圆形如图 1-28 所示。

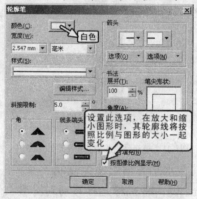

图1-26　绘制的圆形　　　　图1-27　【轮廓笔】中的选项及参数设置　　　　图1-28　设置后的圆形

下面在绘制的图形下方添加上字母。

16. 选择 字 工具，将鼠标光标移动到图形的左下方单击，设置文字的插入点，然后选择合适的输入法，输入如图 1-29 所示的字母。

 默认情况下，按 Ctrl+Shift 组合键，可以在系统安装的输入法之间切换；按 Ctrl+空格键，可以在当前使用的输入法和英文输入法之间切换；当选择英文输入法时，按 Caps Lock 键或按住 Shift 键输入，可以切换字母的大小写。

17. 选择 ⟩ 工具，然后在属性栏中的【字体列表】中选择 "Arial Black" 字体，将字母以粗体的形式显示。

 由于读者绘制的图形与本例的作品大小肯定会有些出入，因此对于文字的大小读者要自行控制，要根据绘制图形的大小进行设置。希望读者注意。

18. 选择 工具，此时在文字的下方将出现调节箭头。其中，左侧的 为调整行距箭头，右侧的 为调整字距箭头。

19. 将鼠标光标放置在右侧的箭头 上，按下鼠标左键并向右拖曳，调整文字的字间距，调整后的形态如图 1-30 所示。

20. 选择 工具，然后在标志图形周围绘制出如图 1-31 所示的矩形，完成标志的设计。

图1-29 输入的字母

图1-30 调整字距后的文字

图1-31 绘制的矩形

21. 执行【文件】/【保存】命令（或按 Ctrl+S 组合键），将绘制的标志图形命名为 "标志设计.cdr" 保存。

小结

本章主要介绍了 CorelDRAW X3 的环境要求和应用领域、有关平面设计的一些基础知识、CorelDRAW X3 的界面及各组成部分的功能等内容。最后通过设计一个标志来了解利用该软件进行工作的方法。通过本章的学习，希望读者对 CorelDRAW X3 有一个总体的认识，并能够掌握界面中各部分的功能，为后面章节的学习打下良好的基础。

操作题

1. 通过本章综合案例的学习，请读者自己动手设计四通科技有限公司的标志，如图 1-32 所示。本作品参见素材文件中 "作品\第01章" 目录下名为 "操作题01.cdr" 的文件。

2. 通过本章综合案例的学习，请读者自己动手设计双环机械有限公司的标志，如图 1-33 所示。本作品参见素材文件中 "作品\第01章" 目录下名为 "操作题02.cdr" 的文件。

图1-32 设计的标志

图1-33 设计的标志

第2章 页面设置与文件操作

本章主要讲解页面的基本设置、文件的基本操作及一些准备工作。本章内容是学习该软件的基础，希望读者能够认真学习，并能熟练掌握，为今后使用 CorelDRAW 绘制图形或设计作品打下坚实的基础。

2.1 文件操作

如果要在一个空白的文件上绘制一个图形，应使用 CorelDRAW 的【新建】文件操作；如果要修改或继续编辑一幅原有的图形，应使用【打开】对图形文件进行操作。图形绘制完成后需要将其保存以备后用，这就需要保存或关闭文件。本节将详细讲解文件的新建、打开、切换、排列及导入、导出、保存和关闭等基本操作。

2.1.1 新建文件

新建文件的方法有以下两种。

(1) 启动 CorelDRAW X3 后，在弹出的【欢迎屏幕】窗口中单击【新建】图标。

要点提示 如【欢迎屏幕】窗口被禁用，则启动 CorelDRAW X3 时，系统会直接创建一个新的图形文件。

(2) 进入软件的工作界面后，执行【文件】/【新建】命令（快捷键为 Ctrl+N 组合键），或在工具栏中单击【新建】按钮 □。

2.1.2 打开文件

打开文件的方法主要有以下几种。

- 在【欢迎屏幕】窗口中单击【打开】图标（此方法只能用于刚打开软件且弹出【欢迎屏幕】窗口时）。
- 执行【文件】/【打开】命令（快捷键为 Ctrl+O 组合键），或在工具栏中单击【打开】按钮 。

下面以打开 CorelDRAW X3 安装盘符中 "Program Files\Corel\CorelDRAW Graphics Suite 13\Draw\Samples" 目录下名为 "Sample1.cdr" 的文件为例，来讲解打开图形文件的操作。

🔑 打开图形文件

1. 执行【文件】/【打开】命令或单击工具栏中的 按钮，即弹出【打开绘图】对话框。

执行【打开】命令之后，弹出的【打开绘图】对话框为上一次打开图形或保存图形时所选的目录。如果读者想要打开的图形文件没有在当前文件夹下面，可以单击【向上一级】按钮，或双击当前对话框中的其他文件夹，向上一级或向下一级选择要打开的图形文件路径。

2. 在【打开绘图】对话框中的【查找范围】下拉列表中选择"C"盘，如图 2-1 所示。

一般情况下，"C"盘是默认的本地系统启动硬盘，用于安装系统，同时 C 盘也是安装软件的默认盘符。如读者计算机中将 CorelDRAW X3 安装到了其他盘，在步骤 2 中就要根据实际情况选择安装软件的盘符。

3. 切换到"C"盘后，依次双击"\Program Files\Corel\CorelDRAW Graphics Suite 13\Draw\Samples"文件夹，在【打开绘图】对话框中即可显示文件夹中的所有文件，如图 2-2 所示。

图2-1　选择的盘符　　　　　　　　　　图2-2　文件夹中的图形文件

4. 选择名为"Sample1.cdr"的文件，单击　　打开　　按钮，此时，页面打印区域中即显示打开的图形文件。

在本书后面的练习和实例制作过程中，将调用光盘中的图片，届时将直接叙述为：打开（导入）素材文件中"**"目录下的"*.*"文件。另外，读者也可以将素材文件中的内容复制至计算机中的相应磁盘分区下，以方便练习时调用。

2.1.3　切换文件窗口

在实际工作过程中如果创建或打开了多个文件，并且需要在多个文件之间调用图形时，就会遇到文件窗口的切换问题。下面以"将宣传单页 01 中的电脑图形复制到宣传单页 02 中"为例，来讲解文件窗口的切换操作。

🔑　文件窗口的切换

1. 执行【文件】/【打开】命令，在弹出的【打开绘图】对话框中选择素材文件中"图库\第 02 章"目录。
2. 将鼠标光标移动到"宣传单页 01.cdr"图像文件名称上单击将其选择，然后按住 Ctrl 键的同时单击"宣传单页 02.cdr"文件，将两个文件同时选择。
3. 单击　　打开　　按钮，即可将两个文件同时打开，当前显示的是"宣传单页 01"文件，如图 2-3 所示。

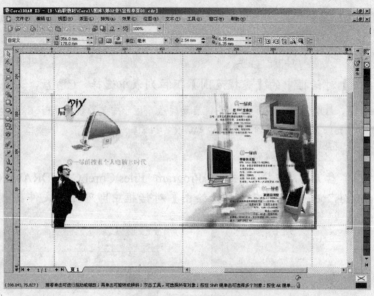

图2-3　打开的文件

4. 选择 工具，按住 Shift 键，依次单击文件窗口中的电脑图形，并单击工具栏中的【复制】按钮 将其复制。

5. 执行【窗口】/【宣传单页 02.cdr】命令，将"宣传单页 02"文件设置为当前工作状态，然后单击工具栏中的【粘贴】按钮 ，将复制的电脑图形粘贴到当前页面中，如图 2-4 所示。

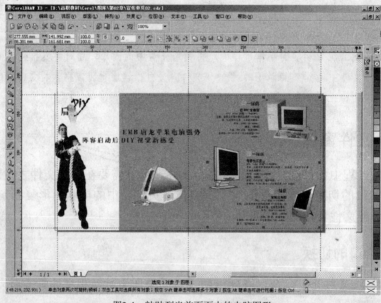

图2-4　粘贴到当前页面中的电脑图形

如果创建了多个文件，每一个文件名称都会罗列在【窗口】菜单下，选择相应的文件名称可以切换文件。另外，单击当前页面菜单栏右侧的 按钮，将文件设置为还原状态显示，再直接单击相应文件的标题栏或页面控制栏同样可以进行文件切换，但此种方法在打开很多个文件时不太适用。

2.1.4　排列文件窗口

当对一个设计任务做了多种方案，想整体浏览一下这些方案时，可利用【窗口】菜单下的命令对相应文件进行排列显示。

- 执行【窗口】/【层叠】命令，可将窗口中所有的文件以层叠的形式排列。
- 执行【窗口】/【水平平铺】命令，可将窗口中所有的文件横向平铺显示。
- 执行【窗口】/【垂直平铺】命令，可将窗口中所有的文件纵向平铺显示。

如图 2-5 所示为分别执行【层叠】、【水平平铺】和【垂直平铺】命令时的显示方式。

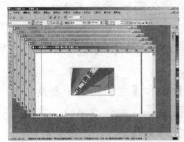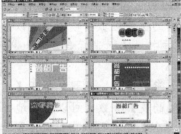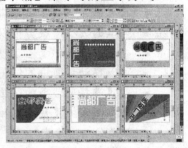

图2-5　文件的显示方式

当绘图窗口中有最小化的文件窗口时，执行【窗口】/【排列图标】命令，可将打开的文件按规律（自左向右或自下而上）排列在绘图窗口的下方。

2.1.5　导入文件

利用【文件】/【导入】命令可以导入【打开】命令所不能打开的图像文件，如"PSD"、"TIF"、"JPG"和"BMP"等格式的图像文件。

导入文件的方法有两种，一种是执行【文件】/【导入】命令（快捷键为 Ctrl+I 组合键），另一种是在工具栏中单击【导入】按钮 🖼。

在导入文件的同时可以调整文件大小或使文件居中。导入位图时，还可以对位图重新取样以缩小文件的大小，或者裁剪位图以选择要导入图像的准确区域和大小。下面来具体讲解导入图像的每一种方法。

🔑　导入全图像文件

1. 执行【文件】/【导入】命令（或单击工具栏中的 🖼 按钮），即弹出【导入】对话框（弹出的对话框是上次导入文件时所搜寻的路径）。

2. 在弹出的【导入】对话框中，选择要导入的文件，然后单击 ▢ 导入 ▢ 按钮。

3. 当鼠标光标显示为如图 2-6 所示带文件名称和说明文字的 � 图标时，单击即可将选择的文件导入。

图2-6　导入文件时的状态

当鼠标光标显示为带文件名称和说明文字的 ▢ 图标时拖曳图像，可以将选择的图像以拖曳框的大小导入。如直接按 Enter 键，可将选择的图像文件或图像文件中的指定区域导入到绘图窗口中的居中位置。

导入裁剪文件

在工作过程中，常常需要导入位图图像的一部分，此时利用相应的【裁剪】选项，即可将需要的图像裁剪后再进行导入。

1. 按 Ctrl+I 组合键，在弹出的【导入】对话框中选择素材文件中 "图库\第 02 章" 目录下名为 "花.jpg" 的图像文件，然后在【文件类型】右侧的下拉列表中选择【裁剪】选项，如图 2-7 所示。

2. 单击 导入 按钮，将弹出如图 2-8 所示的【裁剪图像】对话框。

  - 在【裁剪图像】对话框的预览窗口中，通过拖曳裁剪框的控制点可以调整裁剪框的大小。裁剪框以内的图像区域将被保留，以外的图像区域将被删除。
  - 将鼠标光标放置在裁剪框中，鼠标光标会显示为 形状，此时拖曳鼠标光标可以移动裁剪框的位置。
  - 在【选择要裁剪的区域】参数区中，设置好距离【上】部和【左】侧的距离及最终图像的【宽度】和【高度】参数，可以精确地将图像进行裁剪。注意，默认单位为 "像素"，在【单位】下拉列表中可以设置其他的参数单位。
  - 若对裁剪后的图像区域不满意，单击 全选(S) 按钮，可以将位图图像全部选择，以便重新设置裁剪。
  - 【新图像大小】的右侧显示了位图图像裁剪后的文件尺寸大小。

3. 通过调整裁剪框的控制点，将裁剪框调整至如图 2-9 所示的形态，然后单击 确定 按钮。

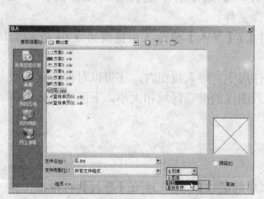

图2-7 【导入】对话框

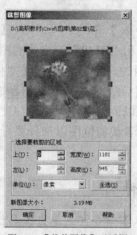

图2-8 【裁剪图像】对话框

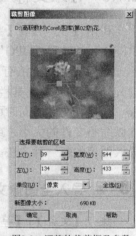

图2-9 调整的裁剪框及参数

4. 当鼠标光标显示为带文件名称和说明文字的图标时，单击即可将选择文件的指定区域导入。

导入重新取样文件

在导入图像时，如果导入的文件与当前文件所需的尺寸和解析度不同，就要在导入后对其进行缩放等操作，这样会导致位图图像产生锯齿。利用【重新取样】选项可以将导入的图像重新取样，以适应设计的需要。

1. 按 `Ctrl`+`I` 组合键，在弹出的【导入】对话框中选择需要导入的图像文件后，再在【文件类型】右侧的下拉列表中选择【重新取样】选项。
2. 单击 `导入` 按钮，将弹出如图 2-10 所示的【重新取样图像】对话框。
3. 在【重新取样图像】对话框中设置【宽度】、【高度】以及【分辨率】的参数，使导入的文件大小适应设计需要。
4. 设置好重新取样的参数后，单击 `确定` 按钮。
5. 当鼠标光标显示为带文件名称和说明文字的 ⌐ 图标时，单击即可将重新取样的文件导入。

图2-10　【重新取样图像】对话框

要点提示　在设置图像的【宽度】、【高度】和【分辨率】参数时，系统只能将尺寸改小但不能改大，以确保图像的品质。

2.1.6　导出文件

执行【文件】/【导出】命令，可以将在 CorelDRAW 中绘制的图形导出为其他软件所支持的文件格式，以便在其他软件中顺利地进行编辑。

导出文件的方法也有两种，一种是执行【文件】/【导出】命令（快捷键为 `Ctrl`+`E` 组合键），另一种是在工具栏中单击【导出】按钮 ⬛。

下面以导出 "*.jpg" 格式的图像文件为例来讲解导出文件的具体方法。

⚷　导出文件

1. 绘制完一幅作品后，选择需要导出的图形。

要点提示　在导出图形时，如果没有任何图形处于选择状态，系统会将当前文件中的所有图形导出。如先选择了要导出的图形，并在弹出的【导出】对话框中勾选【只是选定的】选项，系统只会将当前选择的图形导出。

2. 执行【文件】/【导出】命令或单击工具栏中的 ⬛ 按钮，将弹出如图 2-11 所示的【导出】对话框。

图2-11　【导出】对话框

* 【文件名】：在此文本框中可以输入文件导出后的名称。

- 【保存类型】：在此下拉列表中选择文件的导出格式，以便在指定的软件中能够打开导出的文件。

在 CorelDRAW X3 中最常用的导出格式有："*.AI" 格式，可以在 Photoshop、Illustrator 等软件中直接打开并编辑；"*.JPG" 格式，是 Photoshop 中常用的压缩文件格式；"*.PSD" 格式，是 Photoshop 的专用文件格式，将图形文件导出为此格式后，在 Photoshop 中打开，各图层将独立存在；"*.TIF" 格式，是制版输出时常用的文件格式。

3. 在【保存类型】下拉列表中将导出的文件格式设置为 "JPG - JPEG Bitmaps" 格式，然后单击 导出 按钮。

4. 在弹出的【转换为位图】对话框中设置好各选项后，单击 确定 按钮即可完成文件的导出操作。此时启动 Photoshop 绘图软件或 ACDsee 看图软件，按照导出文件的路径，即可将导出的图形文件打开并进行编辑或特效处理等。

2.1.7 保存文件

保存文件时主要分两种情况。

(1) 对于新建的文件绘制图形后，如果要对其保存，可执行【文件】/【保存】命令（快捷键为 Ctrl+S 组合键）或【文件】/【另存为】命令（快捷键为 Ctrl+Shift+S 组合键）。

(2) 对于打开的文件进行编辑修改后，执行【文件】/【保存】命令，可将文件直接保存，且新的文件将覆盖原有的文件；如果保存时不想覆盖原文件，可执行【文件】/【另存为】命令，将修改后的文件另存，同时还保存原文件。

在保存文件之前，一定要分清用哪个命令进行操作，以免破坏源文件或造成其他不必要的麻烦。

2.1.8 关闭文件

当对文件进行绘制、编辑和保存后，不想再对此文件进行任何操作，就可以将其关闭，关闭文件的方法有以下 3 种。

(1) 单击图形文件标题栏右侧的 X 按钮。

(2) 执行【文件】/【关闭】命令。

(3) 如要对打开的很多文件全部关闭，此时可执行【文件】/【全部关闭】命令或【窗口】/【全部关闭】命令，即可将当前的所有图形文件全部关闭。

2.2 页面设置

对于设计者来说，设计一幅作品的首要前提是要正确设置文件的页面。页面设置的内容主要有页面的大小设置、方向设置、版面的背景以及页面的添加、删除和重命名等。下面来具体讲解。

2.2.1 设置页面大小及方向

页面的设置方法主要有两种，分别是在属性栏中设置和利用菜单命令设置，介绍如下。

一、 在属性栏中设置页面

新建文件后，在没有执行任何操作之前，属性栏如图 2-12 所示。

图2-12　属性栏的默认设置

- A4 ：在此下拉列表中可以选择要使用的纸张类型或纸张大小。当选择【自定义】选项时，可以在属性栏后面的【纸张宽度和高度】中设置读者需要的纸张尺寸。

CorelDRAW 默认的打印区大小为 210.0 mm×297.0 mm，也就是常说的 A4 纸张大小。在广告设计中常用的文件尺寸有 A3（297.0 mm×420.0 mm）、A4（210.0 mm×297.0 mm）、A5（148.0 mm×210.0 mm）、B5（182.0 mm×257.0 mm）和 16 开（184.0 mm×260.0 mm）等。

- 【纵向】按钮和【横向】按钮：用于设置当前页面的方向，当按钮处于激活状态时，绘图窗口中的页面是纵向平铺的。当单击按钮，将其设置为激活状态，绘图窗口中的页面是横向平铺的。

执行【版面】/【切换页面方向】命令，可以将当前的页面方向切换为另一种页面方向。即如果当前页面为横向，将切换为纵向；如果当前页面为纵向，将切换为横向。

- 【设置默认或当前页大小和方向】：默认情况下，按钮处于激活状态，表示多页面文档中的所有页面都应用相同的页面大小和方向。如果要设置多页面文档中个别页面的大小和方向，可将该页面设置为当前页，然后单击属性栏中的按钮，再设置该页面的大小或方向即可。

- 单位: 毫米 ：【单位】下拉列表中的选项如图 2-13 所示。在此列表中可以选择尺寸的单位。其中显示为蓝色的选项，表示此单位是当前选择的单位。

二、 利用菜单命令设置页面

执行【版面】/【页面设置】命令，弹出如图 2-14 所示的【选项】对话框。

图2-13　【单位】选项列表

图2-14　【选项】对话框

将鼠标光标移动到绘图窗口中页面的轮廓或阴影处双击，或单击属性栏中的【选项】按钮，也可以打开【选项】对话框来设置页面的大小。

- 【纵向】、【横向】与【纸张】：与属性栏中的【纵向】按钮、【横向】按钮和 A4 相同。

- 当在【纸张】下拉列表中选择【自定义】选项时，可以在下面的【宽度】和

【高度】文本框中设置需要的纸张尺寸。

- 【仅调整当前页面大小】：勾选此复选项，在多页面文档中可以调整指定页的大小或方向。如不勾选此项，在调整指定页面的大小或方向时，所有页面将同时调整。

在【选项】对话框设置完页面的有关选项后，单击 确定 按钮，绘图窗口中的页面就会采用当前设置的页面大小和方向。

2.2.2 添加和删除页面

在编排设计画册等这种多页面的文件时，就需要讲行添加和删除页面的操作，下面就来具体讲解。

一、添加页面

执行【版面】/【插入页】命令，可以在当前的文件中插入一个或多个页面。执行此命令，将弹出如图 2-15 所示的【插入页面】对话框。

- 【插入】：可以设置要插入页面的数量。
- 【前面】：点选此单选项，在插入页面时，会在当前页面的前面插入。
- 【后面】：点选此单选项，在插入页面时，会在当前页面的后面插入。
- 【页】：可以设置页面插入的位置。比如，将参数设置为 "2" 时，是指在第 2 页的前面或后面插入页面。
- 【纵向】和【横向】：设置插入页面的方向。
- 【纸张】：在此下拉列表中设置插入页面的类型，系统默认的纸张类型为 A4 纸张。
- 【宽度】和【高度】：设置要插入页面的尺寸大小。在【宽度】右侧的【毫米】下拉列表中可以设置页面尺寸的单位。

图2-15 【插入页面】对话框

要点提示 图 2-15 所示【插入页面】对话框中设置的参数解释为：在当前文件的第 1 页后面插入 1 页纸张类型为 A4 的纵向页面。

二、删除页面

执行【版面】/【删除页面】命令，可以将当前文件中的一个或多个页面删除，当图形文件只有一个页面时，此命令不可用。如当前文件有 4 个页面，将第 4 页设置为当前页面，然后执行此命令，将弹出如图 2-16 所示的【删除页面】对话框。

- 【删除页面】：设置要删除的页面。
- 【通到页面】：勾选此复选项，可以一次删除多个连续的页面，即在【删除页面】中设置要删除页面的起始页，在【通到页面】中设置要删除页面的终止页。

三、重命名页面

执行【版面】/【重命名页面】命令，可以对当前页面重新命名。执行此命令，将弹出如图 2-17 所示的【重命名页面】对话框。在【页名】文本框中输入要设置的页面名称，然后单击 确定 按钮，即可将选择的页面重新命名为设置的名称。

图2-16　【删除页面】对话框

图2-17　【重命名页面】对话框

四、跳转页面

执行【版面】/【转到某页】命令，可以直接转到指定的页面。当图形文件只有一个页面时，此命令不可用。如当前文件有 4 个页面，执行此命令，将弹出如图 2-18 所示的【定位页面】对话框，在【定位页面】文本框中输入要转到的页面，然后单击 确定 按钮，当前的页面即切换到指定的页面。

除了使用菜单命令来对页面进行添加和删除外，还可以使用右键菜单来完成这些操作。将鼠标光标放在页面的名称上右击，将会弹出如图 2-19 所示的右键菜单。此菜单中的【重命名页面】、【删除页面】和【切换页面方向】命令与菜单中的命令及使用方法相同。

图2-18　【定位页面】对话框

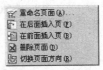

图2-19　右键菜单

- 【在后面插入页】：选择此命令，系统会在选定页面的后面自动插入一个新的页面。
- 【在前面插入页】：选择此命令，系统会在选定页面的前面自动插入一个新的页面。

2.2.3　设置页面背景

执行【版面】/【页面背景】命令，可以为当前文件的背景填充单色或位图图像，执行此命令将弹出如图 2-20 所示的【选项】对话框。

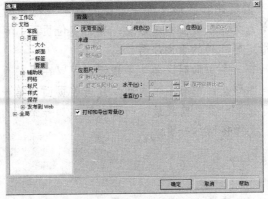

图2-20　【选项】对话框

- 【无背景】：点选此单选项，绘图窗口的页面将显示为白色。
- 【纯色】：点选此单选项，后面的 ▼ 按钮才可用。单击 ▼ 按钮，将弹出如

图 2-21 所示的【颜色】面板。在【颜色】面板中选择任意一种颜色，可以将其作为背景色。当单击 其它(O)... 按钮时，将弹出如图 2-22 所示的【选择颜色】对话框，在此对话框中可以设置需要的其他背景颜色。

图2-21　【颜色】面板

图2-22　【选择颜色】对话框

- 【位图】：点选此单选项，后面的 浏览(W)... 按钮即变为可用。单击 浏览(W)... 按钮，可以将一幅位图图像设置到当前工作区域中，作为当前页面的背景。

2.2.4　应用页面控制栏

页面控制栏位于界面窗口下方的左侧位置，主要显示当前页码、页总数等信息，如图 2-23 所示。

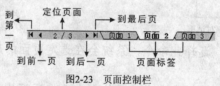

图2-23　页面控制栏

- 单击 按钮，可以由当前页面直接返回到第一页。相反，单击 按钮，可以由当前页面直接转到最后一页。
- 单击 按钮一次，可以由当前页面向前跳动一页。例如，当前窗口所显示页面为"页面 3"，单击一次 按钮，此时窗口显示页面为"页面 2"。
- 单击 按钮一次，可以由当前页面向后跳动一页。例如，当前窗口所显示页面为"页面 2"，单击一次 按钮，此时窗口显示页面为"页面 3"。
- 定位页面显示当前页码和图形文件中页面的数量。前面的数字为当前页的序号，后面的数字为文件中页面的总数量。单击定位页面，可在弹出的【定位页面】对话框中指定要跳转的页面序号。
- 当图形文件中只有一个页面时，单击 按钮，可以在当前页面的前面或后面添加一个页面；当图形文件中有多个页面，且当前页面为第一页或最后一页时，单击 按钮，可在第一页之前或最后一页之后添加一个新的页面。注意，每单击 按钮一次，文件将增加一页。

2.3　准备工作

掌握了上面介绍的文件操作和页面设置后，本节再来介绍一下工作前和工作中的一些常用操作，包括标尺和网格及辅助线的设置、缩放工具和手形工具的应用、视图的查看方式设置等。

2.3.1 设置标尺、网格及辅助线

标尺、网格和辅助线是在 CorelDRAW 中绘制图形的辅助工具，在绘制和移动图形的过程中，利用这 3 种命令可以帮助用户精确地对图形进行定位和对齐等操作。

一、 标尺

标尺的用途就是给当前图形一个参照，用于度量图形的尺寸，同时对图形进行辅助定位，使图形的设计更加方便、准确。

(1) 显示与隐藏标尺

执行【视图】/【标尺】命令，即可将标尺显示。当标尺处于显示状态时，再次执行此命令，即可将其隐藏。

(2) 移动标尺

- 按住 Shift 键，将鼠标光标移动到水平标尺或垂直标尺上，按下鼠标左键并拖曳，即可移动标尺的位置。
- 按住 Shift 键，将鼠标光标移动到水平标尺和垂直标尺相交的图标上，按下鼠标左键并拖曳，可以同时移动水平和垂直标尺的位置。
- 当标尺在绘图窗口中移动位置后，按住 Shift 键，双击标尺或水平标尺和垂直标尺相交的图标，可以恢复标尺在绘图窗口中的默认位置。

(3) 更改标尺的原点

将鼠标光标移动到水平标尺和垂直标尺相交的图标上，按下鼠标左键沿对角线向下拖曳。此时，跟随鼠标光标会出现一组十字线，释放鼠标左键后，标尺上的新原点就出现在刚才释放鼠标左键的位置。移动标尺的原点后，双击水平标尺和垂直标尺相交的图标，可将标尺原点还原到默认位置。

二、 网格

网格是由显示在屏幕上的一系列相互交叉的虚线构成的，利用它可以精确地在图形与图形之间、图形与当前页面之间进行定位。

(1) 显示与隐藏网格

执行【视图】/【网格】命令，即可将网格在绘图窗口中显示。当网格处于显示状态时，再次执行此命令，即可将网格隐藏。

(2) 网格的间距设置

执行【视图】/【网格和标尺设置】命令，在弹出的【选项】对话框中点选【频率】单选项，然后在其下的【频率】栏中设置水平和垂直方向上每毫米网格的数量；点选【间距】单选项，可以在其下的【间隔】栏中设置水平和垂直方向上网格之间的距离，单位为毫米。设置完成后单击 确定(O) 按钮，相应参数设置就会反映在显示的网格上。

三、 辅助线

利用辅助线也可以帮助用户准确地对图形进行定位和对齐。在系统默认状态下，辅助线是浮在整个图形上不可打印的线。

(1) 添加辅助线

执行【视图】/【辅助线设置】命令，然后在弹出【选项】对话框的左侧区域中选择【水平】或【垂直】选项。在【选项】对话框右侧上方的文本框中输入相应的参数后，单击

添加(A) 按钮，然后再单击 确定(O) 按钮，即可添加一条辅助线。

利用以上的方法可以在绘图窗口中精确地添加辅助线。如果不需太精确，可将鼠标光标移动到水平或垂直标尺上，按下鼠标左键并向绘图窗口中拖曳，这样可以快速地在绘图窗口中添加一条水平或垂直的辅助线。

要点提示 只有在【视图】菜单中选择【辅助线】命令，才可以在绘图窗口中显示添加的辅助线。

(2) 移动辅助线

利用【挑选】工具 在要移动的辅助线上单击，将其选择（此时辅助线显示为红色），当鼠标光标显示为双向箭头时，按下鼠标左键并拖曳，即可移动辅助线的位置。

(3) 旋转辅助线

将添加的辅助线选择，并在选择的辅助线上再次单击，将出现旋转控制柄，将鼠标光标移动到旋转控制柄上，按下鼠标左键并旋转，可以将添加的辅助线进行旋转。

(4) 删除辅助线

将需要删除的辅助线选择，然后按 Delete 键。或在需要删除的辅助线上右击，并在弹出的右键菜单中选择【删除】命令，也可将选择的辅助线删除。

2.3.2 缩放与平移视图

在 CorelDRAW 中绘制或修改图形时，常常需要将其放大或缩小以查看图形的每一个细节，这些操作就需要通过工具箱中的【缩放】工具 和【手形】工具 来完成。下面来介绍这两种工具的功能及使用方法。

一、【缩放】工具的功能及使用方法

利用【缩放】工具可以对图形整体或局部成比例放大或缩小显示。使用此工具只是放大或缩小了图形的显示比例，并没有真正改变图形的尺寸。

【缩放】工具的使用方法为：选择工具箱中的 工具（或按 Z 键），然后将鼠标光标移动到绘图窗口中，此时鼠标光标将显示为 形状，单击图形可以将图形按比例放大显示，右击图形可以将图形按比例缩小显示。如按住 Shift 键，鼠标光标将显示为 形状，此时单击图形可以将图形按比例缩小显示，右击图形可以将图形按比例放大显示。

当需要将绘图窗口中的某一个图形或图形中的某一部分放大显示时，可以利用工具箱中的 工具在图形上需要放大显示的位置按下鼠标左键并拖曳鼠标，绘制出一个虚线框，然后释放鼠标左键，即可将矩形虚线框内的图形在绘图窗中按最大的放大级别显示。其框选图形进行放大显示的状态及放大显示后的效果如图 2-24 所示。

图2-24　拖曳鼠标光标放大显示图形时的状态及放大显示后的效果

按 F2 键，可以将当前使用的工具切换为【缩放】工具。当利用【缩放】工具对图形局部放大时，如果对拖曳出的虚线框的大小或位置不满意，可以按 Esc 键取消。

二、　【手形】工具的功能及使用方法

利用【手形】工具 可以改变绘图窗口中图形的显示位置，还可以对其进行放大或缩小操作。

【手形】工具的使用方法为：选择工具箱中的 工具（或按 H 键），将鼠标光标移动到绘图窗口中，当鼠标光标显示为 形状时，按下鼠标左键并拖曳，即可平移绘图窗口的显示位置，以便查看没有完全显示的图形。另外，在绘图窗口中双击鼠标左键，可以放大显示图形；在绘图窗口中右击可以缩小显示图形。

三、　【缩放】和【手形】工具的属性栏

【缩放】工具和【手形】工具的属性栏完全相同，如图 2-25 所示。

图2-25　【缩放】和【手形】工具的属性栏

- 【缩放级别】 100% ：在此下拉列表中可以选择要使用的窗口显示比例。
- 【放大】按钮 ：单击此按钮，可以将图形放大显示。
- 【缩小】按钮 ：单击此按钮，可以将图形缩小显示，快捷键为 F3 键。
- 【缩放选定范围】按钮 ：单击此按钮，可以将选择的图形以最大化的形式显示，快捷键为 Shift+F2 组合键。
- 【缩放全部对象】按钮 ：单击此按钮，可以将绘图窗口中的所有图形以最大化的形式显示，快捷键为 F4 键。
- 【显示页面】按钮 ：单击此按钮，可以将绘图窗口中的图形以绘图窗口中页面打印区域的 100%大小进行显示，快捷键为 Shift+F4 组合键。
- 【按页宽显示】按钮 ：单击此按钮，可以将绘图窗口中的图形以绘图窗口中页面打印区域的宽度进行显示。
- 【按页高显示】按钮 ：单击此按钮，可以将绘图窗口中的图形以绘图窗口中页面打印区域的高度进行显示。

2.3.3　设置视图的查看方式

在实际工作过程中，可以利用【视图】菜单下的命令设置图形的查看方式，以提高图形的显示速度。需要注意的是，设置不同的查看方式并不会影响图形本身的属性和输出，影响的只是图像在显示器中的显示效果。

- 执行【视图】/【简单线框】命令，绘图窗口中的图形将只显示结构框架，此种显示模式可以提高绘图速度。
- 执行【视图】/【线框】命令，可以将图形的填充以及彩色位图的色彩隐藏，只显示单色的位图图像、立体透视、轮廓图和中间调的形状。
- 执行【视图】/【草稿】命令，图形的图框精确剪裁内容不可见，位图图像以及矢量图图形文件显示为单色，像是添加了透镜效果。此显示模式下单色、渐变填充、底纹填充以及位图图像都能正常地显示。

- 【视图】/【正常】命令，此命令是图像显示模式中最常用的一个，它对填充的图像以及高解析度的图像都可以正常显示。一般绘图时都可以使用这种显示模式，这样既能保存图形的显示质量，又可以提高显示和刷新的速度。

- 执行【视图】/【增强】命令，可以使用两倍重复取样来显示图形，比较真实地在屏幕上再现图形的原貌，但是此显示模式的缺点是对计算机的要求比较高，使用的内存比较大，并且使用此选项会降低屏幕的刷新速度。

- 执行【视图】/【使用叠印增强】命令，可以非常方便、直观地预览叠印的效果，使用户更有信心去输出设计。"叠印"是印刷输出的专业术语，即一个色块叠印在另一个色快上。

2.4 综合案例——宣传册排版

下面利用本章介绍的命令来给宣传册样本排版，包括页面设置、插入页、转到某页导入图像、删除多余的页面及将剩下的页面重命名等操作。

 作品设计完成后要排版输出稿，为了确保输出后的作品在装订和裁剪时适合纸张的边缘，一般都要为其设置出血。即扩展图像，使其超出打印区域一部分，这部分图像即是出血设置。一般情况下，将出血图像限制为 3 mm 即可。如果太大，将造成不必要的经济损耗；如果太小，在后期的装订和裁剪时将不好控制。

2.4.1 页面设置练习

下面主要利用【页面设置】和【辅助线设置】命令，来给宣传册排版，练习页面设置。

客户要求的最终成品尺寸为 35 cm×17.2 cm。因为要设置 3 mm 的出血，所以下面在设置版面的尺寸时，应该将页面设置为 35.6cm×17.8cm 的大小。

🔑 设置页面

1. 按 Ctrl+N 组合键创建一个新的图形文件。
2. 执行【版面】/【页面设置】命令，在弹出的【选项】对话框中设置各选项如图 2-26 所示，然后单击 确定(O) 按钮。

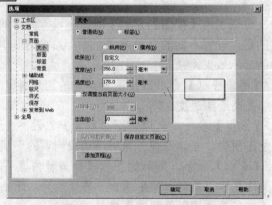

图2-26 设置页面方向及其他参数

在【选项】对话框中设置页面尺寸时，也可将【宽度】设置为 "350 毫米"，【高度】设置为 "172 毫米"，再将【出血】设置为 "3 毫米"。单击 确定(O) 按钮后执行【视图】/【显示】/【出血】命令，即可看到设置的页面尺寸及出血。但此种方法，出血的图像位于页面可打印区以外，在打印输出时，这部分图像将不会被打印输出，因此此种方法不提倡使用。

3. 执行【视图】/【辅助线设置】命令，在弹出的【选项】对话框左侧的区域中单击【水平】选项，然后在右侧【水平】下方的文本框中输入 "3"，如图 2-27 所示。

4. 单击 添加(A) 按钮，在绘图窗口中水平方向的 "3 毫米" 位置处添加一条辅助线，然后在文本框中输入 "175"，并单击 添加(A) 按钮。

5. 在【选项】对话框左侧的区域中单击【垂直】选项，然后用与设置水平辅助线相同的方法，依次添加如图 2-28 所示的垂直辅助线。

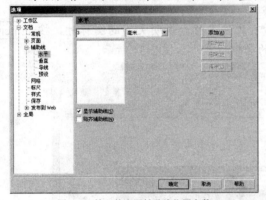

图2-27　输入的水平辅助线位置参数

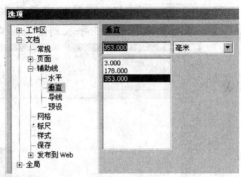

图2-28　设置的垂直辅助线位置参数

6. 单击 确定(O) 按钮，添加的辅助线如图 2-29 所示。

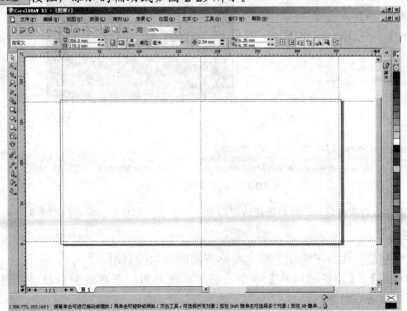

图2-29　添加的辅助线

7. 单击属性栏中 按钮，在弹出的【导入】对话框中选择素材文件中 "图库\第 02 章" 目录下名为 "封面、封底.jpg" 的文件，如图 2-30 所示。

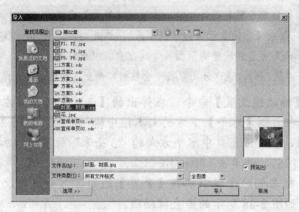

图2-30 选择的图片文件

8. 单击 导入 按钮，当鼠标光标显示为带有文件名称和说明文字的图标时，按 Enter 键，将选择的图像文件导入到绘图窗口中的居中位置，如图 2-31 所示。

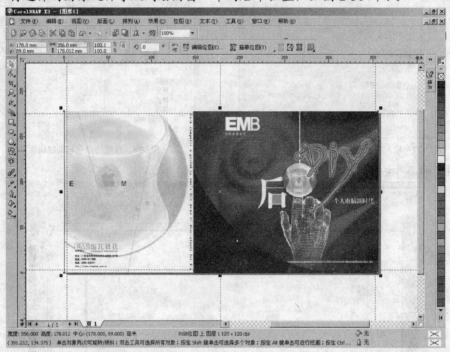

图2-31 导入的图片形态及位置

 此处导入的图像为设计好的图像，即图像的尺寸与页面的大小相同，因此在导入时可直接按 Enter 键。

下面来绘制裁剪线，在绘制之前先将贴齐辅助线功能启用。

9. 执行【视图】/【贴齐辅助线】命令，将此功能启用。即在绘制和移动图形时，图形会以设置的辅助线对齐。

10. 选择 工具，将鼠标光标移动到画面的左上角拖曳，将此区域放大显示，效果如图 2-32 所示。然后选择 工具，依次在画面中根据设置的辅助线绘制出如图 2-33 所示的裁剪线。

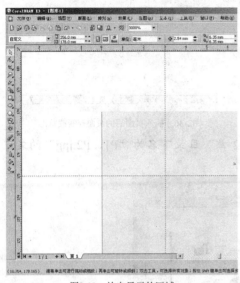

图2-32　放大显示的区域

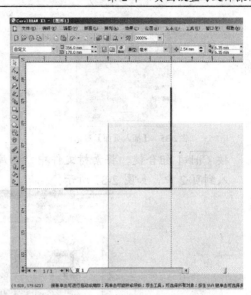

图2-33　绘制的裁剪线

11. 用与步骤 10 相同的方法，依次将画面的其他 3 个角放大，并分别绘制裁剪线，完成页面的设置，效果如图 2-34 所示。

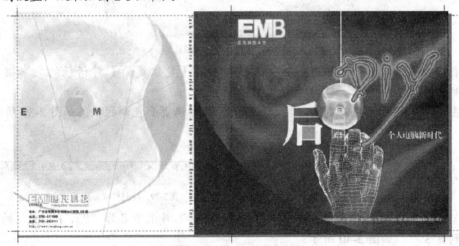

图2-34　设置完成的页面效果

12. 按 Ctrl+S 组合键，将此文件命名为 "封面、封底.cdr" 并保存。

2.4.2　插入页并导入图像

下面利用【插入页】和【转到某页】命令来对文件进行页面的添加及导入图像。

🔑 插入页面并导入图像

1. 接上例。执行【版面】/【插入页】命令，在弹出的【插入页面】对话框中设置插入页数及位置，如图 2-35 所示。

2. 单击 确定 按钮，插入页面后的页面控制栏状态如图 2-36 所示。

图2-35 【插入页面】对话框　　　　　　　　　　图2-36 插入页面后的页面控制栏状态

3. 按 Ctrl+I 组合键，将素材文件中"图库\第 02 章"目录下名为"P1、P2.jpg"的文件导入到页 2 中，如图 2-37 所示。

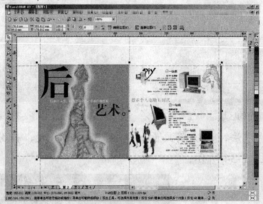

图2-37 页 2 中导入的图片

4. 执行【版面】/【转到某页】命令，在弹出的【定位页面】对话框的文本框中输入"3"，如图 2-38 所示，即转换到第 3 页。

5. 单击 确定 按钮，当前页面即显示第 3 页，此时的页面控制栏状态如图 2-39 所示。

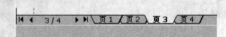

图2-38 【定位页面】对话框　　　　　　　　　图2-39 控制栏状态显示出页 3 为当前页

6. 按 Ctrl+I 组合键，将素材文件中"图库\第 02 章"目录下名为"P3、P4.jpg"的文件导入到页 3 中，如图 2-40 所示。

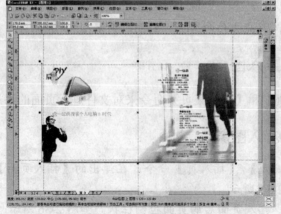

图2-40 页 3 中导入的图片

7. 用与步骤 4～6 相同的方法，转换到页 4 并导入素材文件中 "图库\第 02 章" 目录下名为 "P5、P6.jpg" 的文件，如图 2-41 所示。

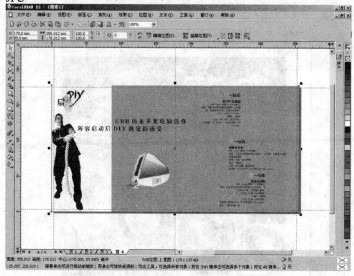

图2-41 页 4 中导入的图片

8. 将 "页 1" 设置为当前页，选择 箭头 工具，并按住 Shift 键依次框选绘制的裁剪线，将其全部选择，然后单击工具栏中的 按钮将选择的裁剪线复制。
9. 依次将 "页 2"、"页 3" 和 "页 4" 设置为当前页，分别单击工具栏中的 按钮，将复制的裁剪线粘贴至相应的页面中。
10. 按 Shift+Ctrl+S 组合键，将此文件命名为 "宣传册发排稿.cdr" 另存。

小结

本章主要学习了页面设置命令、文件操作及常用的辅助设置等命令。本章的内容是学习 CorelDRAW X3 的基础，只有在完全掌握本章内容的基础上，才能进一步顺利地学习后面章节中的各工具与菜单命令。在本章的讲解过程中，分别利用实例的形式对常用命令进行了详细介绍，目的是让读者对所学的知识能够实际运用，这对提高读者自身的操作能力有很大的帮助，希望读者能认真练习，进一步巩固所学知识。

操作题

1. 打开 CorelDRAW X3 安装盘符中 "Program Files\Corel\CorelDRAW Graphics Suite 13\Tutor Files" 目录下名为 "logo.cdr" 的文件。
2. 将打开的 "logo.cdr" 文件以名称为 "标志"、格式为 "jpg" 的方式导出至本地硬盘 D 盘中 "作品" 文件夹内。注意，"作品" 文件夹为新建的文件夹，旨在希望读者在导出图形文件时能同时掌握保存文件的方法。
3. 新建图形文件。要求页面的尺寸为 A3、横向、背景为素材文件中 "图库\第 02 章" 目录下名为 "背景.jpg" 的图片且平铺整页面，然后向后添加 5 个页面，并分别将页面的名称改为 "方案一" 至 "方案六"。

4. 将素材文件中"图库\第 02 章"目录下名为"演唱会海报.cdr"的文件进行页面设置，要求的最终成品尺寸为 285 mm×210 mm，成品文件为"tif"格式。设置完成的效果要求如图 2-42 所示。

图2-42　演唱会海报

第3章 绘制图形与填充颜色

本章主要讲解 CorelDRAW X3 中的基本绘图工具、【挑选】工具及颜色的设置与填充方法，这些工具及操作方法是实际工作中最基本、最常用的。通过本章的学习，希望读者能够熟练掌握各种基本绘图工具及【挑选】工具的使用方法和属性设置，并掌握颜色的设置与填充。

3.1 绘图工具

本节详细讲解基本绘图工具的应用，包括【矩形】工具 □、【3点矩形】工具 □、【椭圆形】工具 ○、【3点椭圆形】工具 ◎、【多边形】工具 ○、【星形】工具 ☆、【复杂星形】工具 ✿、【图纸】工具 ▦、【螺纹】工具 ◎ 及各种基本形状工具。

3.1.1 绘制矩形和正方形

选择【矩形】工具 □（或按 F6 键），然后在绘图窗口中按住鼠标左键拖曳，释放鼠标左键后即可绘制出矩形。如按住 Ctrl 键拖曳则可以绘制正方形。双击 □ 工具，可创建一个与页面打印区域相同大小的矩形。

一、 【矩形】工具

【矩形】工具的属性栏如图 3-1 所示。

x: 102.762 mm	↔ 129.798 mm	100.0 %		↻ .0			0		⊕		发丝	▾	
y: 159.37 mm	↕ 83.122 mm	100.0 %					0						

图3-1　【矩形】工具的属性栏

- 【对象位置】 x: 表示当前绘制图形的中心与打印区域坐标（0,0）在水平方向与垂直方向上的距离。调整其数值，可改变矩形的位置。
- 【对象大小】 ↕: 表示当前绘制图形的宽度与高度值。通过调整其数值可以改变当前图形的尺寸。
- 【缩放因素】 100.0 %: 按照百分数来决定调整图形的宽度与高度值。将数值设置为 "200%" 时，表示将当前图形放大为原来的两倍。
- 【不成比例的缩放/调整比率】按钮 🔒: 激活此按钮，调整【缩放因素】中的任意一个数值，另一个数值将不会随之改变。相反，当不激活此按钮时，调整任意一个数值，另一个数值将随之改变。
- 【旋转角度】 ↻ .0 : 在此文本框中输入数值，按 Enter 键确认后，可以调整当前图形的旋转角度。
- 【水平镜像】按钮 ↔ 和【垂直镜像】按钮 ↕: 单击相应的按钮，可以使当前选择的图形进行水平或垂直镜像。

- 【矩形的边角圆滑度】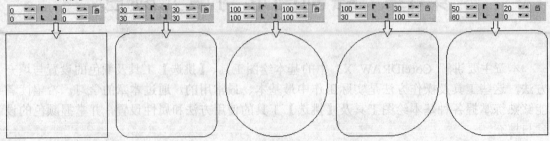：控制图形的边角圆滑程度。当激活右上角的【全部圆角】按钮时，改变其中一个数值，其他 3 个数值将会一起改变，此时绘制矩形的圆角程度相同。反之，则可以分别为 4 个角设置不同的圆角度。设置不同圆角数值时，矩形演变的形态如图 3-2 所示。

图3-2　设置不同圆角数值时的图形形态

- 【段落文本换行】按钮：当图形位于段落文本的上方时，为了使段落文本不被图形覆盖，可以使用此按钮中包含的其他功能将段落文本与图形进行组合，使段落文本绕图排列。具体设置详见本书第 7.2.3 小节。

> **要点提示**　由于部分属性参数为多个工具共有，因此在后面章节讲解各工具的属性参数时，将其放在最能突出其用途的工具中讲解。

- 【轮廓宽度】 发丝　：在此下拉列表中选择图形需要的轮廓线宽度。当需要的轮廓宽度在下拉列表中没有时，可以直接在键盘中输入需要的线宽数值。如图 3-3 所示为无轮廓与设置不同粗细的线宽时图形的对比效果。

图3-3　设置无轮廓与不同粗细线宽时的图形轮廓对比

- 【到图层前面】按钮和【到图层后面】按钮：当绘图窗口中有很多个叠加的图形，要将其中一个图形调整至所有图形的前面或后面时，可先选择该图形，然后分别单击或按钮。
- 【转换为曲线】按钮：单击此按钮，可以将不具有曲线性质的图形转换成具有曲线性质的图形，以便于对其形态进行调整。

二、【3 点矩形】工具

【3点矩形】工具是矩形工具组中隐藏的一个工具。在工具上按下鼠标左键不放，然后在弹出的隐藏工具组中选择工具，即可将其选择。

> **要点提示**　以上为选择隐藏工具的方法，在后面的工具讲解中，如为隐藏的工具，将不再提示其调用方法。

利用【3点矩形】工具可以直接绘制倾斜的矩形、正方形和圆角图形等。其使用方法为：选择工具后，在绘图窗口中按下鼠标左键不放，然后向任意方向拖曳鼠标光标，确定矩形的宽度，确定后释放鼠标左键，再移动鼠标光标到合适的位置，确定矩形的高度，确定后单击即可完成倾斜矩形的绘制。其绘制过程示意图如图 3-4 所示。

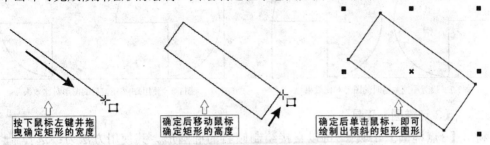

按下鼠标左键并拖曳确定矩形的宽度　　　确定后移动鼠标确定矩形的高度　　　确定后单击鼠标，即可绘制出倾斜的矩形图形

图3-4　绘制倾斜矩形的过程示意图

在绘制倾斜矩形之前，如按住 Ctrl 键拖曳鼠标光标，可以绘制倾斜角为 15°角倍数的正方形。设置相应的【矩形的边角圆滑度】参数，可直接绘制倾斜的圆角矩形。

3.1.2　绘制椭圆形和圆形

选择【椭圆形】工具 ◯（或按 F7 键），然后在绘图窗口中拖曳鼠标，即可绘制椭圆形；如按住 Shift 键拖曳鼠标光标，可以绘制以鼠标光标按下点为中心向两边等比例扩展的椭圆形；如按住 Ctrl 键拖曳鼠标光标，可以绘制圆形；如按住 Shift+Ctrl 组合键拖曳鼠标光标，可以绘制以鼠标光标按下点为中心，向四周等比例扩展的圆形。

一、　【椭圆形】工具

【椭圆形】工具的属性栏如图 3-5 所示。

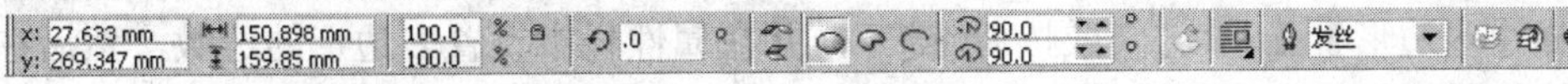

| x: 27.633 mm | ⬌ 150.898 mm | 100.0 % | | .0 | | ◯ ◯ ◯ | 90.0 | | | 发丝 | | |
| y: 269.347 mm | ⬍ 159.85 mm | 100.0 % | | | | | 90.0 | | | | | |

图3-5　【椭圆形】工具的属性栏

- 【椭圆形】按钮 ◯：激活此按钮，可以绘制椭圆形。
- 【饼形】按钮 ◔：激活此按钮，可以绘制饼形图形。
- 【弧形】按钮 ◝：激活此按钮，可以绘制弧形图形。

在属性栏中依次激活 ◯ 按钮、◔ 按钮和 ◝ 按钮，绘制图形的对比效果如图 3-6 所示。

图3-6　激活不同按钮时绘制图形的对比效果

> **要点提示**　当有一个椭圆形处于选择状态时，单击 ◔ 按钮可使椭圆形变为饼形图形，单击 ◝ 按钮可使椭圆形变成为弧形图形，即这 3 种图形可以随时转换使用。

- 【起始和结束角度】◯ 90 ◯ 90：用于调节【饼形】与【弧形】图形的起始角至结束角的角度大小。如图 3-7 所示为设置不同数值时的图形对比效果。
- 【顺时针/逆时针弧形或饼图】按钮 ◔：用于定义图形起始角度到结束角度的旋转方向。此按钮可以使饼形图形或弧形图形的显示部分与缺口部分进行调换，如图 3-8 所示为使用此按钮前后的图形对比效果。

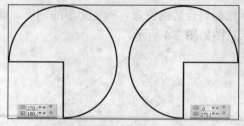

图3-7 设置不同数值时的图形对比效果

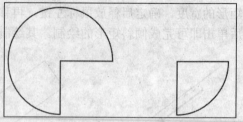

图3-8 使用 按钮前后的图形对比效果

二、【3点椭圆】工具

利用【3点椭圆】工具 可以直接绘制倾斜的椭圆形。其使用方法为：选择 工具后，在绘图窗口中按下鼠标左键不放，然后向任意方向拖曳鼠标光标，确定椭圆一轴的长度，确定后释放鼠标左键，再移动鼠标光标确定椭圆另一轴的长度，确定后单击即可完成倾斜椭圆形的绘制。其绘制过程示意图如图3-9所示。

图3-9 绘制倾斜椭圆形的过程示意图

3.1.3 绘制多边形

选择【多边形】工具 （或按 Y 键），并在属性栏中设置多边形的边数，然后在绘图窗口中按住鼠标左键拖曳，释放鼠标左键后即可绘制出多边形图形。

【多边形】工具属性栏中的【多边形的边数】 用于设置多边形的边数，在文本框中输入数值即可。另外，单击数值后面上方的小黑三角符号，可以增加多边形的边数，每单击一次增加一条。相反，单击数值后面下方的小黑三角符号，可以减少多边形的边数，每单击一次就会减少一条。

3.1.4 绘制星形

绘制星形的工具主要有【星形】工具 和【复杂星形】工具 ，选择相应的工具后，在绘图窗口中拖曳鼠标光标即可绘制出星形。

要点提示 利用【星形】工具和【复杂星形】工具绘制的星形的填充结果不一样，为复杂星形填充颜色时，相交区域不能被填充，如图3-10所示。

图3-10 星形与复杂星形的填充效果不同

一、 【星形】工具

【星形】工具的属性栏如图 3-11 所示。

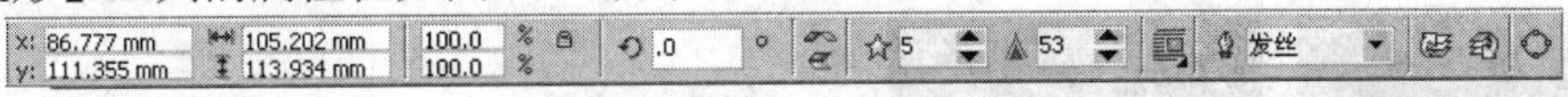

x: 86.777 mm	↔ 105.202 mm	100.0 %			.0			☆ 5		▲ 53			发丝		
y: 111.355 mm	↕ 113.934 mm	100.0 %													

图3-11　【星形】工具的属性栏

- 【星形的点数】 ☆ 5 ▲: 用于设置星形的角数。取值范围为 "3～500"。

- 【星形的锐度】 ▲ 53 ▼: 用于设置星形边角的锐化程度, 取值范围为 "1～99"。如图 3-12 所示为分别将此数值设置为 "20" 和 "50" 时星形的对比效果。

> **要点提示** 绘制基本星形之后, 利用【形状】工具 ⚏ 选择图形中的任一控制点拖曳, 可调整星形的锐化程度。

二、 【复杂星形】工具

【复杂星形】工具的属性栏与【星形】工具属性栏中的参数相同, 只是选项的取值范围及使用条件不同。

- 【复杂星形的点数】 ⚙ 9 ▲: 用于设置复杂星形的角数。取值范围为 "5～500"。

- 【复杂星形的锐度】 ▲ 2 ▲: 用于控制复杂星形边角的尖锐程度, 只有在点数至少为 "7" 时才可用。此项的最大数值与绘制复杂星形的边数有关, 边数越多, 取值范围越大。设置不同的参数时, 复杂星形的对比效果如图 3-13 所示。

图3-12　设置不同锐度时星形的对比效果

图3-13　设置不同锐度时复杂星形的对比效果

3.1.5　绘制网格和螺旋线

选择【图纸】工具 ▦ (或按 D 键), 并在属性栏中设置【图纸行和列数】的参数, 然后在绘图窗口中拖曳鼠标, 即可绘制出网格图形。

选择【螺纹】工具 ◎ (或按 A 键), 并在属性栏中设置螺旋线的圈数, 然后在绘图窗口中拖曳鼠标光标, 即可绘制出螺旋线。

一、 【图纸】工具

【图纸】工具的属性栏中只有【图纸行和列数】 ▦ 4 3 可用, 用于决定绘制网格的行数与列数。如图 3-14 所示为设置不同数值时绘制的网格图形。

二、 【螺纹】工具

【螺纹】工具的属性栏如图 3-15 所示。

- 【螺纹回圈】 ◎ 4 ▲: 决定绘制螺旋线的圈数。

- 【对称式螺纹】按钮 ◎: 激活此按钮, 绘制的螺旋线每一圈之间的距离都会相等。

- 【对数式螺纹】按钮⑥：激活此按钮，绘制的螺旋线每一圈之间的距离不相等，是渐开的。

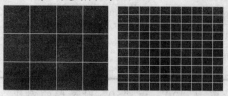

图3-14 设置不同数值时绘制的网格图形效果

图3-15 【螺纹】工具的属性栏

如图 3-16 所示为激活⑥按钮和⑥按钮时绘制出的螺旋线效果。

- 当激活【对数式螺纹】按钮叫，【螺纹扩展参数】█████100 才可用，它主要用于调节螺旋线的渐开程度。数值越大，渐开的程度越大。如图 3-17 所示为设置不同的螺纹扩展参数时螺旋线的对比效果。

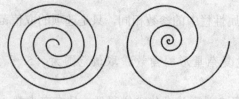

图3-16 激活不同按钮时绘制出的螺旋线效果

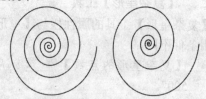

图3-17 螺旋线的对比效果

3.1.6 绘制基本形状图形

基本形状工具包括【基本形状】工具⬚、【箭头形状】工具⬚、【流程图形状】工具⬚、【标题形状】工具⬚和【标注形状】工具⬚。

在工具箱中选择相应的工具后，单击属性栏中的【完美形状】按钮（选择不同的工具，该按钮上的图形形状也各不相同），在弹出的【形状】面板中选择需要的形状，然后在绘图窗口中拖曳鼠标光标，即可绘制出形状图形。

下面以【基本形状】工具⬚为例来讲解它们的属性栏，如图 3-18 所示。

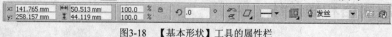

图3-18 【基本形状】工具的属性栏

- 【完美形状】按钮⬚：单击此按钮，将弹出如图 3-19 所示的【形状】面板，在此面板中可以选择要绘制图形的形状。

当选择⬚工具、⬚工具、⬚工具或⬚工具时，单击属性栏中的【完美形状】按钮，将显示不同的【形状】面板，分别如图 3-20 所示。

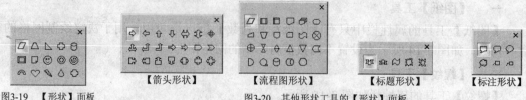

图3-19 【形状】面板

【箭头形状】　【流程图形状】　【标题形状】　　【标注形状】

图3-20 其他形状工具的【形状】面板

- 【轮廓样式选择器】按钮━▼：设置绘制图形的外轮廓线样式。单击此按钮，将弹出如图 3-21 所示的【轮廓样式】面板。在【轮廓样式】面板中，选择不同的外轮廓线样式，绘制出的形状图形外轮廓效果就不同，如图 3-22 所示。

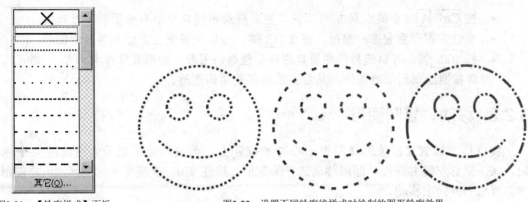

图3-21　【轮廓样式】面板　　　　　　图3-22　设置不同轮廓线样式时绘制的图形轮廓效果

> **要点提示** 当在【轮廓样式】选项面板中单击　其它(O)...　按钮时，将弹出【编辑线条样式】对话框，在此对话框中可以编辑外轮廓线的样式，具体操作参见本书第 5.3.1 小节。

3.2　挑选工具

　　【挑选】工具 ▷ 的主要功能是选择对象，并对其进行移动、复制、缩放、旋转或扭曲等操作。

> **要点提示** 使用工具箱中除【文字】工具外的任何一个工具时，按一下空格键，可以将当前使用的工具切换为【挑选】工具。再次按空格键，可恢复为先前使用的工具。

　　利用本书第 3.1 节学过的几种绘图工具随意绘制一些图形，然后根据下面的讲解来学习【挑选】工具的使用方法。在讲解过程中，读者最好动手试一试，以便于更好地理解和掌握书中的内容。如果感觉绘图窗口较乱时，可双击 ▷ 工具，将所有图形全部选择，然后按 Delete 键清除。

3.2.1　选择图形

　　利用【挑选】工具选择图形有两种方法，一是在要选择的图形上单击，二是框选要选择的图形。图形被选择后，将显示如图3-23 所示的由 8 个小黑色方块组成的选择框。

　　用单击的方法选择图形，单击一次只能选择一个图形，这种方法适合选择指定的某一个图形；用框选的方法选择图形，一次可以选择多个图形，这种方法适合选择相互靠近的多个图形。

图3-23　选择图形的状态

> **要点提示** 用框选的方法选择图形，拖曳出的虚线框必须将要选择的图形全部包围，否则此图形不会被选择。

　　【挑选】工具结合键盘上的辅助键，还具有以下选择方式。

- 按住 Shift 键，单击其他图形即添加选择，如单击已选择的图形则为取消选择。
- 按住 Alt 键拖曳鼠标光标，拖曳出的选框所接触到的图形都会被选择。

- 按 Ctrl+A 组合键或双击 工具，可以将绘图窗口中所有的图形同时选择。
- 当许多图形重叠在一起时，按住 Alt 键，可以选择最上层图形后面的图形。
- 按 Tab 键，可以选择绘图窗口中最后绘制的图形。如果继续按 Tab 键，则可以按照绘制图形的顺序，从后向前选择绘制的图形。

3.2.2 移动、复制图形

将鼠标光标放置在被选择图形中心的 × 位置上，当鼠标光标显示为四向箭头 ✛ 形状时，按下鼠标左键并拖曳，即可移动选择的图形。按住 Ctrl 键拖曳鼠标光标，可将图形在垂直或水平方向上移动。

将图形移动到合适的位置后，在不释放鼠标左键的情况下，按下鼠标右键，然后同时释放鼠标左、右键，即可将选择的图形移动复制。

> **要点提示** 选择图形后，按键盘数字区中的 + 键，可以将选择的图形在原位置复制。如按住键盘数字区中的 + 键，将选择的图形移动到新的位置，释放鼠标左键后，也可将该图形移动复制。

3.2.3 变换图形

图形的变换操作主要有缩放、旋转、扭曲和镜像等，下面来分别讲解。

一、缩放图形

- 选择要缩放的图形，然后将鼠标光标放置在图形四边中间的控制点上，当鼠标光标显示为 ↔ 或 ↕ 形状时，按下鼠标左键并拖曳，可将图形在水平或垂直方向上缩放。
- 将鼠标光标放置在图形四角位置的控制点上，当鼠标光标显示为 ↘ 或 ↗ 形状时，按下鼠标左键并拖曳，可将图形等比例放大或缩小。如按住 Alt 键拖曳鼠标光标，可将图形进行自由缩放。
- 在缩放图形时按住 Shift 键，可将图形分别在水平、垂直方向对称缩放或向中心等比例缩放。

如图 3-24 所示为使用各种缩放图形方式的效果图。

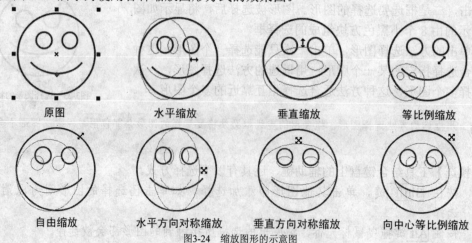

| 原图 | 水平缩放 | 垂直缩放 | 等比例缩放 |

| 自由缩放 | 水平方向对称缩放 | 垂直方向对称缩放 | 向中心等比例缩放 |

图3-24 缩放图形的示意图

二、 旋转图形

在选择的图形上再次单击，图形周围的 8 个小黑点将变为旋转和扭曲符号，如图 3-25 所示。将鼠标光标放置在任一角的旋转符号上，当显示为 ↻ 形状时拖曳，即可对图形进行旋转。旋转图形的过程示意图如图 3-26 所示。

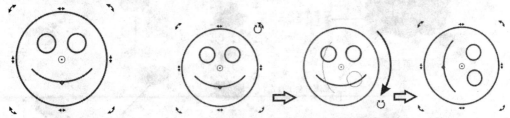

图3-25 显示的旋转和扭曲符号　　　　　　　　图3-26 旋转图形过程示意图

- 在旋转图形时，按住 [Ctrl] 键可以将图形以 15° 角的倍数进行旋转。
  15° 是系统默认的限制值。用户也可根据需要对其进行修改，具体操作为：执行【工具】/【选项】命令，在弹出的【选项】对话框的左侧区域选择【工作区】/【编辑】选项，然后设置右侧区域中【限制角度】的参数即可。
- 图形是围绕轴心来旋转的。
  在实际操作过程中，可以将轴心调整到页面的任意位置，具体操作为：将鼠标光标移动到选择图形中心的 ⊙ 位置，当显示为 "＋" 形状时按下鼠标左键并拖曳，此时轴心将随鼠标光标移动，至合适的位置时释放鼠标左键，即可将轴心调整至释放鼠标的位置。

 按住 [Ctrl] 键调整轴心的位置，可将轴心调整至选择图形的旋转符号或扭曲符号处。

三、 扭曲图形

将鼠标光标放置在图形任意一边中间的扭曲符号上，当显示为 ⇄ 或 ↥ 形状时拖曳鼠标光标，即可对图形进行扭曲变形。扭曲图形的过程示意图如图 3-27 所示。

图3-27 扭曲图形过程示意图

四、 镜像图形

镜像图形就是将图形在垂直、水平或对角线的方向上进行翻转。

选择要镜像的图形，然后按住 [Ctrl] 键，将鼠标光标移动到图形周围任意一个控制点上，按下鼠标左键并向对角方向拖曳，当出现蓝色的虚线框时释放鼠标左键，即可将选择的图形镜像。其镜像图形的过程示意图如图 3-28 所示。

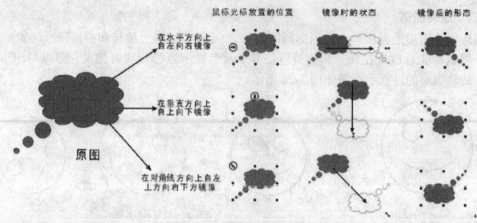

图3-28　镜像图形的过程示意图

要点提示 利用【挑选】工具对图形进行移动、缩放、旋转、扭曲和镜像操作时，至合适的位置或形态后，在不释放鼠标左键的情况下单击鼠标右键，可以将该图形以相应的操作复制。

图形的缩放、旋转、扭曲和镜像是对图形的变换操作。除【挑选】工具具备对图形进行变换操作的功能外，【自由变换】工具和菜单栏中的【排列】/【变换】命令也可以对图形进行变换操作。其中【排列】/【变换】命令可对图形进行精确的变换，具体操作详见本书第8.3 节；【自由变换】工具详见本书第 5.4.2 小节。

3.2.4 属性设置

【挑选】工具的属性栏根据选择对象的不同，显示的选项也各不相同。具体分为以下几种情况。

一、 没有选择任何对象的情况下

没有选择任何对象的情况下，【挑选】工具的属性栏如图 3-29 所示。

图3-29　【挑选】工具的属性栏

- 【微调偏移】 ：在文本框中输入数值，可以设置每次按键盘中的方向键时，所选图形移动的距离。
- 【再制距离】 ：在文本框中输入数值，可以设置选择图形应用【编辑】菜单中的【再制】和【仿制】命令后复制出的新图形与原图形之间的距离。
- 【贴齐网格】按钮 ：当绘图窗口中显示网格时，激活此按钮（快捷键为 Ctrl+Y 组合键），在绘制或移动图形时，图形将与网格对齐。
- 【贴齐辅助线】按钮 ：当绘图窗口中有辅助线存在时，激活此按钮，在绘制或移动图形时，在一定距离内可以将它与辅助线对齐。
- 【贴齐对象】按钮 ：激活此按钮（快捷键为 Alt+Z 组合键），在绘制或移动图形时，可以将它与已存在的一个对象对齐。
- 【动态导线】按钮 ：激活此按钮（快捷键为 Alt+Shift+D 组合键），在绘制或移动图形时，随鼠标光标的移动将显示相应的辅助线及说明，以帮助用户准确地绘制或定位图形。

- 【移动或变换时绘制复杂对象】按钮 ：激活此按钮，在移动或变换复杂图形时，将显示图形中每个对象的外轮廓。关闭此按钮，在移动或变换复杂图形时，只显示所有图形组成的整体外轮廓，如图 3-30 所示。

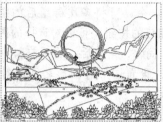

图3-30　移动或变换复杂图形时启用或关闭 时的不同效果

- 【视为已填充】按钮 ：激活此按钮，可以将未填充的图形视为已填充，利用鼠标光标无论单击图形的边缘还是内部都可以将其选择。当此按钮处于关闭状态时，若要选择未填充的图形，只能用鼠标光标单击图形的边缘来进行选择。
- 【选项】按钮 ：单击此按钮（快捷键为 Ctrl+J 组合键），将弹出【选项】对话框，在此对话框中可以对【工作区】、【文档】或【全局】等选项进行设置。

二、　选择单个对象的情况下

利用【挑选】工具选择单个对象时，【挑选】工具的属性栏将显示该对象的属性选项。如选择矩形，属性栏中将显示矩形的属性选项。此部分内容在讲解相应的工具按钮时会进行详细讲解，在此不再介绍。

三、　选择多个图形的情况下

利用【挑选】工具同时选择两个或两个以上的图形时，属性栏的状态如图 3-31 所示。

| X: 104.336 mm | ↔ 163.834 mm | 100.0 | % | | ⟳ .0 | | | | | | | | |
| Y: 166.778 mm | ↕ 103.36 mm | 100.0 | % | | | | | | | | | | |

图3-31　【挑选】工具的属性栏

- 【结合】按钮 ：单击此按钮，或执行【排列】/【结合】命令（快捷键为 Ctrl+L 组合键），可将选择的图形结合为一个整体。
- 【群组】按钮 ：单击此按钮，或执行【排列】/【群组】命令（快捷键为 Ctrl+G 组合键），也可将选择的图形结合为一个整体。

要点提示 当给群组的图形执行【变换】及其他命令时，被群组的每个图形都将会发生改变，但是群组内的每一个图形之间的空间关系不会发生改变。

【群组】和【结合】都是将多个图形合并为一个整体的命令，但两者组合后的图形有所不同。【群组】只是将图形简单地组合到一起，其图形本身的形状和样式并不会发生变化；【结合】是将图形链接为一个整体，其所有的属性都会发生变化，并且图形和图形的重叠部分将会成为透空状态。图形群组与结合后的形态如图 3-32 所示。

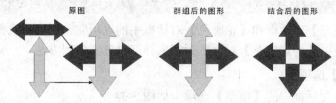

图3-32　原图与被群组、被结合后的图形效果

- 【取消群组】按钮：当选择群组的图形时，单击此按钮，或执行【排列】/【取消群组】命令（快捷键为 Ctrl+U 组合键），可以将多次群组后的图形一级级取消。
- 【取消全部群组】按钮：当选择群组的图形时，单击此按钮，或执行【排列】/【取消全部群组】命令，可将多次群组后的图形一次分解。
- ：单击相应的按钮，可以对选择的图形执行相应的修整命令，分别为焊接、修剪、相交、简化、前减后、后减前和创建围绕选定对象的新对象。
- 【对齐和分布】按钮：设置图形与图形之间的对齐和分布方式。

四、 选择结合图形的情况下

利用【挑选】工具选择结合后的图形时，其属性栏如图 3-33 所示。

图3-33 【挑选】工具的属性栏

- 【拆分】按钮：单击此按钮，或执行【排列】/【拆分】命令（快捷键为 Ctrl+K 组合键），可以将结合后的图形拆分。
- 【自动闭合曲线】按钮：当闭合的图形与开放的图形结合后，单击此按钮，可将开放的图形闭合。

3.3 填充颜色

本节来介绍图形的颜色设置与填充方法，包括填充色和轮廓色以及去除图形填充色与轮廓色的方法。

为图形设置单色填充和轮廓色的方法主要有 5 种，分别为利用【调色板】设置、利用【填充对话框】工具和【轮廓颜色对话框】工具设置、利用【颜色泊坞窗】工具设置、利用【智能填充】工具设置及利用【滴管】工具和【颜料桶】工具设置。另外利用【无填充】工具和【无轮廓】工具可以取消图形的填充色和轮廓色。

利用【调色板】设置颜色的方法在第 1 章已讲解，下面来详细讲解其他几种方法。

3.3.1 【填充对话框】工具和【轮廓颜色对话框】工具

选择图形，然后在【填充】工具上按下鼠标左键不放，在弹出的隐藏工具组中选择【填充对话框】工具（快捷键为 Shift+F11 组合键）将会弹出【均匀填充】对话框；在【轮廓】工具上按下鼠标左键不放，在弹出的隐藏工具组中选择【轮廓颜色对话框】工具（快捷键为 Shift+F12 组合键），将弹出【轮廓色】对话框。

 在以后的讲解过程中，如要选择隐藏的工具，且此隐藏工具在前面已经用过，则为了叙述上的方便，将直接叙述为选择该工具。如上面"在【轮廓】工具上按下鼠标左键不放，在弹出的隐藏工具组中选择【轮廓颜色对话框】工具"，将直接叙述为"选择工具"。

由于【均匀填充】对话框和【轮廓色】对话框中的选项完全相同，且都包含 3 个不同的选项卡，因此下面以【均匀填充】对话框为例来详细讲解其使用方法。

一、 【模型】选项卡

【均匀填充】对话框中的【模型】选项卡如图 3-34 所示。

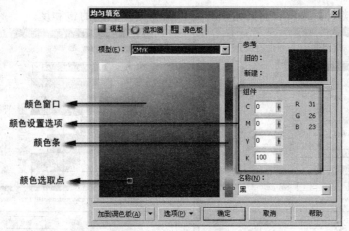

图3-34 【模型】选项卡

(1) 在【模型】下拉列表中可以选择要使用的色彩模式。

(2) 拖曳颜色条上的滑块可以选择一种色调。

(3) 拖曳左侧颜色窗口中的小矩形可以选择相应的颜色。

要点提示 在颜色色条右侧的【C】、【M】、【Y】、【K】颜色文本框中，直接输入所需颜色的值也可以调制出需要的颜色。当选择的颜色有特定的名称时，【名称】下拉列表中将显示该颜色的名称。用户也可在【名称】下拉列表中选择软件预设的一些颜色。

设置好颜色后单击 ▢确定▢ 按钮，即可将设置的颜色填充到选择的图形中。

二、 【混和器】选项卡

【均匀填充】对话框中的【混和器】选项卡如图 3-35 所示。

- 在【色度】下拉列表中可以设置色环上由黑色和白色圆圈所组成的形状。不同的形状在颜色色块窗口中产生不同的颜色组合及颜色行数。

- 在【变化】下拉列表中可以设置颜色色块窗口中显示颜色的变化方式。

- 将鼠标光标移动到色环中的黑色圆圈上，当鼠标光标显示为 ↺ 形状时拖曳鼠标，可以改变黑色圆圈的位置，从而改变色环下面颜色色块窗口中的颜色。也可以直接在色环上单击来改变黑色圆圈的位置。

- 将鼠标光标移动到色环中的白色圆圈上，当鼠标光标显示为 ✋ 形状时拖曳鼠标，可以改变白色圆圈的位置，从而改变颜色色块窗口中的颜色。

- 拖曳【大小】选项右侧的滑块或修改文本框中的数值，可以改变颜色色块窗口中显示的颜色列数。

- 在颜色色块窗口相应的色块上单击，即可将该颜色选择为需要的颜色。在右侧的【C】、【M】、【Y】、【K】颜色文本框中直接输入所需颜色的值，也可以调制出需要的颜色。

三、 【调色板】选项卡

【均匀填充】对话框中的【调色板】选项卡如图 3-36 所示。

- 在【调色板】下拉列表中可以选择系统预设的一些调色板颜色。

- 拖曳颜色条中的滑块，可以选择一种需要的颜色色调，然后单击颜色窗口的颜色色块，即可将其选择为需要的颜色。

- 拖曳【淡色】选项右侧的滑块，可以调整选择颜色的饱和度。

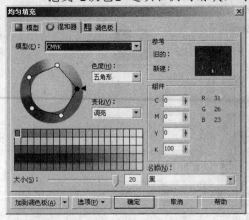
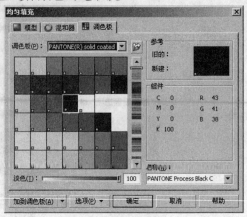

图3-35 【混和器】选项卡　　　　　　　　图3-36 【调色板】选项卡

3.3.2 【颜色泊坞窗】工具

在【填充】工具 或【轮廓】工具 的隐藏工具组中选择【颜色泊坞窗】工具，将弹出【颜色】对话框。

在【颜色】对话框右上角处有【显示颜色滑块】按钮、【显示颜色查看器】按钮和【显示调色板】按钮。激活不同的按钮，可以显示出不同的【颜色】泊坞窗，如图 3-37所示。

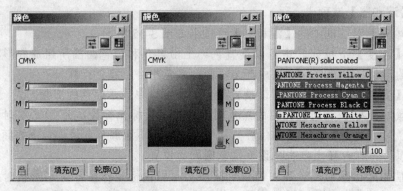

图3-37 【颜色】泊坞窗

- 【显示颜色滑块】按钮：激活此按钮，可以在【颜色】泊坞窗中通过输入数值或拖曳滑块至需要的位置来调整需要的颜色。当在【模式】下拉列表中选择不同的颜色模式时，下方显示的颜色滑块也不同。
- 【显示颜色查看器】按钮：激活此按钮，可以在【颜色】泊坞窗中通过输入数值来选择颜色；或拖曳色条上的滑块，然后在颜色窗口中单击或拖动矩形小方块来选择颜色。
- 【显示调色板】按钮：激活此按钮，可以在【颜色】泊坞窗中通过拖曳色条上的滑块，然后在调色板的颜色名称上单击来选择颜色。拖曳下方的饱和度滑块，可调整选择颜色的饱和度。
- 填充 按钮：调整颜色后，单击此按钮，将会给选择的图形填充调整的颜色。

- 轮廓(O) 按钮：调整颜色后，单击此按钮，将会给选择图形的外轮廓线添加调整的颜色。
- 【自动应用颜色】按钮：激活此按钮，可以将设置的颜色自动应用于选择的图形上。

3.3.3　【智能填充】工具

【智能填充】工具除了可以实现普通的颜色填充之外，还可以自动识别多个图形重叠的交叉区域，对其进行复制然后进行颜色填充。

【智能填充】工具的属性栏如图 3-38 所示。

图3-38　【智能填充】工具的属性栏

- 【填充选项】：在此下拉列表中包括【使用默认值】、【指定】和【无填充】选项。当选择【指定】选项时，单击右侧的颜色色块，可在弹出的颜色面板中选择需要填充的颜色。
- 【轮廓选项】：在此下拉列表中包括【使用默认值】、【指定】和【无轮廓】选项。当选择【指定】选项时，可在右侧的文本框中指定外轮廓线的粗细。单击最右侧的颜色色块，可在弹出的颜色面板中选择需要的外轮廓颜色。

设置好填充颜色或轮廓颜色后，在要添加颜色的图形上单击，即可将设置的颜色添加到图形中。

3.3.4　【滴管】工具和【颜料桶】工具

利用【滴管】工具或【颜料桶】工具为图形填充颜色或设置轮廓色是比较快捷的方法，但前提是绘图窗口中必须有需要的填充色和轮廓色存在。其使用方法为：首先利用【滴管】工具在指定的图形上吸取需要的填充色和轮廓色，然后利用【颜料桶】工具在指定的图形上单击，即可为图形填充吸取的填充色和轮廓色。

> **要点提示**　【滴管】工具和【颜料桶】工具除了为图形设置单色的填充色和轮廓色外，还可以为图形设置渐变色、图案、纹理以及其他各种变换属性和效果。

【滴管】工具和【颜料桶】工具的属性栏完全相同，此处以【滴管】工具为例来详细讲解。通过设置工具属性栏中的 对象属性 选项，可以设置【滴管】工具是吸取样本的颜色还是属性。

选择【对象属性】选项时，【滴管】工具的属性栏如图 3-39 所示。

图3-39　选择【对象属性】时【滴管】工具的属性栏

- 属性 按钮：单击此按钮，将弹出【属性】选项面板。在此面板中，可设置【滴管】工具在样本图形上单击吸取图形的填充色还是轮廓色，或是在文字上单击吸取文本的特定属性。
- 变换 按钮：单击此按钮，将弹出【变换】选项面板。在此面板中，可设置【滴管】工具在样本图形上单击吸取图形的大小、旋转角度还是位置属性。

- 效果按钮：单击此按钮，将弹出【效果】选项面板，在此面板中，可设置【滴管】工具在样本图形上单击吸取的效果属性。

选择【示例颜色】选项时，【滴管】工具的属性栏如图 3-40 所示。

图3-40　选择【示例颜色】时【滴管】工具的属性栏

- 样本大小按钮：单击此按钮，将弹出【示例尺寸】选项面板。在此面板中，可设置【滴管】工具吸取样本时的采样大小。
- 从桌面选择按钮：激活此按钮，【滴管】工具可以移动到 CorelDRAW 操作界面以外的系统窗口中吸取颜色。

> 要点提示　选择【示例颜色】选项时，【滴管】工具不仅可以吸取矢量图的颜色，也可以吸取位图的颜色。

3.3.5　【无填充】工具和【无轮廓】工具

【无填充】工具×和【无轮廓】工具×可以将选定图形的填充色和轮廓色去除，具体设置分别如下。

- 选择一个已经被填充的图形，然后在工具的隐藏工具组中选择×工具，即可将该图形的填充去除。
- 选择一个带有外轮廓线的图形，然后在工具的隐藏工具组中选择×工具，即可将该图形的外轮廓线去除。
- 选择一个带有外轮廓线的图形，然后在工具属性栏中的【轮廓宽度】下拉列表中选择【无】选项，也可将图形的外轮廓线去除。

> 要点提示　选择要去除填充色或轮廓色的图形，然后执行【排列】/【将轮廓转换为对象】命令（或按 Ctrl+Shift+Q 组合键），将图形的填充和轮廓各自转换为对象，然后选择图形的填充或轮廓，再按 Delete 键，也可将填充色或外轮廓色去除。

3.4　综合案例——邮品设计

邮品主要包括邮票、信封和信纸等，本节分别来具体讲解。

3.4.1　邮票设计

下面主要利用移动复制操作，并结合【后减前】按钮和【置入】命令来介绍邮票效果的制作。

⚷— 制作邮票效果

1. 按 Ctrl+N 组合键新建一个图形文件。
2. 利用 □ 工具绘制一个矩形，然后选择 ○ 工具，按住 Ctrl 键绘制一个小的圆形。
3. 利用 ▷ 工具将小的圆形选择，然后将其向矩形的左上角移动，将圆形移动到如图 3-41 所示的位置。

图3-41　绘制的矩形及圆形

4. 选择圆形，并按住 Shift 键将其向右移动，其状态如图 3-42 所示，至合适的位置后在不释放鼠标左键的情况下右击此位置，移动复制圆形，复制出的图形如图 3-43 所示。

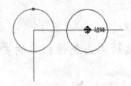 

　　图3-42　移动图形时的状态　　　　　　　　　　　图3-43　移动复制出的圆形

5. 依次按 Ctrl+R 组合键，重复复制圆形，效果如图 3-44 所示。

图3-44　重复复制出的圆形

6. 利用 ▶ 工具将上方的圆形全部框选，然后用与步骤 4 相同的方法，将选择的圆形向下移动复制，效果如图 3-45 所示。

图3-45　下边复制出圆形的图形

7. 用与步骤 3~6 相同的移动复制操作方法，依次复制出矩形左右两边的圆形，效果如图 3-46 所示。

图3-46　复制出左右两边圆形的图形

8. 双击 工具，将绘图窗口中的所有图形同时选择，然后单击属性栏中的 按钮，用圆形对矩形进行修剪，效果如图 3-47 所示。

图3-47　修剪后的图形形态

9. 将鼠标光标移动到【调色板】中的"白"颜色上单击，为修剪后的图形填充白色。然后在"20％黑"颜色上右击，将图形的外轮廓设置为灰色。

10. 单击工具栏中的 按钮，将素材文件中 "图库\第 03 章" 目录下名为 "日出.jpg" 的文件导入，如图 3-48 所示。

图3-48　导入的图片

11. 利用 工具对图像的大小进行调整，调整后的形态如图 3-49 所示。

12. 将导入的图像与修剪后的图形同时选择，单击属性栏中的 按钮，在弹出的【对齐与分布】对话框中设置如图 3-50 所示的选项参数。

图3-49　图片调整后的形态

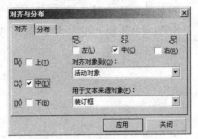

图3-50　设置【对齐与分布】对话框

13. 依次单击 <u>应用</u> 和 <u>关闭</u> 按钮，导入图像与下方图形对齐后的效果如图 3-51 所示。

图3-51　制作完成的邮票效果

14. 至此，邮票制作完成，按 Ctrl+S 组合键，将此文件命名为 "邮票.cdr" 保存。

3.4.2　信封设计

在设计信封时，首先要遵循邮政法规，如信封的尺寸、格式和空间划分等。下面以旅游公司为例设计一款信封。

⚷ 信封设计

1. 按 Ctrl+N 组合键新建一个图形文件。然后利用 ▢ 工具绘制出如图 3-52 所示的矩形。

2. 将鼠标光标移动到矩形上方中间的控制点上，按下鼠标左键并向下拖曳，状态如图 3-53 所示。

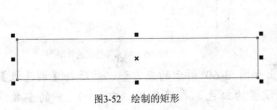

图3-52　绘制的矩形　　　　　　　　　　　图3-53　拖曳时的状态

3. 至合适的位置后，在不释放鼠标左键的情况下右击选定的位置，镜像复制矩形，效果如图 3-54 所示。

4. 利用 ![](工具选择上方的矩形，然后将属性栏中 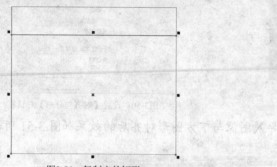 的参数分别设置为 "60"、
   "60"、"0" 和 "0"，效果如图 3-55 所示。

图3-54 复制出的矩形 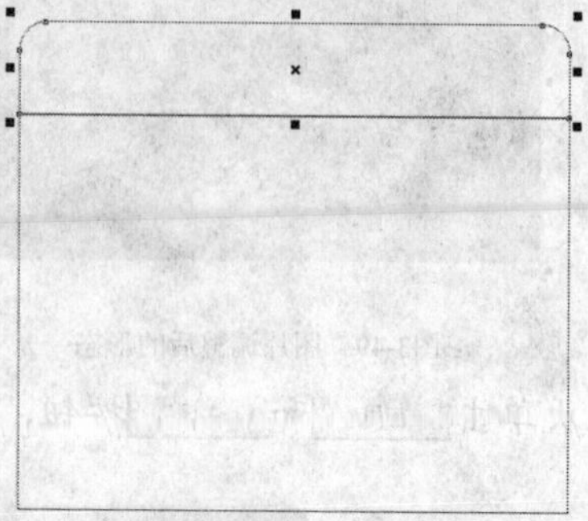　　　　　　　　　　　　图3-55 设置圆角后的图形形态

5. 单击属性栏中的 ◯ 按钮，将矩形转换为具有曲线性质的图形。

6. 选择 ![](工具，然后将图形左上角的圆角选择，并向右调整位置，状态如图 3-56 所示。

7. 至合适的位置后释放鼠标左键，然后用相同的方法将右侧的圆角向左侧拖曳，制作出
   如图 3-57 所示的效果。

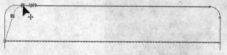

图3-56 调整圆角时的状态

图3-57 图形调整后的形态

8. 按 Shift+F11 组合键，弹出【均匀填充】对话框，设置颜色参数如图 3-58 所示。

9. 单击 确定 按钮，为调整后的图形填充设置的浅绿色（C:60,Y:40,K:20），然后在【调
   色板】上方的 ⊠ 上右击，去除图形的外轮廓，效果如图 3-59 所示。

> 要点提示　在后面操作中为图形填充颜色时，本书将直接叙述为图形填充相应的颜色，如步骤 9 就叙述
> 为 "为图形填充浅绿色（C:60,Y:40,K:20）"，其中参数为 0 的数值将省略。

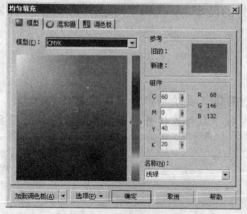

图3-58 【均匀填充】对话框

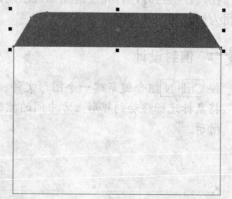

图3-59 填充颜色后的效果

10. 利用 ![](工具在下方矩形的左上角绘制出如图 3-60 所示的正方形，然后在【调色板】的
    "红" 颜色上右击，将其外轮廓颜色设置为红色，再将属性栏中 .5 mm 的参数设置
    为 "0.5 mm"，效果如图 3-61 所示。

11. 用移动复制图形的方法，将正方形水平向右移动复制，效果如图 3-62 所示。

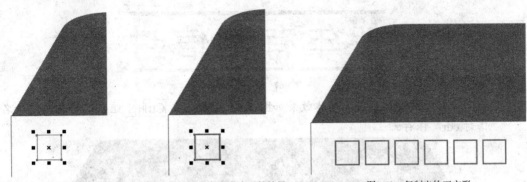

图3-60　绘制的正方形　　　　图3-61　调整颜色及宽度后的效果　　　　　图3-62　复制出的正方形

12. 单击工具栏中的 ▣ 按钮，将素材文件中"图库\第 03 章"目录下名为"海景.cdr"的文件导入，调整至合适的大小后放置到如图 3-63 所示的位置。

13. 用相同的导入图像方法，将上一节制作的"邮票.cdr"文件导入，调整大小后放置到如图 3-64 所示的位置。

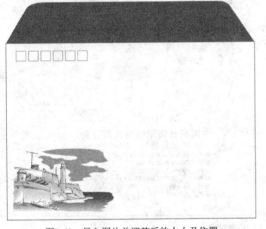
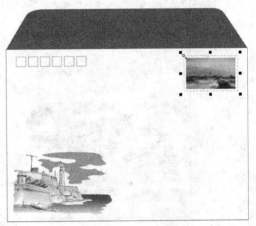

图3-63　导入图片并调整后的大小及位置　　　　　　图3-64　邮票调整后的大小及位置

14. 选择 字 工具，在信封的右下角依次输入如图 3-65 所示的文字。

中国烟台海阳航海旅游公司
24小时服务热线：800000000
地址：烟台市市中区海洋路88号
电话：0000-800000000
传真：0000-700000000
邮件：lgo2000123@163.com
网址：hanghailvyou1998.com.cn
邮编：200000

图3-65　输入的文字

15. 利用 ▢ 工具再绘制出如图 3-66 所示的矩形。

图3-66　绘制的矩形

16. 为绘制的矩形填充浅绿色（C:50,M:30,Y:50），并去除外轮廓，然后用移动复制图形的方法将其向下移动复制，再利用 字 工具输入如图 3-67 所示的颜色（C:50,M:30,Y:50）文字。

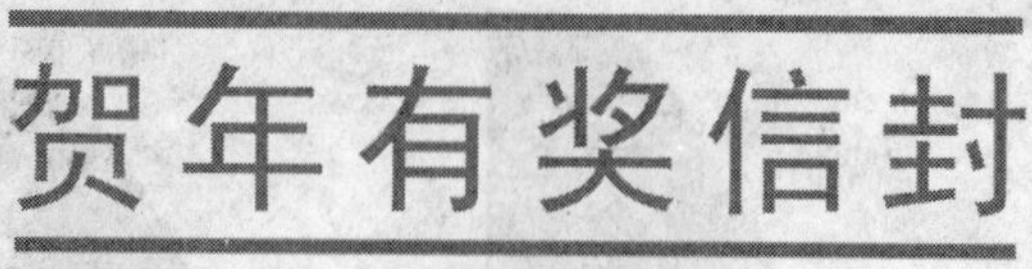

贺年有奖信封

图3-67　输入的文字

17. 至此，信封效果设计完成，整体效果如图 3-68 所示。按 Ctrl+S 组合键将此文件命名为"信封.cdr"保存。

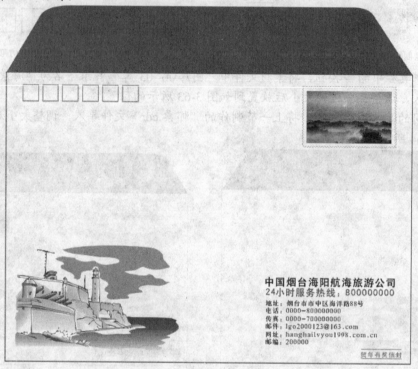

中国烟台海阳航海旅游公司
24小时服务热线：800000000
地址：烟台市市中区海洋路88号
电话：0000-800000000
传真：0000-700000000
邮件：lgo2000123@163.com
网址：hanghailvyou1998.com.cn
邮编：200000

贺年有奖信封

图3-68　设计完成的信封效果

3.4.3　信纸设计

下面来设计信纸，在设计时仍要注意移动复制及重复复制操作的应用，通过本例的学习，希望读者能将这些操作熟练掌握。

🗝 信纸设计

1. 按 Ctrl+N 组合键新建一个图形文件。然后在属性栏中的【纸张类型/大小】下拉列表中选择【信纸】选项，将页面设置为系统默认的信纸大小。

2. 在 □工具上双击，创建一个与页面相同大小的矩形，然后为其填充白色。

3. 单击工具栏中的 👿 按钮，将素材文件中"图库\第 03 章"目录下名为"表头.jpg"的文件导入，调整大小后放置到信纸页面的右上角，如图 3-69 所示。

4. 选择 ✑工具，将鼠标光标移动到画面的左上角单击，然后按住 Ctrl 键并向右移动鼠标光标，至合适位置后再次单击，绘制出如图 3-70 所示的线形。

图3-69 图片调整后的大小及位置

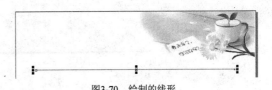

图3-70 绘制的线形

5. 单击属性栏中的 ——▾ 按钮，在弹出的轮廓线样式列表中选择如图 3-71 所示的轮廓线样式，然后将 🖋 .35 mm ▾ 参数设置为 "0.35 mm"，生成的线形效果如图 3-72 所示。

图3-71 选择轮廓线样式

图3-72 调整后的线形效果

6. 用移动复制和重复复制图形的方法，将线形在垂直方向上依次向下复制，效果如图 3-73 所示。

图3-73 依次复制出的线形

7. 选择 字 工具，在画面的左上角和右下角依次输入如图 3-74 所示的文字。

8. 至此，信纸设计完成，整体效果如图 3-75 所示，按 Ctrl+S 组合键将此文件命名为"信纸.cdr"保存。

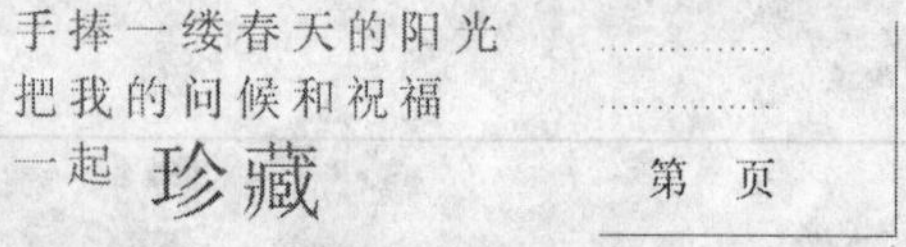

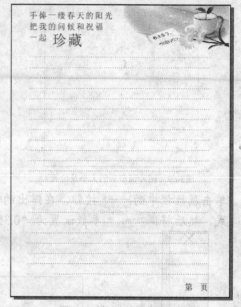

图3-74 输入的文字

图3-75 设计完成的信纸效果

小结

本章主要学习了工具箱中的基本绘图工具、【挑选】工具及图形的颜色设置等非常常用的工具。通过本章的学习，读者要熟练掌握这几类工具的功能及使用方法，以便在以后使用这些工具绘制图形时能够运用自如。在本章的最后，综合利用本章所学的工具设计了邮票、信封和信纸，其目的就是让读者对所学的知识能够融会贯通。

操作题

1. 综合运用本章所学的内容，设计出如图 3-76 所示的爱心协和医院标志。作品参见素材文件中"作品\第 03 章"目录下名为"操作题 01.cdr"的文件。

图3-76 设计的标志

2. 利用本章学习的内容并结合综合案例中的操作，分别设计出如图 3-77 所示的企业信封和信纸。作品参见素材文件中"作品\第 03 章"目录下名为"操作题 02.cdr"的文件。

图3-77 设计的企业信封和信纸

3. 利用本章学习的内容并结合综合案例中的操作，设计出如图 3-78 所示的信纸效果。作品参见素材文件中"作品\第 03 章"目录下名为"操作题 03.cdr"的文件。导入的图片为素材文件中"图库\第 03 章"目录下名为"装饰图案.cdr"的文件。

图3-78 设计的信纸效果

第4章 线形、形状和艺术笔工具

本章主要学习各种线形工具、【形状】工具及【艺术笔】工具的应用。线形工具和【形状】工具是绘制和调整图形的基本工具，灵活运用这两种工具，无论多么复杂的图形形状都可以轻松地绘制出来。利用【艺术笔】工具可以在画面中添加各种特殊样式的线条和图案，以满足作品设计的需要。

4.1 线形工具

线形工具包括【手绘】工具、【贝塞尔】工具、【钢笔】工具、【折线】工具、【3 点曲线】工具、【交互式连线】工具和【智能绘图】工具等。

4.1.1 绘制直线、曲线和图形

下面具体讲解利用各工具绘制直线、曲线和图形的方法及各工具的属性设置。

一、 使用方法

(1) 选择【手绘】工具，在绘图窗口中单击确定第一点，然后移动鼠标光标到适当的位置再次单击确定第二点，即可在这两点之间生成一条直线；如在第二点位置双击，然后继续移动鼠标光标到适当的位置双击确定第三点，依此类推，可绘制连续的线段，当要结束绘制时，可在最后一点处单击；在绘图窗口中拖曳鼠标光标，可以沿鼠标光标移动的轨迹绘制曲线；绘制线形时，当将鼠标光标移动到第一点位置，鼠标光标显示为形状时单击，可将绘制的线形闭合，生成不规则的图形。另外，选择【手绘】工具后，可以直接拖曳鼠标进行连续绘制，生成手绘的曲线图形。

绘制连续的线段及图形的过程示意图如图 4-1 所示。

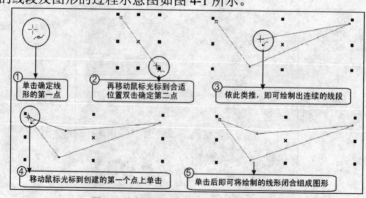

图4-1 绘制连续的线段及图形的过程示意图

手绘曲线时的状态及闭合后的效果如图 4-2 所示。

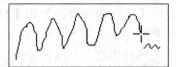 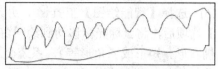

图4-2 绘制曲线时的状态及闭合后的图形效果

(2) 选择【折线】工具 ▲，在绘图窗口中依次单击，可创建连续的线段；在绘图窗口中拖曳鼠标光标，可以沿鼠标光标移动的轨迹绘制曲线，在终点处双击可结束操作；如将鼠标光标移动到创建的第一点位置，当鼠标光标显示为 ⊹ 形状时单击，也可将绘制的线形闭合，生成不规则的图形。

(3) 选择【贝塞尔】工具 ✎，在绘图窗口中依次单击，即可绘制直线或连续的线段；在绘图窗口中单击确定线的起始点，然后移动鼠标光标到适当的位置再次单击并拖曳，即可在节点的两边各出现一条控制柄，如图 4-3 所示，同时形成曲线；松开鼠标左键后移动鼠标光标到适当的位置再依次单击并拖曳，即可绘制出连续的曲线，如图 4-4 所示；当将鼠标光标放置在创建的起始点上，鼠标光标显示为 ⊹ 形状时，单击即可将线闭合形成图形，如图 4-5 所示。在没有闭合图形之前，按 Enter 键、空格键或选择其他工具，即可结束操作生成曲线。

图4-3 出现的控制柄　　　　图4-4 绘制出的连续曲线　　　　图4-5 闭合的图形

(4) 【钢笔】工具 ✎ 与【贝塞尔】工具 ✎ 的功能及使用方法完全相同，只是【钢笔】工具比【贝塞尔】工具好控制，且在绘制图形过程中可预览鼠标光标的拖曳方向，如图 4-6 所示，还可以随时增加或删除节点（具体方法在下面讲解属性栏时会说明），如图 4-7 所示。

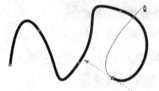 

图4-6 预览鼠标光标的拖曳方向　　　　　　图4-7 删除节点

 在利用【钢笔】工具或【贝塞尔】工具绘制图形时，在没有闭合图形之前，按 Ctrl+Z 组合键或 Alt+Backspace 组合键，可自后向前擦除刚才绘制的线段，每按一次，将擦除一段。按 Delete 键，可删除绘制的所有线。另外，在利用【钢笔】工具绘制图形时，按住 Ctrl 键，将鼠标光标移动到绘制的节点上，按下鼠标左键并拖曳，可以移动该节点的位置。

(5) 选择【3点曲线】工具 ▲，在绘图窗口中按下鼠标左键不放，然后向任意方向拖曳，确定曲线的两个端点，至合适位置后释放鼠标左键，再移动鼠标光标确定曲线的弧度，至合适位置后再次单击，即可完成曲线的绘制。其操作过程示意图如图4-8所示。

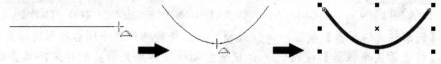

图4-8 绘制 3 点曲线的操作过程示意图

（6）选择【智能绘图】工具 ，并在属性栏中设置好【形状识别等级】和【智能平滑等级】选项后，将鼠标光标移动到绘图窗口中自由草绘一些线条（最好有一点规律性，如大体像椭圆形、矩形或三角形等），系统会自动对绘制的线条进行识别、判断，并组织成最接近的几何形状。例如大体绘制一个方形，释放鼠标左键后，系统会自动将其转换成一个矩形；大体绘制一个圆形，释放鼠标左键后，系统会自动将其转换成一个圆形，如图 4-9 所示。如果绘制的图形未被转换为某种形状，则系统对其进行平滑处理，转换为平滑曲线。

图4-9　绘制的矩形和圆形

二、属性设置

【手绘】工具 、【钢笔】工具 、【折线】工具 和【3 点曲线】工具 的属性栏基本相同，如图 4-10 所示。

图4-10　4 种工具的属性栏

- 【起始箭头选择器】按钮 ：设置绘制线段起始处的箭头样式。单击此按钮，将弹出如图 4-11 所示的箭头选择面板。在此面板中可以选择任意起始箭头样式。使用不同的箭头样式绘制出的线形效果如图 4-12 所示。当单击【箭头选择】面板中的 其它(O)... 按钮时，系统将弹出如图 4-13 所示的【编辑箭头尖】对话框，在此对话框中可以调整箭头的形状。

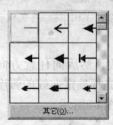

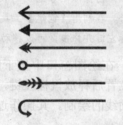

图4-11　【箭头选择】面板　　　图4-12　使用不同的箭头样式绘制的线形效果　　　图4-13　【编辑箭头尖】对话框

- 【轮廓样式选择器】按钮 ：设置图形的外轮廓线或未闭合线形的样式。
- 【终止箭头选择器】按钮 ：设置绘制线段终点处箭头的样式。其功能及使用方法与【起始箭头选择器】按钮相同。

- 【自动闭合曲线】按钮 ⟳：选择任意未闭合的线形，单击此按钮，可以通过一条直线将当前未闭合的线形进行连接，使其闭合。
- 【手绘平滑】 100 ÷：在文本框中输入数值，或单击右侧的 ÷ 按钮并拖曳弹出的滑块，可以设置绘制线形的平滑程度。数值越小，绘制的图形边缘越不光滑。当设置不同的【手绘平滑】参数时，绘制出的线形形态如图 4-14 所示。

图4-14 设置不同参数值时绘制的图形效果对比

- 【预览模式】按钮 👁：激活此按钮，在利用【钢笔】工具绘制图形时可以预览绘制的图形形状。
- 【自动添加/删除】按钮 ✎：激活此按钮，利用【钢笔】工具绘制图形时，可以对图形上的节点进行添加或删除。将鼠标光标移动到绘制图形的轮廓线上，当鼠标光标的右下角出现"+"符号时，单击将会在鼠标光标单击位置添加一个节点；将鼠标光标放置在绘制图形轮廓线的节点上，当鼠标光标的右下角出现"-"符号时，单击可以将此节点删除。

  【贝塞尔】工具的属性栏与【形状】工具的相同，将在本书第 4.2.2 小节中讲解。

【智能绘图】工具的属性栏如图 4-15 所示。

形状识别等级： 中 ▼   智能平滑等级： 中 ▼   🖉 发丝 ▼

图4-15 【智能绘图】工具的属性栏

- 【形状识别等级】：设置识别等级，等级越低最终图形越接近手绘形状。
- 【智能平滑等级】：设置平滑等级，等级越高最终图形越平滑。

4.1.2 绘制交互式连线

【交互式连线】工具 🖫 可以将两个图形（包括图形、曲线、美术文本等）用线连接起来，主要用于流程图的连接。

【交互式连线】工具的使用方法非常简单，选择 🖫 工具，并在属性栏中选择要使用的连接方式，然后将鼠标光标移动到要连接对象的节点上，按下鼠标左键并向另一个对象的节点上拖曳，释放鼠标左键后，即可将两个对象连接，如图 4-16 所示。

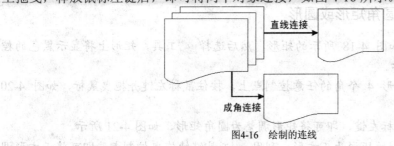

图4-16 绘制的连线

如果要把两个对象连接起来，必须将连线连接到对象的对齐点上。当两个对象处于连接状态时，删除其中的一个对象，它们之间的连线也将被删除。利用【选择】工具选择连线，然后按 Delete 键可只删除创建的连线。

将鼠标光标移动到要连接对象的节点上，按下鼠标左键并向绘图窗口中的任意方向拖曳，释放鼠标左键后，即可将对象与绘图窗口连接。在绘图窗口中的任意位置拖曳鼠标光标，释放鼠标左键后，即可创建连线；此时连线没有连接任何对象，它将作为一条普通的线段存在。

【交互式连线】工具的属性栏如图 4-17 所示。

图4-17 【交互式连线】工具的属性栏

- 【成角连接器】按钮：激活此按钮，将鼠标光标移动到绘图窗口中连接对象时，可以将两个对象以折线的形式连接起来。
- 【直线连接器】按钮：激活此按钮，将鼠标光标移动到绘图窗口中连接对象时，可以将两个对象以直线的形式连接起来。

4.2 【形状】工具

利用【形状】工具可以把绘制的线或图形根据设计需要调整成任意的形状，也可以用来改变文字的字间距、行距及指定文字的位置、旋转角度和属性设置等。有关对文本的设置具体操作详见本书第 7.2.4 节，本节主要来介绍利用该工具调整图形的方法。

4.2.1 调整几何图形

利用【形状】工具调整几何图形的方法非常简单，具体操作为：选择几何图形，然后选择工具（快捷键为 F10 键），再将鼠标光标移动到任意控制节点上按下鼠标左键并拖曳，至合适位置后释放鼠标左键，即可对几何图形进行调整。

 所谓几何图形是指不具有曲线性质的图形，如矩形、椭圆形和多边形等。利用【形状】工具调整这些图形时，其属性栏与调整图形的属性栏相同。

下面通过几个小实例来介绍这几种图形的特殊调整方法。

一、 将矩形调整为圆角矩形

下面来介绍将矩形调整成圆角矩形或将正方形调整成圆形的操作方法。

将矩形调整为圆角矩形或圆

(1) 利用工具绘制出如图 4-18 所示的矩形，然后选择工具，矩形上将显示黑色的控制点，如图 4-19 所示。
(2) 将鼠标光标移动到图形 4 个角的任意控制点上，按住鼠标左键并拖曳鼠标，如图 4-20 所示。
(3) 至合适位置后释放鼠标左键，即可将矩形调整为圆角矩形，如图 4-21 所示。
(4) 如在步骤（1）中绘制的矩形为正方形，利用工具继续拖曳控制点，即可将正方形调整成圆形，如图 4-22 所示。

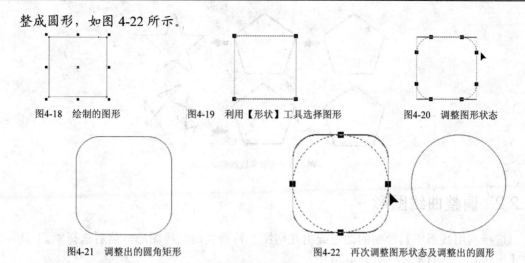

图4-18 绘制的图形　　图4-19 利用【形状】工具选择图形　　图4-20 调整图形状态

图4-21 调整出的圆角矩形　　　　图4-22 再次调整图形状态及调整出的圆形

二、 将圆形调整为弧形或饼形

下面来介绍将圆形调整成弧形或饼形的操作方法。

将圆形调整为弧形或扇形

(1) 利用 ⬭ 工具绘制一个圆形。

(2) 选择 ⬔ 工具，在圆形的节点上按下鼠标左键，然后向圆形的外部拖曳鼠标光标，释放鼠标左键后即可将圆形调整成弧形，如果圆形具有填充色，填充色同时去除，其操作过程示意图如图 4-23 所示。

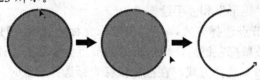

图4-23 调整圆形为弧形

(3) 如果向圆形的内部拖曳鼠标光标，释放鼠标左键后即可将圆形调整成扇形，其操作过程示意图如图 4-24 所示。

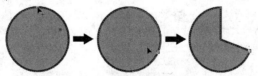

图4-24 调整圆形为扇形

三、 将多边形调整为星形或其他形状

下面来介绍将多边形调整为星形或其他形状的操作方法。

将多边形调整为星形或其他形状

(1) 利用 ⬠ 工具绘制一个五边形。

(2) 选择 ⬔ 工具，在多边形的任意一个节点上按下鼠标左键，拖动鼠标光标至合适位置后释放鼠标左键，即可将多边形调整为星形或其他形状，如图 4-25 所示。

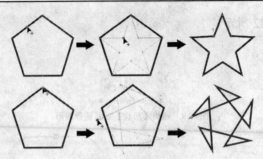

图4-25　调整多边形形状

4.2.2　调整曲线图形

选择利用线形工具绘制的图形或由几何图形转换成的曲线图形，然后选择 工具，此时【形状】工具的属性栏如图 4-26 所示。

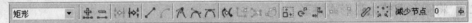

图4-26　【形状】工具的属性栏

> **要点提示** 当需要将几何图形调整成具有曲线的任意图形时，必须将此图形转换为曲线。选择几何图形，然后执行【排列】/【转换为曲线】命令（快捷键为 Ctrl+Q 组合键）或单击属性栏中的 按钮，即可转换为曲线。

一、选择节点

利用 工具调整曲线图形之前，首先要选择相应的节点，【形状】工具属性栏中有两种节点选择方式，分别为"矩形"和"手绘"。

(1)　选择"矩形"节点选择方式，在拖曳鼠标光标选择节点时，根据拖曳的区域会自动生成一个矩形框，释放鼠标左键后，矩形框内的节点会全部被选择，如图 4-27 所示。

(2)　选择"手绘"节点选择方式，在拖曳鼠标光标选择节点时，将用自由手绘的方式拖出一个不规则的形状区域，释放鼠标左键后，区域内的节点会全部被选择，如图 4-28 所示。

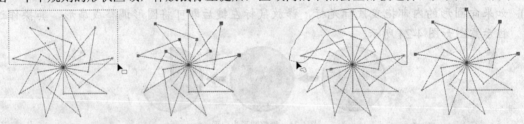

图4-27　"矩形"节点选择方式　　　　　　　　图4-28　"手绘"节点选择方式

> **要点提示** 选择节点后，可同时对所选择的多个节点进行调节，以对曲线进行调整。如果要取消对节点的选择，在工作区的空白处单击或者按 Esc 键即可。

二、添加节点

单击属性栏中的【添加节点】按钮 ，可以在线或图形上的指定位置添加节点。操作方法为：先将鼠标光标移动到线上，当鼠标光标显示为 形状时单击，此时单击处显示一个小黑点，单击属性栏中的 按钮，即可在此处添加一个节点，如图 4-29 所示。

除了可以利用  按钮在曲线上添加节点外，还有以下几种方法。（1）利用【形状】工具在曲线上需要添加节点的位置双击。（2）利用【形状】工具在需要添加节点的位置单击，然后按键盘中数字区的 + 键。（3）利用【形状】工具选择两个或两个以上的节点，然后单击 按钮或按键盘中数字区的 + 键，即可在选择的每两个节点中间添加一个节点。

三、删除节点

单击属性栏中的【删除节点】按钮 ，可以把选择的节点删除。操作方法为：将鼠标光标移动到要删除的节点上单击将其选择，然后单击属性栏中的 按钮，即可将该节点删除，如图 4-30 所示。

❶　❷　❸

❶　❷

图4-29　添加节点操作示意图　　　　图4-30　删除节点操作示意图

 要点提示 除了可以利用 按钮删除曲线上的节点外，还有以下两种方法。（1）利用【形状】工具在曲线上需要删除的节点上双击。（2）利用【形状】工具将要删除的节点选择，按 Delete 键或键盘中数字区的 键。

四、连接节点

单击属性栏中的【连接两个节点】按钮 ，可以把未闭合的线连接起来。操作方法为：先选择未闭合曲线的起点和终点，然后单击 按钮，即可将选择的两个节点连接为一个节点，连接节点的过程示意图如图 4-31 所示。

图4-31　连接节点的过程示意图

五、分割曲线

单击属性栏中的【分割曲线】按钮 ，可以把闭合的线分割开。操作方法为：选择需要分割开的节点，单击 按钮可以将其分成两个节点。注意，将曲线分割后，需要将节点移动位置才可以看出效果，分割曲线的过程示意图如图 4-32 所示。

图4-32　分割曲线的过程示意图

六、 转换曲线为直线

单击属性栏中的【转换曲线为直线】按钮，可以把当前选择的曲线转换为直线。图 4-33 所示为原图与转换为直线后的效果。

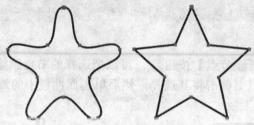

图4-33　原图与转换为直线后的效果

七、 转换直线为曲线

对于利用基本绘图工具绘制的图形，与用线形工具所绘制的图形的性质是有区别的。利用基本绘图工具绘制的图形本身具有一定的直线性质，对于这些图形是无法直接利用工具来进行曲线性质的调整的。如果调整，必须先将图形先转换为曲线，其转换方法为：选择图形，然后执行【排列】/【转换为曲线】命令（快捷键为 Ctrl+Q ）或单击属性栏中的 ○ 按钮，即可将具有直线性质的图形转换为曲线性质，此时就可以利用工具再给图形中的节点设置相应的属性了。

单击属性栏中的【转换直线为曲线】按钮，可以把当前选择的直线转换为曲线，从而进行任意形状的调整。其转换方法具体分为以下两种。

(1) 当选择直线图形中的一个节点时，单击按钮，在被选择的节点逆时针方向的线段上将出现两条控制柄，通过调整控制柄的长度和斜率，可以调整曲线的形状，如图 4-34 所示。

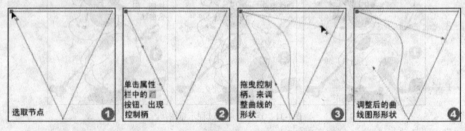

图4-34　转换曲线并调整形状

(2) 将图形中所有的节点选择后，单击属性栏中的按钮，则使整个图形的所有节点转换为曲线，将鼠标光标放置在任意边的轮廓上拖曳，即可对图形进行调整。

八、 转换节点类型

节点转换为曲线性质后，节点还具有尖突、平滑和对称 3 种类型，如图 4-35 所示。

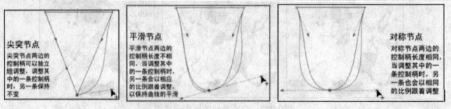

图4-35　节点的 3 种类型

(1)　当选择的节点为平滑节点或对称节点时，单击属性栏中的【使节点成为尖突】按钮，可将节点转换为尖突节点。

(2)　当选择的节点为尖突节点或对称节点时，单击属性栏中的【平滑节点】按钮，可将节点转换为平滑节点。此节点常被用为直线和曲线之间的过渡节点。

(3)　当选择的节点为尖突节点或平滑节点时，单击【生成对称节点】按钮，可以将节点转换为对称节点。对称节点不能用于连接直线和曲线。

九、　曲线的设置

在【形状】工具的属性栏中有 4 个按钮是用来设置曲线的，【自动闭合曲线】按钮在前面已经讲过，下面来讲解其他 3 个按钮的功能。

- 【反转曲线的方向】按钮：选择已经转换为曲线的线形和图形，单击此按钮，将改变曲线的方向，即将起始点与终点反转。

- 【延长曲线使之闭合】按钮：当绘制了未闭合的曲线图形时，将起始点和终点选择，然后单击此按钮，可以将两个被选择的节点通过直线进行连接，从而达到闭合的效果。闭合曲线的示意图如图 4-36 所示。

图4-36　闭合曲线的示意图

要点提示　按钮和按钮都是用于闭合图形的，但两者有本质上的不同，前者的闭合操作步骤是选择未闭合图形的起点和终点，而后者的闭合操作步骤是选择任意未闭合的曲线即可。

- 【提取子路径】按钮：使用【形状】工具选择结合对象上的某一线段、节点或一组节点，然后单击此按钮，可以在结合的对象中提取子路径，其过程示意图如图 4-37 所示。

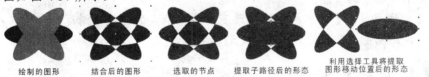

绘制的图形　　结合后的图形　　选取的节点　　提取子路径后的形态　　利用选择工具将提取图形移动位置后的形态

图4-37　提取子路径的操作过程示意图

十、　调整节点

在【形状】工具的属性栏中有 5 个按钮是用来调整、对齐和映射节点的，其功能分别介绍如下。

- 【伸长和缩短节点连线】按钮：单击此按钮，将在当前选择的节点上出现一个缩放框，拖曳缩放框上的任意一个控制点，可以使被选择的节点之间的线段伸长或者缩短。

- 【旋转和倾斜节点连线】按钮：单击此按钮，将在当前选择的节点上出现一个倾斜旋转框。拖曳倾斜旋转框上的任意角控制点，可以通过旋转节点来对图形进行调整；拖曳倾斜旋转框上各边中间的控制点，可以通过倾斜节点来对图形进行调整。

- 【对齐节点】按钮 ：当在图形中选择两个或两个以上的节点时，此按钮才可用。单击此按钮，将弹出如图4-38所示的【节点对齐】设置面板。

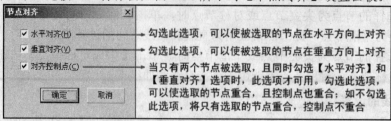

图4-38 【节点对齐】设置面板

- 【水平反射节点】按钮 ：激活此按钮，在调整指定的节点时，节点将在水平方向反射。

- 【垂直反射节点】按钮 ：激活此按钮，在调整指定的节点时，节点将在垂直方向反射。

 反射节点模式是指在调整某一节点时，其对应的节点将按相反的方向发生同样的编辑。例如，将某一节点向右移动，它对应的节点将向左移动相同的距离。此模式一般应用于两个相同的曲线对象，其中第二个对象是通过镜像第一个对象而创建的。

十一、其他选项

在【形状】工具的属性栏中还有3个按钮和一个【曲线平滑度】参数设置，其功能分别如下。

- 【弹性模式】按钮 ：激活此按钮，在移动节点时，节点将具有弹性性质，即移动节点时周围的节点也将会随鼠标光标的移动而进行相应的调整。

- 【选择全部节点】按钮 ：单击此按钮，可以将当前选择图形中的所有节点全部选择。

- 减少节点 按钮：当图形中有很多个节点时，单击此按钮将根据图形的形状来减少图形中多余的节点。

- 【曲线平滑度】 0 ：可以改变被选择节点的曲线平滑度，起到再次减少节点的功能，数值越大，曲线变形越大。

4.3 【艺术笔】工具

【艺术笔】工具在 CorelDRAW 中是一个比较特殊而又非常重要的工具，它可以绘制许多特殊样式的线条和图案。其使用方法非常简单，选择线形工具下隐藏的 工具（快捷键为 I 键），并在属性栏中设置好相应的选项，然后在绘图窗口中按住鼠标左键并拖曳，释放鼠标左键后即可绘制出设置的线条或图案。

4.3.1 属性栏介绍

【艺术笔】工具 的属性栏中有【预设】 、【笔刷】 、【喷罐】 、【书法】 和【压力】 5 个按钮。当激活不同的按钮时，其属性栏中的选项也各不相同，下面来分别介绍。

一、【预设】按钮

激活【艺术笔】工具属性栏中的 按钮，其属性栏如图 4-39 所示。

图4-39 激活 按钮时的属性栏

- 【艺术笔工具宽度】 ：设置艺术笔的宽度。数值越小，笔头越细。
- 【预设笔触列表】 ：在此下拉列表中可以选择需要的笔触样式。

二、【笔刷】按钮

激活【艺术笔】工具属性栏中的 按钮，其属性栏如图 4-40 所示。

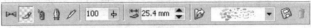

图4-40 激活 按钮时的属性栏

- 【浏览】按钮 ：单击此按钮，可在弹出的【浏览文件夹】对话框中将其他位置保存的画笔笔触样式加载到当前的笔触列表中。
- 【笔触列表】 ：在此下拉列表中的画笔笔触样式上单击，即可将相应的笔触样式选择。
- 【保存艺术笔触】按钮 ：单击此按钮，可以将绘制的对象作为笔触进行保存。其使用方法为：先选择一个或一个群组对象，再单击 按钮，系统将弹出【另存为】对话框，在此对话框的【文件名】文本框中给要保存的笔触样式命名，然后单击 保存(S) 按钮，即可完成对笔触样式的保存。此时新建的笔触将显示在笔触列表的下方。
- 【删除】按钮 ：只有新建了笔触样式后，此按钮才可用。单击此按钮，可以将当前选择的新建笔触样式在笔触列表中删除。

三、【喷罐】按钮

激活【艺术笔】工具属性栏中的 按钮，其属性栏如图 4-41 所示。

图4-41 激活 按钮时的属性栏

- 【要喷涂的对象大小】 ：可以设置喷绘图形的大小。单击 按钮将其激活，可以分别设置图形的长度和宽度大小。
- 【喷涂列表文件列表】 ：在此喷涂列表的喷涂图形上单击，即可将相应样式选择。
- 【选择喷涂顺序】 ：此下拉列表包括【随机】、【顺序】和【按方向】3 个选项，当选择不同的选项时，喷绘出的图形也不相同。如图 4-42 所示为分别选择这 3 个选项时喷绘出的图形效果对比。

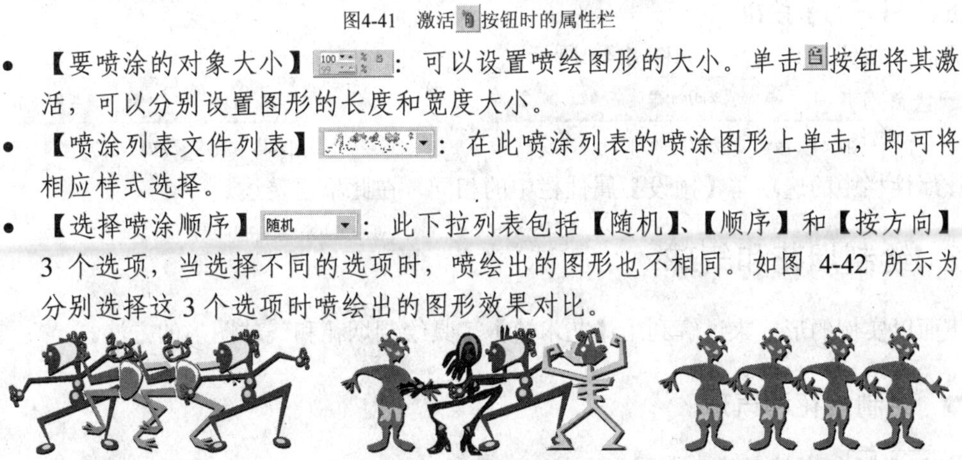

选取【随机】选项 选取【顺序】选项 选取【按方向】选项

图4-42 选择不同选项时喷绘出的图形效果对比

- 【添加到喷涂列表】按钮 ![](：单击此按钮，可以将当前选择的图形添加到【喷涂列表文件列表】中，以便在需要时直接调用。

- 【喷涂列表对话框】按钮 ![](：单击此按钮，将弹出【创建播放列表】对话框。在此对话框中，可以对【喷涂列表文件列表】中当前选择样式的图形进行添加或删除。

- 【要喷涂的对象的小块颜料/间距】：此选项上面文本框中的数值决定喷出图形的密度大小；数值越大，喷出图形的密度越大。下面文本框中的数值决定喷出图形中图像之间的距离大小；数值越大，喷出图形间的距离越大。如图 4-43 所示为设置不同密度与距离时喷绘出的图形效果对比。

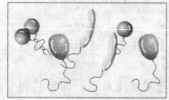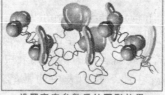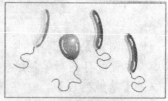

默认参数　　　　　设置密度参数后的图形效果　　　　　设置距离参数后的图形效果

图4-43　设置不同密度与距离时喷绘出的图形效果对比

- 【旋转】按钮 ![](：单击此按钮将弹出【旋转】参数设置面板，在此面板中可以设置喷涂图形的旋转角度和旋转方式等。

- 【偏移】按钮 ![](：单击此按钮将弹出【偏移】参数设置面板，在此面板中可以设置喷绘图形的偏移参数及偏移方向等。

- 【重置值】按钮 ![](：在设置喷绘对象的密度或间距时，当设置好新的数值但没有确定之前，单击此按钮，可以取消设置的数值。

四、【书法】按钮

激活 ![]按钮，其属性栏如图 4-44 所示。其中【书法角度】![] 用于设置笔触书写时的角度。当角度为"0"时，绘制水平直线时宽度最小，而绘制垂直直线时宽度最大；当角度为"90"时，绘制水平直线时宽度最大，而绘制垂直直线时宽度最小。

五、【压力】按钮

激活 ![]按钮，其属性栏如图 4-45 所示。

图4-44　激活 ![]按钮时的属性栏　　　　　图4-45　激活 ![]按钮时的属性栏

该属性栏中的选项与【预设】属性栏中的相同，在此不再赘述。

4.3.2　绘制烟花和气球

下面以实例的形式来讲解利用【艺术笔】工具绘制烟花和气球图形的方法。

绘制烟花和气球

1. 按 Ctrl+N 组合键新建一个图形文件。
2. 执行【文件】/【导入】命令，在弹出的【导入】对话框中选择素材文件中"图库\第 04

章"目录下名为"圣诞贺卡.jpg"的文件，单击 [　导入　] 按钮，将图片导入到当前文件中，如图 4-46 所示。

3. 将鼠标光标放置到选择图片的右下角，当鼠标光标显示为双向箭头时按下鼠标左键并向右下方拖曳，将图片调大，至合适的大小后释放鼠标。

4. 选择 🖌 工具，并激活属性栏中的 🔲 按钮，然后在【喷涂列表文件列表】下拉列表中选择如图 4-47 所示的"烟花"选项。

图4-46　导入的图片

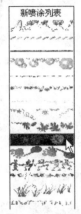

图4-47　选择的喷绘图像

5. 将鼠标光标移动到画面中拖曳，喷绘出如图 4-48 所示的"烟花"效果。

图4-48　喷绘出的"烟花"效果

6. 按 [Ctrl]+[K] 组合键将喷绘的烟花效果分离，然后按 [Esc] 键取消所有对象的选择状态，利用 🔖 工具选择分离出的曲线路径，按 [Delete] 键将其删除。

7. 将分离出的烟花图形选择，按 [Ctrl]+[U] 组合键取消群组，然后利用 🔖 工具选择最大的红色烟花图形，调整至合适的大小后移动到如图 4-49 所示的位置。

8. 将取消群组后的烟花图形依次选择并调整至合适的大小，然后分别放置到如图 4-50 所示的位置。

图4-49　烟花图形放置的位置

图4-50　烟花图形调整后的大小及位置

9. 用与步骤 4～8 相同的方法，为画面添加气球图形，最终效果如图 4-51 所示。

图4-51　添加气球后的效果

10. 按 Ctrl+S 组合键，将此文件命名为"艺术笔工具应用.cdr"保存。

4.4 综合案例——绘制图案与手提袋

本节综合本章所学习的工具来练习绘制一个仙鹤图案和手提袋。

4.4.1 绘制仙鹤图案

下面主要利用各种线形工具及【形状】工具来绘制一个仙鹤图案。在绘制过程中，读者首先要掌握好图形的大体形状，做到心中有数，以便顺利地完成绘制。

绘制仙鹤图案

1. 按 Ctrl+N 组合键新建一个图形文件。
2. 双击 工具，根据页面大小创建一个矩形，然后为其填充上如图 4-52 所示（40%黑）的颜色，以便衬托后面绘制的白色仙鹤图案。
3. 执行【排列】/【锁定对象】命令，将矩形在原位置锁定，这样在后面绘制仙鹤图案时就不会因为不小心将该图形的位置移动了，该图形只作为衬托白色图形之用。

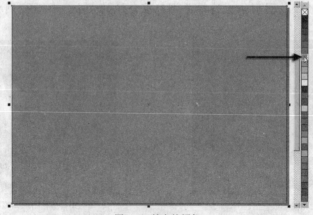

图4-52　填充的颜色

4. 选择 ⬚ 工具，在绘图窗口中依次单击，绘制出如图 4-53 所示的白色图形，作为仙鹤身体的大体形状。

5. 选择 ⬚ 工具，在图形的左上方按下鼠标左键向右下方拖曳，如图 4-54 所示，将图形中的所有节点选择。

6. 单击属性栏中的 ⬚ 按钮，将图形转换为具有曲线的可编辑性质。

图4-53 绘制的图形

图4-54 选择所有节点

7. 利用 ⬚ 工具分别调整节点两边的控制柄，将图形调整成如图 4-55 所示的效果。

8. 继续利用 ⬚ 工具绘制出如图 4-56 所示的白色图形，作为翅膀。

图4-55 调整出的形态效果

图4-56 绘制翅膀

9. 利用 ⬚ 工具将图形调整得更像翅膀，如图 4-57 所示。

10. 使用相同的绘制和调整方法，再绘制出另一个翅膀图形，如图 4-58 所示。

图4-57 调整后的翅膀

图4-58 绘制出的另一个翅膀

11. 利用 ⬚ 工具将上方的"翅膀"选择，然后按住鼠标左键移动图形的位置，在不释放鼠标左键的同时右击，移动复制出一个翅膀图形，如图 4-59 所示。

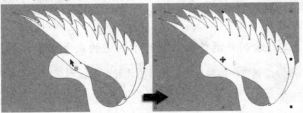

图4-59 复制图形状态及复制出的图形

12. 将下方的"翅膀"图形填充为灰色（K:10），如图 4-60 所示。

13. 利用 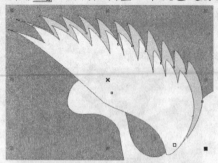 工具稍微调整一下灰色翅膀图形，调整后的翅膀如图 4-61 所示。

图4-60 填充灰色效果　　　　　　　　　图4-61 调整后的翅膀形态

14. 将灰色和白色的"翅膀"同时选择，稍微调整一下位置后执行【排列】/【顺序】/【置于此对象后】命令，在如图 4-62 所示的图形上单击，将翅膀放置在身体的后面，效果如图 4-63 所示。

图4-62 设置图形位置状态　　　　　　　　图4-63 置于对象后的图形

15. 使用相同的复制及调整方法，对另外的"翅膀"图形进行调整，效果如图 4-64 所示。

16. 双击 工具，将图形选择，然后单击【调色板】上方的 按钮，将图形的轮廓线去除，效果如图 4-65 所示。

图4-64 调整出的另一个翅膀　　　　　　　图4-65 去除轮廓线效果

17. 继续利用 和 工具绘制并调整出仙鹤脖子两边的灰色图形，如图 4-66 所示。

> 要点提示　在后面章节的图形绘制中，如果给出的图形是无轮廓的图形，希望读者能够自己把轮廓线去除，届时将不再一一提示。

18. 在仙鹤的头部区域依次绘制出黑色的"嘴"和红色的"头顶"图形，如图 4-67 所示。

图4-66 绘制的灰色图形

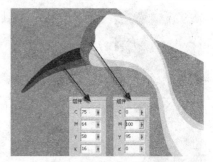

图4-67 绘制的嘴、头顶图形

 在图 4-67 中，图形的颜色是利用 工具的【均匀填充】对话框给图形填充的颜色，这里只截取了设置的颜色参数，读者可以参考设置。在后面的章节中，有些图形填充的颜色参数同样会使用这种方法来给出，希望读者注意。

接下来绘制仙鹤的眼睛图形。

19. 选择 工具，在仙鹤的头部位置绘制出如图 4-68 所示的圆形。

20. 按键盘数字区中的 键将圆形在原位置复制，然后将其向中心等比例缩小，并将复制出图形的颜色修改为灰色（K:20），如图 4-69 所示。

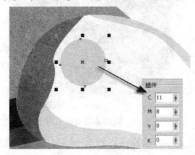

图4-68 绘制的圆形

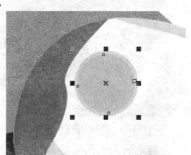

图4-69 给复制出的圆形调整颜色

21. 利用 和 工具，在眼睛图形的左侧绘制出如图 4-70 所示的黑色图形。

22. 选择 工具，在弹出的【渐变填充】对话框中设置渐变颜色及其他参数，如图 4-71 所示。

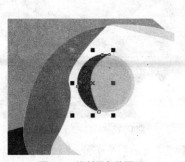

图4-70 绘制黑色的图形

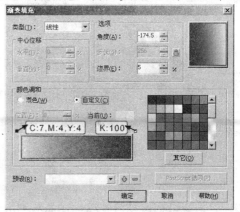

图4-71 设置的渐变颜色及其他参数

23. 单击 确定 按钮，图形填充渐变色后的效果如图 4-72 所示。

24. 利用 工具依次绘制出如图 4-73 所示的黑色和白色圆形，作为眼珠。

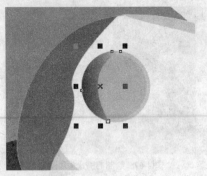

图4-72 填充渐变色后的效果

图4-73 绘制的圆形眼珠

下面来绘制尾巴处的羽毛、腿和脚图形。

25. 利用 ![] 和 ![] 工具，在仙鹤的尾巴位置绘制出如图 4-74 所示的黑色图形。

26. 继续利用 ![] 和 ![] 工具，在黑色图形上依次绘制出如图 4-75 所示的浅蓝绿色（C:20,K:20）图形。

图4-74 绘制的黑色图形

图4-75 绘制的浅蓝绿色图形

27. 将作为羽毛的黑色图形和浅蓝绿色图形同时选择，然后按 Ctrl+G 组合键群组，再执行【排列】/【顺序】/【置于此对象后】命令，将其调整至身体图形的后面，如图 4-76 所示。

28. 利用 ![] 和 ![] 工具及移动复制图形的操作，依次绘制出如图 4-77 所示的白色的腿和脚图形。

图4-76 调整排列顺序后的效果

图4-77 绘制的腿和脚图形

29. 将两个白色图形同时选择，然后利用【排列】/【顺序】/【置于此对象后】命令，将其置于"羽毛"图形的后面。

30. 利用 ![] 工具为白色图形填充渐变色，其填充的渐变颜色参数及填充后的效果如图 4-78 所示。

图4-78　图形填充的渐变颜色及填充后的效果

31. 至此，仙鹤图形绘制完成，整体效果如图 4-79 所示。按 Ctrl+S 组合键，将此文件命名为 "仙鹤.cdr" 保存。

图4-79　绘制完成的仙鹤图形

4.4.2　绘制手提袋

下面主要利用【矩形】工具 □、【手绘】工具 ✐、【折线】工具 ▲ 和【文本】工具 字来绘制手提袋图形。

🔑　绘制手提袋

1. 按 Ctrl+N 组合键，创建一个新的图形文件。
2. 选择 □ 工具，绘制出如图 4-80 所示的矩形，然后单击属性栏中的 ○ 按钮，将矩形转换为曲线图形。
3. 选择 ▲ 工具，按住 Ctrl 键将鼠标光标移动到矩形的右上角节点上，按住鼠标左键向上拖曳，调整图形的形状，状态如图 4-81 所示。
4. 用与步骤 3 相同的方法，将右下角的节点垂直向上移动，调整出图形的透视形态，然后为图形填充上黄灰色（M:10,Y:15,K:10），并将外轮廓线去除，效果如图 4-82 所示。

图4-80　绘制的矩形　　　　　图4-81　调整图形时的状态　　　　　图4-82　填充颜色后的效果

5. 用移动复制图形的方法，将图形向右下方移动复制，并将复制出的图形填充色修改为沙黄色（M:10,Y:15），然后利用 🔲 工具将其调整成如图 4-83 所示的透视形态，作为手提袋的正面图形。

6. 选择 🔲 工具，在图形左侧依次单击，绘制出如图 4-84 所示的手提袋侧面图形。

7. 为侧面图形填充上浅褐色（M:20,Y:20,K:30），去除外轮廓线，然后用相同的方法再绘制出手提袋右边的侧面，填充浅褐色（M:20,Y:20,K:30），如图 4-85 所示。

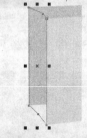
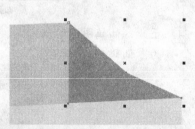

图4-83 调整后的图形形态　　　　　　图4-84 绘制侧面图形　　　　　　图4-85 绘制右边侧面图形

8. 继续利用 🔲 工具依次绘制出如图 4-86 所示的铁红色（M:80,Y:40,K:30）和热粉色（M:80,Y:40）的无外轮廓线的四边形。

9. 继续利用 🔲 工具依次单击，绘制出如图 4-87 所示的不规则图形。

10. 选择 🔲 工具，单击属性栏中的 🔲 按钮，将不规则图形中的节点全部选择，然后单击属性栏中的 🔲 按钮，将选择的节点转换为具有曲线的可编辑性质的节点。

11. 将鼠标光标移动到线段上，按住鼠标左键并拖曳来调整图形形状，其状态如图 4-88 所示。

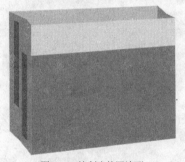

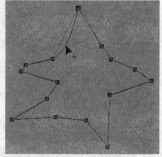

图4-86 绘制出的四边形　　　　　图4-87 绘制出的不规则图形　　　　图4-88 调整图形形状时的状态

12. 将图形调整成如图 4-89 所示的形态，填充上深黄色（M:20,Y:100），并去除外轮廓线。

13. 用移动复制图形的方法，将图形移动复制，然后将复制出的图形调整成不同的大小并填充不同的颜色后放置到如图 4-90 所示的位置。

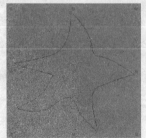

图4-89 调整后的图形形态　　　　　　　　图4-90 图形放置的位置

14. 选择 工具，设置属性栏中 50 的参数为 "50"，然后在画面中按住鼠标左键并拖曳，绘制出如图 4-91 所示的不规则图形。

15. 为图形填充上淡黄色（Y:20），并去除外轮廓线，效果如图 4-92 所示。

图4-91 绘制的图形

图4-92 填充颜色后的图形

16. 选择 字 工具，在手提袋正面图形的上方输入如图 4-93 所示的文字，填充色为深红色（M:100,Y:100,K:30）。

17. 选择 工具，在文字上再次单击，周围出现旋转和扭曲符号，然后将鼠标光标移动到文字上方的扭曲符号上，按住鼠标左键并向右拖曳，将文字扭曲变形，如图 4-94 所示。

图4-93 输入的文字

图4-94 扭曲变形后的文字形态

18. 将鼠标光标移动到文字的右上角的旋转符号上，按住鼠标左键向上拖曳，将文字旋转一定的角度，如图 4-95 所示。

19. 用与步骤 16～18 相同的方法，在手提袋正面图形的下方输入如图 4-96 所示的黑色文字。

图4-95 旋转后的文字角度

图4-96 输入的文字

20. 利用 工具在手提袋正面图形的上方绘制并复制出如图 4-97 所示的圆形，然后按住 Shift 键，利用 工具将其下方的手提袋正面图形同时选择。

21. 单击属性栏中的 按钮，利用圆形修剪正面图形，得到如图 4-98 所示的两个圆孔。

图4-97 绘制并复制出的圆形

图4-98 修剪后的圆孔

22. 利用 和 工具，在手提袋上方绘制出如图 4-99 所示的线形，作为提手。

23. 选择 工具，弹出【轮廓笔】对话框，设置各选项及参数如图 4-100 所示，单击 确定 按钮。

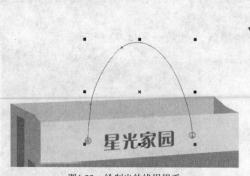

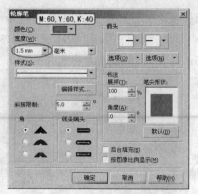

图4-99　绘制出的线绳提手　　　　　　　　　　图4-100　【轮廓笔】对话框参数设置

24. 绘制并调整出手提袋背面图形中的线绳提手，如图 4-101 所示。

25. 至此，手提袋绘制完成，整体效果如图 4-102 所示。按 Ctrl+S 组合键，将此文件命名为 "手提袋.cdr" 保存。

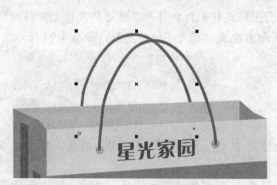

图4-101　绘制出的线绳提手　　　　　　　　　　图4-102　绘制完成的手提袋效果

小结

　　本章主要学习了 CorelDRAW X3 工具箱中的各种线形工具、【形状】工具及【艺术笔】工具的应用。通过本章的学习，希望读者能够熟练掌握这几类工具的不同功能和使用方法，以便在实际工作中灵活运用。本章最后还利用学过的工具绘制了仙鹤图案及手提袋，目的是提高读者的动手操作能力，也希望读者在课下能多绘制一些类似的作品，在不断的练习中得到更大的进步。

操作题

1. 根据本章所学的绘制图形方法，自己动手绘制出如图 4-103 所示的花形图案。作品参见素材文件中 "作品\第 04 章" 目录下名为 "操作题 04-01.cdr" 的文件。

2. 利用【艺术笔】工具，并结合【排列】菜单中的【拆分】和【取消群组】命令，为新年贺卡画面添加如图 4-104 所示的雪花和小草。作品参见素材文件中 "作品\第 04 章" 目录下名为 "操作题 04-2.cdr" 的文件。打开的素材图片为素材文件中 "图库\第 04 章" 目录下名为 "新年贺卡.cdr" 的文件。

图4-103 绘制的花形图案　　　　　　　　图4-104 添加的小草及雪花

3. 利用线形及【形状】工具绘制出如图 4-105 所示的标志图形，然后再绘制出如图 4-106 所示的手提袋。作品参见素材文件中"作品\第 04 章"目录下名为"操作题 04-3.cdr"和"操作题 04-4.cdr"的文件。

图4-105 绘制的标志

图4-106 绘制的手提袋

第5章 填充、轮廓和编辑工具

本章主要介绍图形填充、轮廓及各种编辑工具的使用方法。利用填充工具，可以为图形填充单色、渐变色或图案、纹理等；利用轮廓工具可以为图形设置外轮廓颜色、宽度、边角形状以及轮廓的线条样式等；利用编辑工具可以对图形涂抹、变换、裁剪、擦除或进行度量标注等。

5.1 填充工具

图形的填充工具除了单色填充外，还包括渐变填充、图案填充、纹理填充及交互式网状填充等，下面分别进行介绍。

5.1.1 填充渐变色

利用【渐变填充对话框】工具 可以为选择的图形添加渐变效果，使图形产生立体感或材质感。选中图形后，选择 工具，弹出如图 5-1 所示的【渐变填充】对话框。

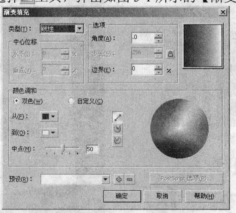

图5-1 【渐变填充】对话框

在【类型】下拉列表中包括【线性】、【射线】、【圆锥】和【方角】4 种渐变方式，如图 5-2 所示为分别使用这 4 种渐变方式时所产生的渐变效果。

【线性】渐变　　　　【射线】渐变　　　　【圆锥】渐变　　　　【方角】渐变

图5-2 不同渐变方式所产生的渐变效果

当在【类型】下拉列表中选择除【线性】渐变外的其他选项时,【中心位移】栏即可变为可用状态,它主要用于调节渐变中心点的位置。当调节【水平】选项时,渐变中心点的位置可以在水平方向上移动;当调节【垂直】选项时,渐变中心点的位置可以在垂直方向上移动。也可以同时改变【水平】和【垂直】的数值来对渐变中心进行调节。如图 5-3 所示为设置与未设置【中心位移】栏中数值时的图形填充效果对比。

在【选项】的下面又包括 3 个选项,功能如下。

- 【角度】:用于改变渐变颜色的渐变角度,如图 5-4 所示。

图5-3　设置与未设置【中心位移】后的图形填充效果　　　图5-4　未设置与设置【角度】后的图形填充效果

- 【步长值】:激活右侧的【锁定】按钮🔒后,此选项才可用。主要用于对当前渐变的发散强度进行调节,数值越大,发散越大,渐变越平滑,如图 5-5 所示。

- 【边界】:决定渐变光源发散的远近度,数值越小发散得越远(最小值为"0"),如图 5-6 所示。

图5-5　设置不同【步长值】时图形的填充效果　　　　图5-6　设置不同【边界】时图形的填充效果

在【颜色调和】栏中包括【双色】和【自定义】两种颜色调和方式。点选【双色】单选项,可以单击【从】■▼按钮和【到】□▼按钮来选择要渐变调和的两种颜色;点选【自定义】单选项,可以为图形填充两种或两种颜色以上颜色混合的渐变效果,此时的【渐变填充】对话框如图 5-7 所示。

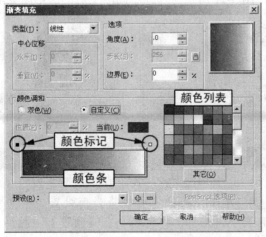

图5-7　【渐变填充】对话框

下面来介绍【自定义】渐变颜色的设置方法。

设置自定义渐变颜色

1. 首先在紧贴 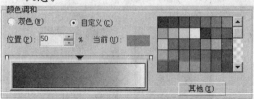 颜色条的上方位置双击，添加一个小三角形，即添加了一个颜色标记，如图 5-8 所示。

2. 在右边的颜色列表中选择要使用的颜色，如"红"颜色，颜色条将变为如图 5-9 所示的状态。

图5-8 添加的小三角形形态 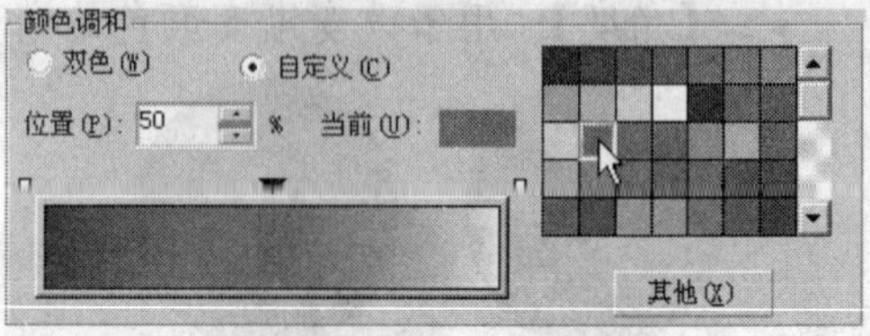　　　　　　　　　　　　图5-9 选择颜色时的状态

3. 将鼠标光标放置在小三角形上，按下鼠标左键进行拖曳，可以改变小三角形的位置，从而改变渐变颜色的设置，如图 5-10 所示。

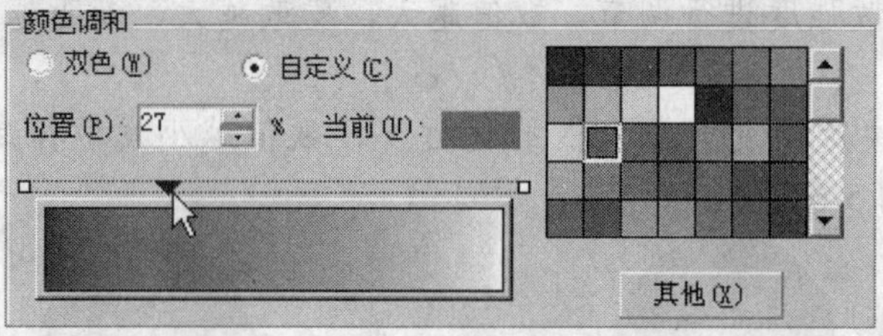

图5-10 改变颜色位置时的状态

 用上述方法，在颜色条上增加多个颜色标记，并设置不同的颜色，即可完成自定义渐变颜色的设置。如果右侧的颜色列表中没有读者需要的颜色，可以单击其下方的 其他⑴ 按钮，在弹出的【选择颜色】对话框中自行调制需要的颜色。另外，在颜色标记上双击，可将该颜色标记从颜色条上删除。

在【预设】下拉列表中包括软件自带的渐变效果，用户可以直接选择需要的渐变效果来完成图形的渐变填充。如图 5-11 所示为选择不同渐变后的图形渐变填充效果。

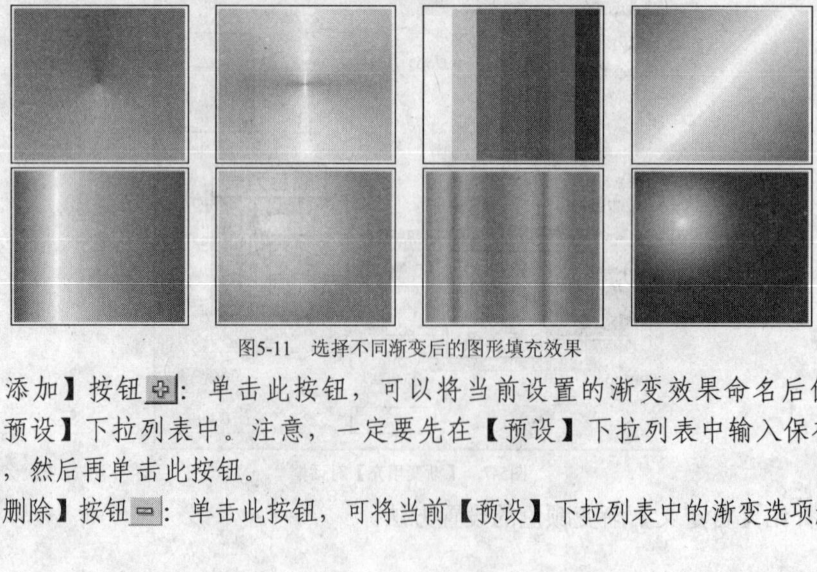

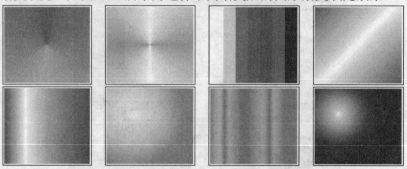

图5-11 选择不同渐变后的图形填充效果

- 【添加】按钮 ⊕：单击此按钮，可以将当前设置的渐变效果命名后保存至【预设】下拉列表中。注意，一定要先在【预设】下拉列表中输入保存的名称，然后再单击此按钮。
- 【删除】按钮 ⊟：单击此按钮，可将当前【预设】下拉列表中的渐变选项删除。

5.1.2 填充图案

利用【图样填充对话框】工具 ▨ 可以为选择的图形添加各种各样的图案效果，包括自定义的图案。选择要进行填充的图形后，选择 ▨ 工具，将弹出如图 5-12 所示的【图样填充】对话框。

- 【双色】: 点选此单选项，可以为选择的图形填充重复的花纹图案。通过设置右侧的【前部】和【后部】颜色，可以为图案设置背景和前景颜色。
- 【全色】: 点选此单选项，可以为选择的图形填充多种颜色的简单材质和重复的色彩花纹图案。
- 【位图】: 点选此单选项，可以用位图作为一种填充颜色为选择的图形填充效果。
- 单击图案按钮，将弹出【图案样式】选项面板，在该面板中可以选择要使用的填充样式；滑动右侧的滑块，可以浏览全部的图案样式。
- 单击 装入(D) 按钮，可在弹出的【导入】对话框中将其他的图案导入到当前的【图案样式】选项面板中。
- 单击 删除(E) 按钮，可将当前选择的图案在【图案样式】选项面板中删除。
- 单击 创建(A) 按钮，将弹出【双色图案编辑器】对话框，在此对话框中可自行编辑要填充的【双色】图案。此按钮只有点选【双色】单选项时才可用。
- 【原点】栏: 决定填充图案中心相对于图形选择框在工作区的水平和垂直距离。
- 【大小】栏: 决定填充时的图案大小。如图 5-13 所示为设置【宽度】和【高度】值分别为 "50.8" 和 "20.8" 时图形填充后的效果。

图5-12 【图样填充】对话框

图5-13 图形的填充效果

- 【变换】栏: 决定填充时图案的倾斜和旋转角度。【倾斜】值的取值范围为 "-75°～75°"；【旋转】值的取值范围为 "-360°～360°"。如图 5-14 所示为设置不同倾斜度和旋转角度后的图形填充效果对比。

未设置【变换】参数　　　倾斜　　　　旋转　　　倾斜和旋转

图5-14 图形填充的效果对比

- 【行或列位移】栏：决定填充图案在水平方向或垂直方向的位移量。
- 【将填充与对象一起变换】：勾选此复选项，可以在旋转、倾斜或拉伸图形时，使填充图案与图形一起变换。如果不勾选改项，在变换图形时，填充图案不随图形的变换而变换，如图 5-15 所示。
- 【镜像填充】：勾选此复选项，可以为填充图案设置镜像效果。如图 5-16 所示为不勾选和勾选该项时所产生的图样填充效果对比。

图5-15　变换图形时的不同效果　　　　　图5-16　勾选【镜像填充】复选项前后图样填充对比效果

5.1.3　填充纹理

利用【底纹填充对话框】工具 ▓ 可以将小块的位图作为纹理对图形进行填充，它能够逼真地再现天然材料的外观。选中要进行填充的图形后，选择 ▓ 工具，将弹出如图 5-17 所示的【底纹填充】对话框。

- 【底纹库】：在此下拉列表中可以选择需要的底纹库。
- 【底纹列表】：在此列表中可以选择需要的底纹样式。当选择了一种样式后，所选底纹的缩略图即显示在下方的预览窗口中。
- 【参数设置区】：设置各选项的参数，可以改变所选底纹样式的外观。注意，不同的底纹样式，其参数设置区中的选项也各不相同。

　参数设置区中各选项的后面分别有一个 ▓ 按钮，当该按钮处于激活状态时，表示此选项的参数未被锁定；当该按钮处于未激活状态时，表示此选项的参数处于锁定状态。但无论该参数是否被锁定，都可以对其进行设置，只是在单击　　预览(V)　　按钮时，被锁定的参数不起作用，只有未锁定的参数在随机变化。

- 　预览(V)　　按钮：调整完底纹选项的参数后，单击此按钮，即可看到修改后的底纹效果。
- 选项(O)... 按钮：单击此按钮，将弹出【底纹选项】对话框，在此对话框中可以设置纹理的分辨率。该数值越大，纹理越精细，但文件尺寸也相应越大。
- 平铺(T)... 按钮：单击此按钮，将弹出【平铺】对话框，此对话框中可设置纹理的大小、倾斜和旋转角度等。

除了【底纹填充对话框】工具 ▓ 外，CorelDRAW X3 中还有一种特殊的底纹填充工具——【PostScript 填充对话框】工具 ▓ 。选中要进行填充的图形后，选择 ▓ 工具，将弹出如图 5-18 所示的【PostScript 底纹】对话框。

- 【底纹样式列表】：拖曳右侧的滑块，可以选择需要填充的底纹样式。
- 【预览窗口】：勾选右侧的【预览填充】复选项，预览窗口中可以显示填充样式的效果。
- 【参数设置区】：设置各选项的参数，可以改变所选底纹的样式。注意，不同的底纹样式，其参数设置区中的选项也各不相同。

- 刷新(R) 按钮：确认【预览填充】复选项被勾选，单击此按钮，可以查看
  参数调整后的填充效果。

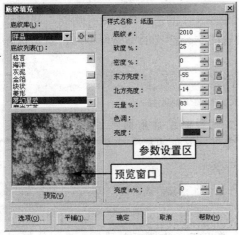

图5-17　【底纹填充】对话框

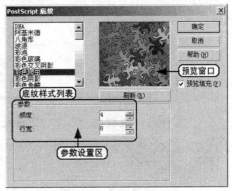

图5-18　【PostScript 底纹】对话框

5.1.4　设置默认填充样式

当需要为大多数的图形应用相同的填充时，更改填充的默认属性可以大大提高工作效率。按 Esc 键取消图形的选择状态，然后在 工具的隐藏工具组中选择相应的填充工具（如 工具），弹出如图 5-19 所示的【均匀填充】对话框。

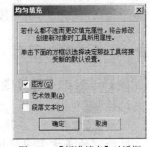

- **【图形】**：勾选此复选项，设置的默认填充属性将应用于绘制的图形。
- **【艺术效果】**：勾选此复选项，设置的默认填充属性将应用于输入的美术文本。
- **【段落文本】**：勾选此复选项，设置的默认填充属性将应用于输入的段落文本。

图5-19　【标准填充】对话框

> **要点提示** 在此对话框中，可以将所有选项勾选，也可以只选择 1 个或两个选项。有关美术文本和段落文本的内容，可参见本书第 7 章的讲解。

在对话框中选择需要的选项后，单击 确定(O) 按钮，将弹出设置颜色的【均匀填充】对话框，在此对话框中设置好需要的颜色后单击 确定(O) 按钮，即完成默认填充属性的设置。返回绘图窗口中绘制新的图形，设置的默认填充颜色将自动应用于绘制的图形中。

> **要点提示** 在设置默认的填充时，如选择除 工具外的其他填充工具，当单击 确定(O) 按钮后，将弹出其他相应的填充对话框。

5.2　【交互式填充】工具

利用【交互式填充】工具 和【交互式网状填充】工具 可以为图形填充特殊的颜色或图案。

5.2.1 交互式填充

【交互式填充】工具 包含本书 5.1 节介绍的所有填充工具的所有功能，利用该工具可以为图形设置各种填充效果，其属性栏根据设置的填充样式的不同而不同。默认状态下的属性栏如图 5-20 所示。

图5-20 默认状态下【交互式填充】工具的属性栏

- 【填充类型】 无填充 ▼：在此下拉列表中包括前面学过的所有填充效果，如 "线性"、"射线"、"圆锥"、"方角"、"双色图样"、"全色图样"、"位图图样"、"底纹填充" 和 "Postscript 填充" 等。

> **要点提示** 在【填充类型】下拉列表中，选择除【无填充】以外的其他选项时，属性栏中的其他参数才可用。

- 【编辑填充】按钮 ：单击此按钮，将弹出相应的填充对话框，通过设置对话框中的各选项，可以进一步编辑交互式填充的效果。
- 【复制填充属性】按钮 ：单击此按钮，可以给一个图形复制另一个图形的填充属性。

利用【交互式填充】工具为图形填充效果后，图形中将出现填充调整杆，通过调整其大小或位置，可以改变填充效果。下面以实例的形式来详细讲解【交互式填充】工具的应用。

🔑 填充花布图案

1. 按 Ctrl+N 组合键新建一个图形文件。
2. 选择 □ 工具，按住 Ctrl 键绘制一个正方形。
3. 选择 工具，并在属性栏中的 无填充 ▼ 的下拉列表中选择【位图图样】选项，此时绘制的正方形中将填充上默认的图样，并在图形的左下角出现蓝色的矩形虚线框，如图 5-21 所示。
4. 单击属性栏中的 ▼ 按钮，在弹出的图样面板中单击 其它(O)... 按钮，再在弹出的【导入】对话框中选择素材文件中 "图库\第 05 章" 目录下名为 "花图案.jpg" 的文件。
5. 单击 导入 按钮，将选择的图片作为图样导入，效果如图 5-22 所示。

图5-21 填充图样后的效果

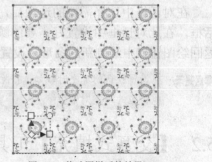

图5-22 修改图样后的效果

6. 将鼠标光标移动到虚线框右上角的圆形控制点上，按下鼠标左键并向右下方拖曳，调整填充的位图图样，状态如图 5-23 所示。

7. 至合适的位置后释放鼠标左键，然后单击属性栏中的【小型图样拼接】按钮▧，重新调整每个图样的大小，最终效果如图 5-24 所示。

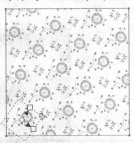

图5-23 调整图样时的状态

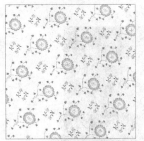

图5-24 制作的花布效果

8. 按 Ctrl+S 组合键，将此文件命名为"花布.cdr"保存。

5.2.2 【交互式网状填充】工具

选择【交互式网状填充】工具▦，通过设置不同的网格数量可以给图形填充不同颜色的混合效果。【交互式网状填充】工具的属性栏如图 5-25 所示。

图5-25 【交互式网状填充】工具的属性栏

- 【网格大小】▦: 可分别设置水平和垂直网格的数目，从而决定图形中网格的多少。
- 【清除网状】按钮◎: 单击此按钮，可以将图形中的网状填充颜色删除。

下面以实例的形式来讲解【交互式网状填充】工具的应用。

制作混合色背景

1. 按 Ctrl+N 组合键，新建一个图形文件。
2. 利用□工具绘制一个矩形，并为其填充草绿色（C:60,Y:40,K:40），然后选择▦工具，在矩形中将出现如图 5-26 所示的虚线网格。
3. 将属性栏中▦的参数都设置为"4"，然后按 Enter 键，此时图形的网格列数和行数如图 5-27 所示。
4. 在网格中选择如图 5-28 所示的节点，然后在【调色板】中的"白"色块上单击，为选择的节点填充颜色，效果如图 5-29 所示。

图5-26 显示的虚线网格

图5-27 调整后的网格形态

图5-28 选择的节点

5. 依次选择其他的节点，分别填充不同的颜色，最终效果如图 5-30 所示。

6. 将鼠标光标移动到节点上拖曳，通过调整节点的位置可以改变图形的填充效果，如图 5-31 所示。

图5-29 填充颜色后的效果

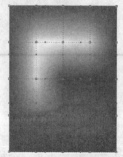

图5-30 填充颜色后的效果

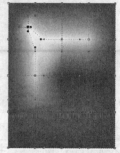

图5-31 节点调整后的位置

7. 依次调整其他节点的位置，改变图形的填充效果，调整后的效果如图 5-32 所示。

8. 单击工具栏中的 按钮，将素材文件中 "图库\第 05 章" 目录下名为 "广告画面.cdr" 的文件导入，调整大小后放置到绘制的背景图形中，如图 5-33 所示。

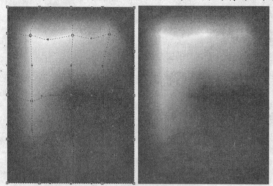

图5-32 调整后的填充效果

图5-33 添加广告画面后的效果

9. 按 Ctrl+S 组合键，将此文件命名为 "混合色背景.cdr" 保存。

5.3 轮廓工具

轮廓工具包括【轮廓画笔对话框】工具 、【轮廓颜色对话框】工具 、【无轮廓】工具 、【颜色泊坞窗】工具 和一些特定的轮廓宽度工具。由于【轮廓颜色对话框】工具 和【颜色泊坞窗】工具 在本书第 3.3.1 小节和第 3.3.2 小节已经讲解，因此本节主要来讲解【轮廓画笔对话框】工具和一些特定的轮廓宽度工具。

5.3.1 设置轮廓

选择要设置轮廓的线形或其他图形，然后选择 工具（快捷键为 F12 键），将弹出如图 5-34 所示的【轮廓笔】对话框。

- 【颜色】按钮 ：单击 按钮，可在弹出的【颜色】选择面板中选择需要的轮廓颜色。单击面板中的 其它(O) 按钮，还可以在弹出的【选择颜色】对话框中自行设置轮廓的颜色。

- 【宽度】：在该下拉列表中可以设置轮廓的宽度。在右侧的下拉列表中还可以选择使用轮廓宽度的单位，包括"英寸"、"毫米"、"点"、"像素"、"英尺"、"码"和"千米"等。

- 【样式】：在此下拉列表中可以选择轮廓线的样式。单击下方的 编辑样式... 按钮，将弹出如图 5-35 所示的【编辑线条样式】对话框，在此对话框中，可以将鼠标光标移动到调节线条样式的滑块上按下鼠标左键拖曳；在滑块左侧的小方格中单击，可以将线条样式中的点打开或关闭。

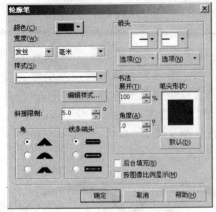

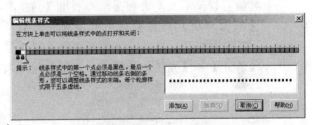

图5-34　【轮廓笔】对话框　　　　　　　　图5-35　【编辑线条样式】对话框

 在编辑线条样式时，线条的第一个小方格只能是黑色，最后一个小方格只能是白色，调节编辑后的样式可以在【编辑线条样式】对话框中的样式预览图中观察到。

- 【斜接限制】：当两条线段通过节点的转折组成夹角时，此选项控制着两条线段之间夹角轮廓线角点的倾斜程度。当设置的参数大于两条线组成的夹角度数时，夹角轮廓线的角点将变为斜切形态。

- ▲（尖角）：尖角是尖突而明显的角，如果两条线段之间的夹角超过 90°，边角则变为平角。

- ▲（圆角）：圆角是平滑曲线角，圆角的半径取决于该角线条的宽度和角度。

- ▲（平角）：平角在两条线段的连结处以一定的角度把夹角切掉，平角的角度等于边角角度的 50%。

如图 5-36 所示为分别选择这 3 种转角样式时的转角图像。

尖角　　　　　　　圆角　　　　　　　平角

图5-36　分别选择不同转角样式时的转角形态

- ■（平形）：线条端头与线段末端平行，这种类型的线条端头可以产生出简洁、精确的线条。

- ■（圆形）：线条端头在线段末端有一个半圆形的顶点，线条端头的直径等于线条的宽度。

- ▬▬▬（伸展形）：可以使线条延伸到线段末端节点以外，伸展量等于线条宽度的 50%。

如图 5-37 所示的为分别选择这 3 种【线条端头】选项时的线形效果。

| 平形 | 圆形 | 伸展形 |

图5-37　分别选择不同转角样式时的转角效果

- 【箭头】：此栏可以为开放的直线或曲线对象设置起始箭头和结束箭头样式，对于封闭的图形将不起作用。单击【箭头】栏中的 选项(O) ▼ 按钮，将弹出如图 5-38 所示的下拉列表，用于对箭头进行设置。

- 【书法】：该栏用于设置笔头的形状。【展开】选项是用来设置笔头的宽度，当笔头为方形时，减小此数值将使笔头变成长方形；当笔头为圆形时，减小此数值可以使笔头变成椭圆形。利用【角度】选项可以设置笔头的倾斜角度。在【笔尖形状】预览窗口中可以观察设置不同参数时笔尖形状的变化。单击 默认(D) 按钮，可以将轮廓笔头的设置还原为默认值。如图 5-39 所示为设置【展开】和【角度】选项前后的图形轮廓对比效果。

可以取消箭头设置 ◀── 无(N)
可以交换起始箭头
和结束箭头的样式 ◀── 对换(S)
可以创建新的箭头样式 ◀── 新建(N)…
可以编辑当前的箭头样式 ◀── 编辑(E)…
可以删除当前的箭头样式 ◀── 删除(D)

图5-38　选项下拉列表

图5-39　图形轮廓对比效果

- 【后台填充】：勾选此复选项，可以将图形的外轮廓放在图形填充颜色的后面。默认情况下，图形的外轮廓位于填充颜色的前面，这样可以使整个外轮廓处于可见状态，当勾选此项后，该外轮廓的宽度将只有 50%是可见的。如图 5-40 所示为勾选与不勾选该项时图形轮廓的显示效果。

- 【按图像比例显示】：默认情况下，在缩放图形时，图形的外轮廓不与图形一起缩放。当勾选【按图像比例显示】复选项后，在缩放图形时图形的外轮廓将随图形一起缩放。如图 5-41 所示为勾选与不勾选【按图像比例显示】复选项时图形轮廓的显示效果。

除了在【轮廓笔】对话框中设置图形的外轮廓粗细外，还可以通过选择系统自带的常用轮廓笔工具来设置图形外轮廓的粗细。常用轮廓笔工具主要包括【细线轮廓】 ⨯ 、【1/2 点轮廓】 ▬ 、【1 点轮廓】 ▬ 、【2 点轮廓】 ▬ 、【8 点轮廓】 ▬ 、【16 点轮廓】 ▬ 和【24 点轮廓】 ▬ 工具，各轮廓笔的宽度效果对比如图 5-42 所示。

图5-40　勾选与不勾选时的效果对比

图5-41　勾选与不勾选时的效果对比

| 细线轮廓 |
| 1/2点轮廓 |
| 1点轮廓 |
| 2点轮廓 |
| 8点轮廓 |
| 16点轮廓 |
| 24点轮廓 |

图5-42　各轮廓宽度对比

5.3.2 设置默认轮廓样式

当需要为大多数的图形应用相同的轮廓线条时，更改轮廓的默认属性可以大大提高工作效率。其设置方法为：确认绘图窗口中没有对象被选择，在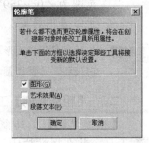的隐藏工具组中选择工具，然后在弹出的如图 5-43 所示的【轮廓笔】对话框中设置需要的选项，单击 确定 按钮后将弹出设置默认选项的【轮廓笔】对话框，在此对话框中设置好想要改变的图形轮廓属性，再单击 确定 按钮，即完成默认轮廓属性的设置。此时再绘制新的图形，设置的默认轮廓属性将自动应用于绘制的图形上。

图5-43 【轮廓笔】对话框

5.4 编辑工具

图形编辑工具主要包括【涂抹笔刷】工具、【粗糙笔刷】工具、【自由变换】工具、【裁剪】工具、【刻刀】工具、【橡皮擦】工具、【虚拟段删除】工具以及【度量】工具等，下面来具体介绍。

5.4.1 涂抹图形

利用【涂抹笔刷】工具和【粗糙笔刷】工具可以将带有曲线性质的图形进行涂抹，使其边缘产生参差不齐的效果。

一、 【涂抹笔刷】工具

【涂抹笔刷】工具的使用方法为：首先将要涂抹的带有曲线性质的图形选择，然后选择工具，在属性栏中设置好笔头的大小、形状及角度后，将鼠标光标移动到选择的图形内部，按下鼠标左键并向外拖曳，即可将图形向外涂抹。如将鼠标光标移动到选择图形的外部，按下鼠标左键并向内拖曳，可以在图形中将鼠标光标拖曳过的区域擦除。

如利用【涂抹笔刷】工具编辑不带有曲线性质的图形时（如矩形），将弹出如图 5-44 所示的【转换为曲线】提示面板，提示要将当前图形转换为曲线对象后此工具才可用。此时单击 确定 按钮，即可将选择的图形转换为曲线图形。

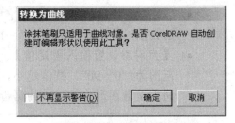

图5-44 【转换为曲线】提示面板

【涂抹笔刷】工具的属性栏如图 5-45 所示。

- 【笔尖大小】 ⊘ 2.0 mm ：用于设置涂抹笔刷的笔头大小。
- 【在效果中添加水份浓度】 ∠ 0 ：在此文本框中输入正值，可以使涂抹出的线条产生逐渐变细的效果；输入负值，可以使涂抹出的线条产生逐渐变粗的效果。如图 5-46 所示。

图5-45 【涂抹笔刷】工具的属性栏

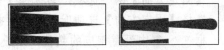

图5-46 分别设置正值与负值时涂抹出的效果对比

- 【为斜移设置输入固定值】 45.0 ：用于设置涂抹笔刷的形状，参数设置范围为 "15~90"。数值越大，涂抹笔刷越接近圆形。
- 【为关系设置输入固定值】 .0 ：用于设置涂抹笔刷的角度，参数设置范围为 "0~359"。只有将涂抹笔刷设置为非圆形的形状时，设置笔刷的角度才能看出效果。

 当计算机连接图形笔时，【涂抹笔刷】工具属性栏中当前不可用的按钮才会变为可用，激活相应的按钮，可以设置使用图形笔涂抹的笔尖大小、笔尖形状和笔尖角度等。

二、 【粗糙笔刷】工具

【粗糙笔刷】工具 的使用方法为：首先选择要对其进行编辑的曲线对象，然后选择 工具，并在属性栏中设置好笔头的大小、形状及角度后，将鼠标光标移动到选择的图形边缘按下鼠标左键并沿图形边缘拖曳，即可使图形的边缘产生凹凸不平类似锯齿的效果。

【粗糙笔刷】工具 的属性栏如图 5-47 所示。

图5-47 【粗糙笔刷】工具的属性栏

- 【笔尖大小】 3.0 mm ：用于设置粗糙笔刷的笔头大小。
- 【输入尖突频率的值】 1 ：用于设置在应用粗糙笔刷工具时图形边缘生成锯齿的数量。数值越小，生成的锯齿越少。参数设置范围为 "1~10"，设置不同的数值时图形边缘生成的锯齿效果如图 5-48 所示。

图5-48 设置不同数值时生成的锯齿效果对比

- 【在效果中添加水份浓度】 0 ：用于设置拖曳鼠标光标时图形增加粗糙尖突的数量，参数设置范围为 "-10~10"，数值越大，增加的尖突数量越多。
- 【为斜移设置输入固定值】 45.0 ：用于设置产生锯齿的高度，参数设置范围为 "0~90"，数值越小，生成锯齿的高度越高。如图 5-49 所示为设置不同数值时图形边缘生成的锯齿状态。

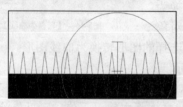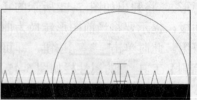

图5-49 设置不同数值时生成的锯齿状态

- 【尖突方向】 自动 ：可以设置生成锯齿的倾斜方向，包括【自动】和【固定方向】两个选项。当选择【自动】选项时，锯齿的方向将随机变换；当选择【固定方向】选项时，可以根据需要在右侧的【为关系输入固定值】文本框 .0 中设置相应的数值，来设置锯齿的倾斜方向。

5.4.2 变换图形

利用【自由变换】工具 ![icon] 可以根据图形的锚点、其他图形或绘图窗口中的任意位置，对选择的图形进行旋转、缩放、倾斜以及镜像等操作。其使用方法为：首先选择想要进行变换的对象，然后选择 ![icon] 工具，并在属性栏中设置好对象的变换方式（即激活相应的按钮），再将鼠标光标移动到绘图窗口中的适当位置，按下鼠标左键并拖曳（此时该点将作为对象变换的锚点），即可对选择的对象进行指定的变换操作。

> **要点提示** 在设置变换图形的锚点时，最好将其设置在需要进行变换图形的某一个角点处，这样有利于对图形进行控制。

【自由变换】工具 ![icon] 的属性栏如图 5-50 所示。

| ⟳ ⟲ ⊡ ⊞ | x: 125.603 mm ↔ 72.279 mm | 100.0 % ⊡ | ↶ .0 | ⊡ 125.603 mm | ← .0 | ⊡ ⊡ ⊡ |
| | y: 121.142 mm ↕ 68.225 mm | 100.0 % | | 121.142 mm | ↑ .0 | |

图5-50 【自由变换】工具的属性栏

- 【自由旋转工具】按钮 ![icon]：激活此按钮，在绘图窗口中的任意位置按下鼠标左键并拖曳，可将选择的图形以按下点为中心进行旋转。图形旋转时的状态如图 5-51 所示。

> **要点提示** 利用【自由旋转工具】旋转图形的同时再按住 Ctrl 键拖曳，可将图形按 15° 角的倍数进行旋转。

- 【自由角度镜像工具】按钮 ![icon]：激活此按钮，将鼠标光标移动到绘图窗口中的任意位置按下鼠标左键并拖曳，可将选择的图形以单击的位置为锚点，以鼠标光标移动的方向为镜像对称轴来对图形进行镜像。图形镜像时的状态如图 5-52 所示。

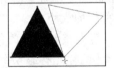

图5-51 图形旋转时的状态   图5-52 图形镜像时的状态

- 【自由调节工具】按钮 ![icon]：激活此按钮，将鼠标光标移动到绘图窗口中的任意位置，按下鼠标左键并拖曳，可将选择的图形进行水平和垂直缩放。图形缩放时的状态如图 5-53 所示。

> **要点提示** 利用【自由调节工具】缩放图形时，按住 Ctrl 键向上拖曳鼠标光标，可等比例放大图形；按住 Ctrl 键向下拖曳鼠标光标，可等比例缩小图形。

- 【自由扭曲工具】按钮 ![icon]：激活此按钮，将鼠标光标移动到绘图窗口中的任意位置按下鼠标左键并拖曳，可将选择的图形进行扭曲变形。图形扭曲时的状态如图 5-54 所示。

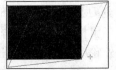

图5-53 图形缩放时的状态   图5-54 图形扭曲时的状态

- 【对象位置】 x: 86.829 mm / y: 175.047 mm：用于设置当前选择对象的中心位置。
- 【倾斜角度】：用于设置当前选择对象在水平和垂直方向上的倾斜角度。
- 【应用到再制】按钮：激活此按钮，使用【自由变换】工具对选择的图形进行变形操作时，系统将首先复制该图形，然后再进行变换操作。
- 【相对于对象】按钮：激活此按钮，属性栏中的【X】和【Y】的数值都将变为 "0"。在【X】和【Y】文本框中输入数值，如都输入 "15"，然后按 Enter 键，此时当前选择的对象将相对于当前的位置分别在 x 轴和 y 轴上移动 15 个单位。

利用【自由变换】工具对图形进行变换操作，由于要设置锚点的位置，因此不太好控制，在实际操作过程中不太常用。读者可熟练掌握第 3.2 节讲解的利用【挑选】工具 对图形进行的变换操作，该种方法比较简便、灵活且实用。

5.4.3 裁剪图形

裁剪图形的工具包括【裁剪】工具 和【刻刀】工具 。利用 工具可以使用户快速地移除画面中不想要的区域，无论是矢量图形、位图图像还是段落文本或美术文字，利用【裁剪】工具都能对其进行任意形状的裁剪；利用 工具可以将完整的线形或矢量图形分割为多个部分。

一、 【裁剪】工具

【裁剪】工具的使用方法非常简单：激活 按钮后，在绘图窗口中根据要保留的区域拖曳鼠标光标，绘制一个裁剪框，确认裁剪框的大小及位置后在裁剪框内双击即可完成图像的裁剪，此时裁剪框以外的图像将被删除。

- 将鼠标光标放置在裁剪框各边中间的控制点或角控制点处，当鼠标光标显示为 "┼" 形状时，按下鼠标左键并拖曳，可调整裁剪框的大小。
- 将鼠标光标放置在裁剪框内，按下鼠标左键并拖曳，可调整裁剪框的位置。
- 在裁剪框内单击，裁剪框的边角将显示旋转符号，将鼠标光标移动到各边角位置，当鼠标光标显示为 形状时，按下鼠标左键并拖曳，可旋转裁剪框。

【裁剪】工具 的属性栏如图 5-55 所示。

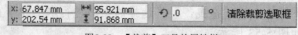

图5-55　【裁剪】工具的属性栏

- 【位置】 x: 113.749 mm / y: 164.989 mm：用于调整裁剪框的位置。
- 【大小】 185.748 mm / 117.775 mm：用于调整裁剪框的大小。
- 【旋转角度】 .0：用于设置裁剪框的旋转角度。
- 清除裁剪选取框 按钮：单击此按钮或按 Esc 键，可取消裁剪框。

二、 【刻刀】工具

利用【刻刀】工具切割图形的方法为：选择 工具，然后移动鼠标光标到要分割图形的外轮廓上，当鼠标光标显示为 形状时，单击确定第一个分割点，移动鼠标光标到要分割的另一端的图形外轮廓上，再次单击确定第二个分割点，释放鼠标左键后，即可将图形分割。

使用【刻刀】工具分割图形时，只有当鼠标光标显示为 ￼ 形状时单击图形的外轮廓，然后移动鼠标光标至图形另一端的外轮廓处单击才能分割图形，如在图形内部确定分割的第二点，不能将图形分割。

除了上述分割图形的方法外，还可以通过拖曳鼠标光标的方式来分割图形。注意，在分割图形时，鼠标的落点处和端点处一定要紧贴图形的外轮廓，否则不能分割图形。另外，利用这种方式分割的图形，在分割处会生成许多多余的节点，且会得到不规则的断截面。

【刻刀】工具 ￼ 的属性栏如图 5-56 所示。

图5-56　【刻刀】工具的属性栏

- 【成为一个对象】按钮 ￼：单击此按钮，可以使分割后的两个图形成为一个整体。若不激活 ￼ 按钮，分割后的两个图形将会成为两个单独的对象。
- 【剪切时自动闭合】按钮 ￼：单击此按钮，将图形分割后，图形将会以分割后的图形分别闭合成两个图形。

当 ￼ 和 ￼ 按钮同时激活时，分割后的图形仍为一个整体，并保留原来的填充属性。当执行菜单栏中的【排列】/【拆分】命令后，即可将分割后的图形分离，分离后的图形为闭合图形。

当 ￼ 和 ￼ 按钮都不激活时，分割后的图形为两个未闭合的图形，原先的填充属性将消失。

5.4.4　擦除图形

擦除图形工具包括【橡皮擦】工具 ￼ 和【虚拟段删除】工具 ￼。利用 ￼ 工具可以将选择的图形部分擦除或使其拆分为独立的图形；利用 ￼ 工具可以删除相交图形中两个交叉点之间或指定区域内的线段，从而使其产生新的图形形状。

一、【橡皮擦】工具

【橡皮擦】工具可以很容易地擦除所选图形的指定位置。选择要进行擦除的图形，然后单击 ￼ 按钮（快捷键为 X 键），设置好笔头的宽度及形状后，将鼠标光标移动到选择的图形上，按下鼠标左键并拖曳，即可对图形进行擦除。另外，将鼠标光标移动到选择的图形上单击，然后移动鼠标光标到合适的位置再次单击，可对图形进行直线擦除。

【橡皮擦】工具 ￼ 的属性栏如图 5-57 所示。

- 【橡皮擦厚度】 ￼ 3.54 mm ￼：用于设置橡皮擦笔头的大小。

按键盘中的 "↑"（上方向）箭头，可以增大橡皮擦的厚度；按键盘中的 "↓"（下方向）箭头，可以减小橡皮擦的厚度。

- 【擦除时自动减少】按钮 ￼：激活此按钮，在擦除图形时可以消除额外节点，以平滑擦除区域的边缘。
- 【圆形/方形】按钮 ￼：设置橡皮擦的笔头形状。单击此按钮，【圆形】按钮 ￼ 将会变成【方形】按钮 ￼，此时擦除图形的笔头是方形的。再次单击 ￼ 按钮时，【方形】按钮将变成【圆形】按钮，此时擦除图形的笔头是圆形的。分别用圆形笔头和方形笔头擦除图形后的效果如图 5-58 所示。

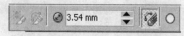

图5-57 【橡皮擦】工具的属性栏

图5-58 选择不同笔头擦除图形后的效果

二、【虚拟段删除】工具

【虚拟段删除】工具的功能是将图形中多余的线条删除，此工具没有属性栏。

确认绘图窗口中有多个相交的图形，选择 ✂ 工具，然后将鼠标光标移动到想要删除的线段上，当鼠标光标显示为 形状时单击，即可删除选定的线段，如图 5-59 所示。

图5-59 删除线段前后的形态

当需要同时删除某一区域内的多个线段时，可以将鼠标光标移动到该区域内，按下鼠标左键并拖曳，将需要删除的线段框选，释放鼠标左键后即可将框选的多个线段删除，如图 5-60 所示。

图5-60 删除某一区域内线段前后的形态

 【虚拟段删除】工具对位图不起作用，也不能擦除文本，只能对矢量线条起作用。

5.4.5 添加标注

【度量】工具即标注工具，其主要功能是为图纸或图形进行精确的尺寸、角度标注或添加说明，以便在实际工作过程中为设计方案的实施提供依据。

【度量】工具 的属性栏如图 5-61 所示。

图5-61 【度量】工具的属性栏

(1) 标注样式

- 【自动度量工具】按钮 ：激活此按钮，可以对图形进行垂直或水平标注。
- 【垂直度量工具】按钮 ：激活此按钮，只能对图形进行垂直标注。
- 【水平度量工具】按钮 ：激活此按钮，只能对图形进行水平标注。
- 【倾斜度量工具】按钮 ：激活此按钮，可以对图形进行垂直、水平或斜向标注。
- 【标注工具】按钮 ：激活此按钮，可以对图形上的某一点或某一个地方进行标注，但标注线上的文本需要自己去填写，此时属性栏中的参数不可用。
- 【角度量工具】按钮 ：激活此按钮，可以对图形进行角度标注。

(2) 标注选项

- 【度量样式】 ：用于选择标注样式。

- 【度量精度】 0.00 ▼：用于设置在标注图形时数值的精确度，小数点后面的 "0" 越多，表示对图形标注的越精确。
- 【尺寸单位】 mm ▼：用于设置标注图形时的尺寸单位。一般选择【毫米】选项。
- 【显示尺度单位】按钮 ᴹᴹ：激活此按钮，在对图形进行标注时，将显示标注的尺寸单位；否则只显示标注的尺寸。
- 【尺寸的前缀】前缀：□ 和【尺寸的后缀】后缀：□ ：在这两个文本框中输入文字，可以为标注添加前缀和后缀，即除了标注尺寸外，还可以在标注尺寸的前面或后面添加其他的说明文字。如在【尺寸的前缀】文本框中输入 "此图形的尺寸为:" 文字，在【尺寸的后缀】文本框中输入 "（毫米）" 文字，利用水平标注对图形进行标注后的效果如图 5-62 所示。
- 【动态度量】按钮 ⠿：当对图形进行修改时，激活此按钮时添加的图形标注的尺寸也会随之变化；未激活此按钮时添加的图形标注尺寸不会随图形的调整而改变。
- 【文本位置下拉式对话框】按钮 ⬚：单击此按钮，可以在弹出的【标注样式】选项面板中设置标注时文本所在的位置，如图 5-63 所示。

图5-62　添加前缀和后缀后的标注效果

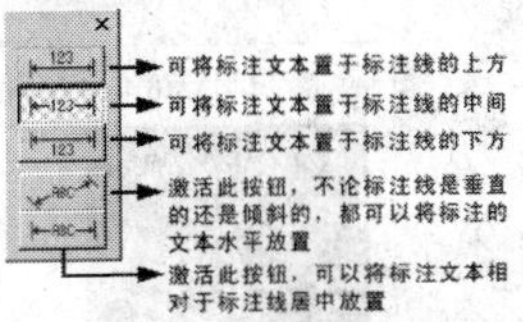

图5-63　【标注样式】选项面板

各种标注样式所产生的标注效果如图 5-64 所示。

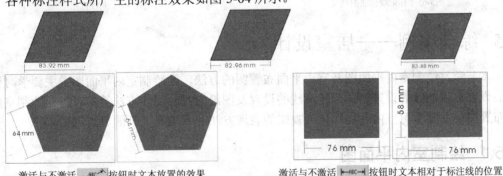

激活与不激活 ↙-ABC 按钮时文本放置的效果　　　激活与不激活 ├-ABC-┤ 按钮时文本相对于标注线的位置

图5-64　选择不同的标注样式所产生的标注效果

要点提示　标注图形时，如果未激活 ↙-ABC 按钮，标注的文本将与标注线平行；如果未激活 ├-ABC-┤ 按钮，标注文本将放置在鼠标光标选择的任意位置。

利用【度量】工具对图形进行标注操作，主要分为一般标注、标注线标注和角度标注。下面来分别讲解它们的使用方法。

一、一般标注

一般标注包括【自动度量工具】、【水平度量工具】、【垂直度量工具】和【倾斜度量工具】4 种，其标注方法相同。首先在工具箱中单击 ⬚ 按钮，然后在属性栏中单击 ⬚ 按钮、按钮、 按钮或 按钮，将鼠标光标移动到要标注的图形上单击，确定标注的起点。移动鼠标光标至合适的位置，再次单击确定标注的终点。移动鼠标光标确定标注文本的位置，释放鼠标左键后，即完成一般标注。

二、 标记线标注

标记线标注包括一段标记线标注和两段标记线标注。单击 按钮，然后在属性栏中单击 按钮，将鼠标光标移到要标注的图形中单击，确定标记线引出的位置，即标注的起点。移动鼠标光标至合适位置单击，确定第一段标记线的结束位置，即标注的转折点。再次移动鼠标光标至合适位置单击，确定第二段标记线的结束位置，即标注的终点。此时，将出现插入点光标，输入说明文字，即可完成两段标记线标注。

> **要点提示** 如果要制作一段标记线标注，可在确定第一段标记线的结束位置时双击鼠标，然后输入说明文字即可。两段标记线和一段标记线的标注如图 5-65 所示。

三、 角度标注

单击 按钮，然后在属性栏中单击 按钮，将鼠标光标移动到要标注的图形中，依次单击要标注角的顶点、一条边上的标记点、另一条边上的标记点，最后移动鼠标光标确定角度标注文本的位置，确定后单击即可完成角度标注，如图 5-66 所示。

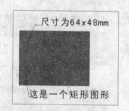

图5-65　标记线标注的效果

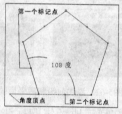

图5-66　角度标注

5.5　综合案例——居室设计

本节学习绘制室内平面图及室内平面布置图的方法。在绘制室内平面图中主要学习比例尺的设置、辅助线的设置、图形轮廓线的设置及图纸的尺寸标注方法等内容；在绘制室内平面布置图中主要学习室内各种物体顶视图的表现方法及各填充工具的灵活运用。

5.5.1　绘制室内平面图

下面绘制室内平面图，首先来设置绘图比例、页面大小及辅助线。

🔑　绘制室内平面图

1. 按 Ctrl+N 组合键，新建一个图形文件。
2. 执行【视图】/【网格和标尺设置】命令，弹出【选项】对话框，单击左侧的【标尺】选项，然后单击右侧参数设置区中的 编辑刻度(S)... 按钮，在弹出的【绘图比例】对话框中设置【典型比例】的参数如图 5-67 所示。
3. 单击 确定 按钮，返回到【选项】对话框，然后单击【页面】选项前面的 ⊞ 符号，将其下的选项展开。

4. 再单击【大小】选项，然后设置右侧的【宽度】和【高度】的参数如图 5-68 所示。

图5-67 【绘图比例】对话框

图5-68 【选项】对话框

要点提示 本例要绘制图纸的实际尺寸宽度约为 "15 米"、高度约为 "6.9 米"，而一开始我们将比例尺设置为 "1：100"，因此此处将文件的尺寸设置为宽度 "180.0 毫米"、高度 "100.0 毫米"，即实际尺寸宽度为 "18 米"、高度为 "10 米"。需要读者注意的是，当设置完比例尺后，标尺所显示的尺寸为所绘图纸的实际尺寸，而不是页面的尺寸。

5. 单击 确定 按钮，确认比例尺与页面大小的设置。
   下面来添加辅助线。

6. 执行【视图】/【辅助线设置】命令，再次弹出【选项】对话框，然后单击【水平】选项，并在右侧区域中输入参数 "1 500"，如图 5-69 所示。

7. 单击 添加(A) 按钮，在绘图窗口中水平位置 "1 500" 毫米处即添加一条辅助线。

8. 用相同的方法，在【选项】对话框中依次设置水平和垂直辅助线的参数如图 5-70 所示。

图5-69 设置的辅助线参数

图5-70 设置的辅助线参数

9. 辅助线参数设置完成后单击 确定(O) 按钮，绘图窗口中添加的辅助线如图 5-71 所示。

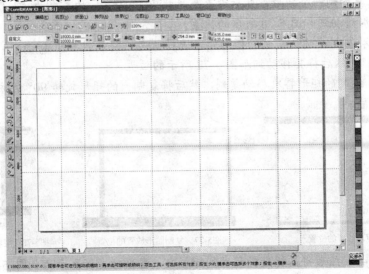

图5-71 添加的辅助线

10. 执行【视图】/【贴齐辅助线】命令，启动对齐功能，然后选择 工具，沿添加的辅助线绘制出房子的外轮廓，如图 5-72 所示。

11. 选择 工具，弹出【轮廓笔】对话框，设置各选项及参数如图 5-73 所示。

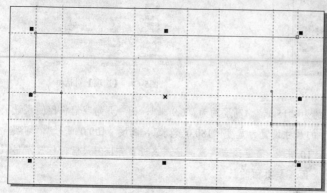

图5-72 绘制出的房子外轮廓

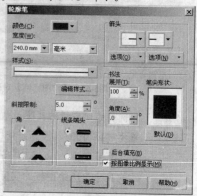

图5-73 【轮廓笔】对话框参数设置

12. 单击 确定 按钮，设置轮廓笔宽度后的线形效果如图 5-74 所示。

13. 选择 工具，沿辅助线绘制出房子的承重墙，再用与步骤 11～12 相同的方法，将承重墙的轮廓笔宽度设置为 "120 mm"，如图 5-75 所示。

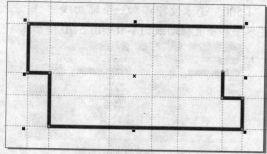

图5-74 设置轮廓笔宽度后的线形效果

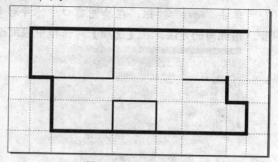

图5-75 绘制出的承重墙

14. 利用 工具绘制一个矩形，然后设置属性栏中 1000.0 mm 的参数为 "1 000 mm"，并将绘制的矩形移动到如图 5-76 所示的位置。

15. 将矩形移动复制，确认复制的矩形处于选择状态，将属性栏中 800.0 mm 的参数设置为 "800 mm"，然后将其移动到如图 5-77 所示的位置。

16. 将步骤 14 绘制的矩形再次移动复制，然后将复制出的矩形旋转 90° 后放置到如图 5-78 所示的位置。

图5-76 矩形放置的位置

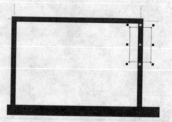

图5-77 复制图形放置的位置

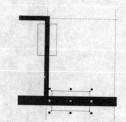

图5-78 旋转复制图形后的位置

17. 选择 工具，然后将鼠标光标移动到矩形内，当鼠标光标显示为如图 5-79 所示的形状时，单击将矩形中的线形删除，效果如图 5-80 所示。

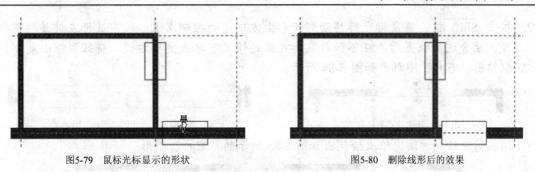

图5-79 鼠标光标显示的形状　　　　　　　　　图5-80 删除线形后的效果

18. 用与步骤 17 相同的方法，依次将其他两个矩形中的线形删除，然后分别选择绘制的矩形按 Delete 键删除，最终效果如图 5-81 所示。

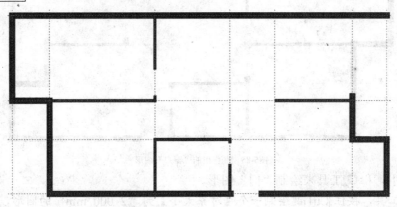

图5-81 删除线形及矩形后的效果

以上利用矩形对线形进行删除，目的是为平面图留出门的位置。下面来绘制线形作为承重柱，再利用 ▢ 工具来制作窗图形。

19. 选择 ✎ 工具，设置属性栏中 ℓ 240.0 mm ▾ 的参数为 "240 mm"，在弹出的【轮廓笔】对话框中单击 确定 按钮，然后依次绘制出如图 5-82 所示的承重柱。

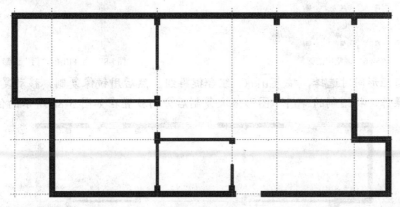

图5-82 绘制的承重柱

20. 用与步骤 19 相同的方法将默认轮廓的宽度设置为 "发丝"，然后利用 ▢ 工具绘制一个填充色为白色、轮廓色为黑色的矩形。

21. 将矩形属性栏中 ⟷ 2400.0 mm / ↕ 240.0 mm 的参数分别设置为 "2 400 mm" 和 "240 mm"，然后将矩形移动到如图 5-83 所示的位置。

22. 按住 Shift 键，将鼠标光标移动到矩形上方中间的控制点上，按下鼠标左键并向下拖曳，至合适的位置后，在不释放鼠标左键的情况下单击鼠标右键，将矩形缩小复制，制作出"窗户"图形，如图 5-84 所示。

图5-83 矩形放置的位置   图5-84 制作出的"窗户"图形

23. 用相同的绘制方法，依次绘制出如图 5-85 所示的"窗户"图形。

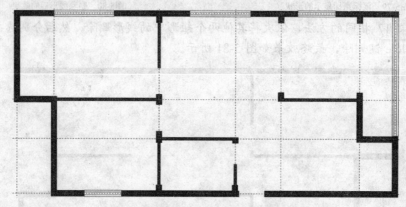

图5-85 制作出的"窗户"图形

下面利用 ◯ 和 ▢ 工具来绘制"门"图形。

24. 选择 ◯ 工具，按住 Ctrl 键绘制一个【对象大小】为"2 000 mm"的圆形，然后单击属性栏中的 ◐ 按钮，并设置 ⊙ 的参数分别为"0"和"90"，将绘制的圆形调整为弧形，如图 5-86 所示。

25. 选择 ▢ 工具，在弧形的左侧绘制一个矩形，与弧形组合成"门"图形，如图 5-87 所示。

图5-86 调整出的弧形   图5-87 绘制出的"门"图形

26. 将弧形与矩形同时选择，按 Ctrl+G 组合键群组，然后用镜像复制、移动复制、缩放和旋转等操作，将绘制的"门"图形依次复制后分别放置在如图 5-88 所示的位置。

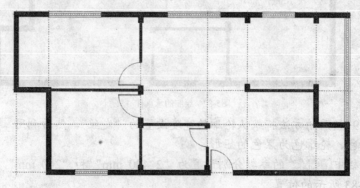

图5-88 "门"图形放置的位置

27. 利用 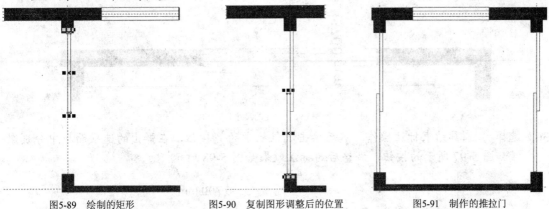工具绘制一个填充色为白色、轮廓色为黑色的矩形，然后将属性栏中 ⬚60.0 mm / 1500.0 mm 的参数分别设置为 "60 mm" 和 "1 500 mm"，再将矩形移动到如图 5-89 所示的位置。

28. 用镜像复制图形的方法，将矩形镜像复制，然后将复制出的矩形调整至如图 5-90 所示的位置，制作出 "推拉门" 图形。

29. 将作为 "推拉门" 的两个矩形同时选择，然后向右移动复制，并将复制出的图形调整至如图 5-91 所示的位置。

　　图5-89　绘制的矩形　　　　　图5-90　复制图形调整后的位置　　　　　图5-91　制作的推拉门

至此，室内平面图已经绘制完成，下面为其添加标注，并添加文字说明。

30. 选择 字工具，在属性栏中的【字体列表】中选择 "Arial" 字体，然后在弹出的【文本属性】对话框中单击 确定 按钮。

31. 在属性栏中将字体大小设置为 "6 pt"，在再次弹出的【文本属性】对话框中单击 确定 按钮，将文字的默认字体及字号修改。

32. 选择 工具，然后设置属性栏中各选项及参数如图 5-92 所示。

图5-92　【度量】工具的属性设置

33. 将鼠标光标移动到图形的左上角，在辅助线的交叉点位置单击鼠标，确定水平方向标注的第一点，其状态如图 5-93 所示。

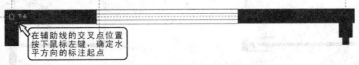

在辅助线的交叉点位置按下鼠标左键，确定水平方向的标注起点

图5-93　确定标注第一点时的状态

34. 移动鼠标光标至该房门图形的右上角，在辅助线的交叉点位置再次单击确定标注的终点，其状态如图 5-94 所示。

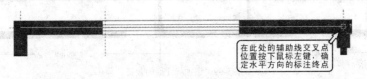

在此处的辅助线交叉点位置按下鼠标左键，确定水平方向的标注终点

图5-94　确定标注终点时的状态

35. 移动鼠标光标来确定标注文字的位置，如图 5-95 所示，单击后即可完成对图形的尺寸标注操作，如图 5-96 所示。

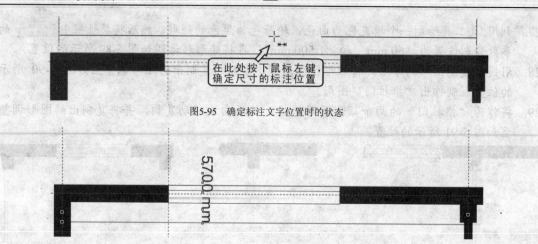

图5-95　确定标注文字位置时的状态

图5-96　标注的尺寸

36. 选择 工具结束标注操作，然后单击属性栏中的 按钮，在弹出的选项面板中分别激活如图 5-97 所示的按钮，调整后的标注效果如图 5-98 所示。

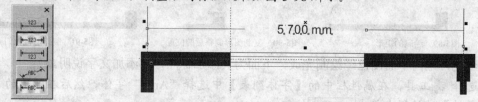

图5-97　激活的选项

图5-98　完成的标注形态

37. 用与步骤 33~36 相同的标注方法，依次对平面图的尺寸进行标注，然后执行【视图】/【辅助线】命令，将绘图窗口中的辅助线隐藏，效果如图 5-99 所示。

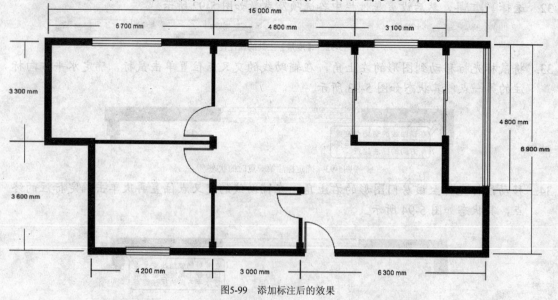

图5-99　添加标注后的效果

38. 选择 工具，然后将文字的默认字体修改为"黑体"，字号修改为"10 pt"，并在平面图中依次输入各房间的名称，如图 5-100 所示。

39. 至此，室内平面图就绘制完成了。按 Ctrl+S 组合键，将此文件命名为"居室平面图.cdr"保存。

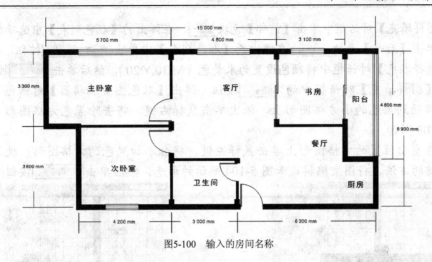

图5-100　输入的房间名称

5.5.2　绘制室内平面布置图

下面综合利用基本绘图工具、填充工具及菜单栏中的常用菜单命令，在绘制的室内平面图中再来绘制带有室内装饰物的平面布置图。首先为平面图填充底色。

　绘制平面布置图

1.　打开上面绘制的"居室平面图.cdr"文件，然后按 Ctrl+Shift+S 组合键将当前文件另命名为"居室平面布置图.cdr"保存。
2.　利用 ↖ 工具将图中的文字和尺寸标注全部选择，按 Delete 键删除，然后双击 ↖ 工具，将绘图窗口中的所有图形同时选择，再执行【排列】/【锁定对象】命令，将选择的图形锁定。

> 在 CorelDRAW 中可以锁定选择的图形，以保护其不被移动或修改。将图形锁定后，执行【排列】/【解除锁定对象】命令，即可将锁定的图形解锁。如执行【排列】/【解除锁定全部对象】命令，可以为绘图窗口中所有的锁定图形解锁。

3.　选择 □ 工具，将鼠标光标移动到"主卧室"的右上角按下鼠标左键并向右下方拖曳，至平面图的右下角释放鼠标左键，绘制出如图 5-101 所示的矩形。
4.　选择 ▨ 工具，弹出【图样填充】对话框，单击图案按钮，在弹出的【图案样式】面板中选择如图 5-102 所示的图样。

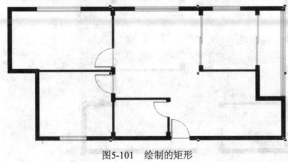

图5-101　绘制的矩形

图5-102　选择的图样

113

5. 在【图样填充】对话框中单击【前部】色块 ■▼，在弹出的【颜色列表】中选择白色。

6. 然后单击【后部】色块 □▼，在弹出的【颜色列表】中单击 其它(Q)... 按钮，并在弹出的【选择颜色】对话框中将颜色设置为米黄色（M:10,Y:20），然后单击 确定(Q) 按钮。

7. 单击【图样填充】对话框中的 创建(A)... 按钮，弹出【双色图案编辑器】对话框，将鼠标光标移动到黑色的小方格图形上，依次单击鼠标右键，将去除黑色方格图形，状态如图 5-103 所示。

8. 如果在空白位置的方格图形上单击鼠标左键，将会添加黑色的方格图形。使用单击鼠标右键的方法，将图案编辑成如图 5-104 所示的形态，然后单击 确定 按钮。

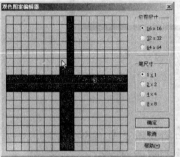

图5-103　编辑图案时的状态

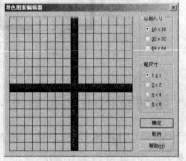

图5-104　编辑后的图案形态

9. 在【图样填充】对话框中设置其他选项及参数如图 5-105 所示，然后单击 确定 按钮，矩形填充图样后的效果如图 5-106 所示。

图5-105　【图样填充】对话框参数设置

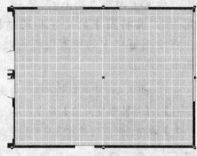

图5-106　调整图形顺序后的形态

10. 去除矩形的外轮廓，然后执行【排列】/【顺序】/【到图层后面】命令，将绘制的矩形调整至所有图形的下方，调整图形顺序后的效果如图 5-107 所示。

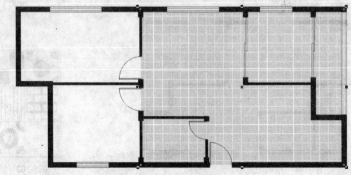

图5-107　调整图形顺序后的效果

11. 利用 工具根据 "主卧室" 的大小绘制矩形，然后为其填充米黄色（M:7,Y:12），并去除外轮廓，效果如图 5-108 所示。

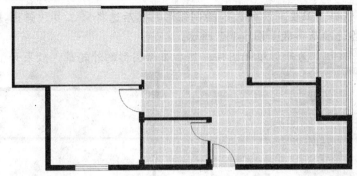

图5-108 绘制的矩形

12. 继续利用 工具根据 "次卧室" 的大小绘制矩形，然后执行【编辑】/【复制属性自】命令，在弹出的【复制属性】对话框中勾选如图 5-109 所示的【轮廓笔】和【填充】复选项，单击 确定 按钮。

13. 此时鼠标光标将显示为 形状，将鼠标光标移动到步骤 11 绘制的矩形上单击，将该图形的填充和轮廓属性复制到选择的图形上，如图 5-110 所示。

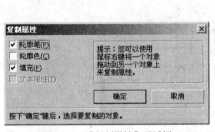

图5-109 【复制属性】对话框

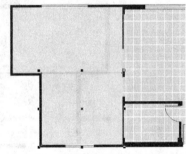

图5-110 复制属性后的矩形

14. 用与步骤 12～13 相同的方法，在 "书房" 位置绘制矩形，然后利用 工具将刚绘制的 3 个矩形同时选择。

15. 执行【排列】/【顺序】/【置于此对象后】命令，此时鼠标光标将显示为 形状，将鼠标光标移动到 "墙体" 图形上单击，将绘制的矩形调整至墙体图形的下方，如图 5-111 所示。

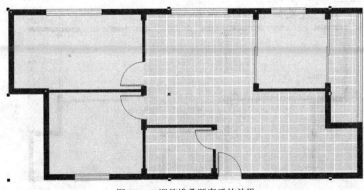

图5-111 调整堆叠顺序后的效果

要点提示 在下面的操作过程中,为了避免叙述上的重复,将不再为绘制的每一个图形说明调整顺序。但读者在绘制时要注意,为图形填充颜色或图案后都要调整到建筑墙体的下方。

16. 利用 ▢ 工具根据"卫生间"的大小绘制矩形,然后选择 ▨ 工具,弹出【图样填充】对话框,设置各选项及参数如图 5-112 所示。

17. 单击 确定 按钮,为矩形填充图样,然后去除图形的外轮廓,效果如图 5-113 所示。

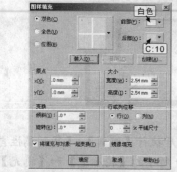

图5-112 【图样填充】对话框参数设置

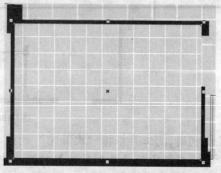

图5-113 调整图形顺序后的形态

18. 利用 ▢ 工具在"阳台"位置绘制一个矩形,然后用与步骤 12~13 相同的方法,为其复制"卫生间"位置的矩形的属性,效果如图 5-114 所示。

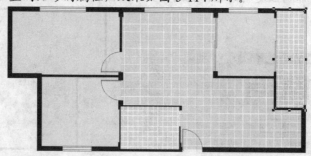

图5-114 复制属性后的矩形

19. 用与步骤 15 相同的方法调整填充图样后矩形的堆叠顺序,然后执行【排列】/【解除锁定全部对象】命令,取消所有图形的锁定状态。

20. 选择 ▸ 工具,按住 Shift 键将所有"窗"图形选择,然后利用 ◣ 工具为其填充浅蓝色(C:10)。

21. 依次按住 Ctrl 键单击"门"图形中的矩形将其选择,然后分别为其填充橘黄色(M:40,Y:80),最终效果如图 5-115 所示。

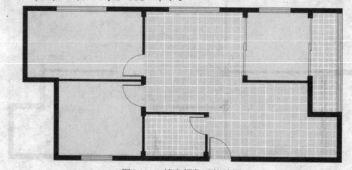

图5-115 填充颜色后的效果

22. 底色填充完后，按 |Ctrl|+|S| 组合键将此文件保存。

接下来绘制平面布置图中的家具及家电图形，先来绘制"客厅"中的"沙发"、"茶几"等图形。

🔑 绘制"沙发"和"茶几"等图形

1. 接上例。利用 按钮将素材文件中"图库\第 05 章"目录下名为"地毯 01.jpg"的文件导入，然后将其调整至合适的大小后放置到如图 5-116 所示的客厅位置。

2. 利用 工具在地毯后面位置绘制出如图 5-117 所示的矩形，然后按 |Ctrl|+|Q| 组合键，将其转换为曲线图形。

图5-116　导入的图片放置的位置

图5-117　绘制出的矩形

3. 选择 工具，将矩形中的节点全部选择，然后单击属性栏中的 按钮，将图形中的线段转换为曲线段，再将其调整至如图 5-118 所示的形态，作为沙发的靠背图形。

4. 为调整后的图形填充上玫瑰红色（C:8,M:70,Y:15），然后将其外轮廓线去除，填充颜色后的图形效果如图 5-119 所示。

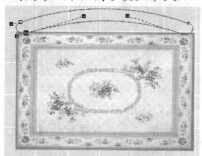
图5-118　调整后的图形形态

图5-119　填充颜色后的图形效果

5. 将填充玫瑰红色后的图形复制，缩小并调整其形状，然后填充深红色（C:30,M:100,Y:30），效果如图 5-120 所示。

6. 利用 和 工具绘制出如图 5-121 所示的圆角矩形，作为沙发座垫。

图5-120　复制出的图形

图5-121　绘制的圆角矩形

7. 选择 工具，弹出【渐变填充】对话框，设置各选项及参数如图 5-122 所示。然后单击按钮，填充渐变色后的图形效果如图 5-123 所示。

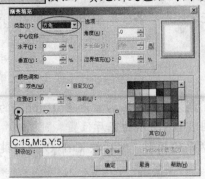

图5-122 【渐变填充】对话框参数设置

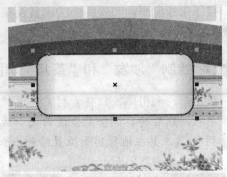

图5-123 填充渐变色后的图形效果

8. 继续利用 □ 和 ⚁ 工具绘制出如图 5-124 所示的沙发座垫图形，然后利用【编辑】/【复制属性自】命令为其复制步骤 7 中设置的渐变色，效果如图 5-125 所示。

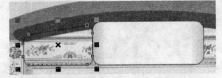

图5-124 绘制并调整出的图形

图5-125 复制属性后的图形效果

9. 将复制属性后的图形水平镜像复制，然后将复制出的图形移动到如图 5-126 所示的位置。

10. 用相同的绘制"沙发"图形方法，利用 ⚬ 和 □ 工具绘制出如图 5-127 所示的"单人沙发"图形。

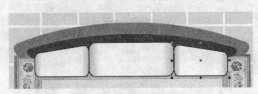

图5-126 图形放置的位置

图5-127 复制出的沙发图形放置的位置

至此，"沙发"图形已经绘制完成，下面来绘制"茶几"图形。

11. 利用 □ 工具绘制出如图 5-128 所示的矩形，然后选择 █ 工具，在弹出的【渐变填充】对话框中设置各选项及参数如图 5-129 所示。

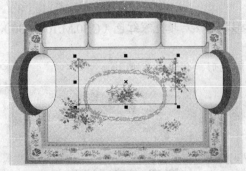

图5-128 绘制出的矩形

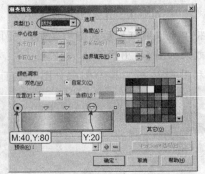

图5-129 【渐变填充】对话框参数设置

12. 单击 确定 按钮，填充渐变色后的图形效果如图 5-130 所示。

13. 用等比例缩小复制图形的方法，将"茶几"图形等比例缩小复制，复制出的图形如图 5-131 所示。

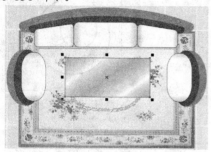
图5-130 填充渐变色后的图形效果

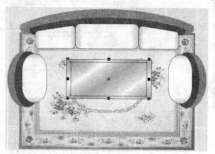
图5-131 复制出的图形

14. 选择█工具，弹出【渐变填充】对话框，设置各选项及参数如图 5-132 所示，单击 `确定` 按钮，修改渐变色后的图形效果如图 5-133 所示。

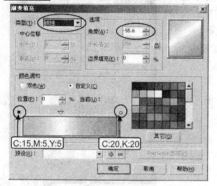
图5-132 【渐变填充】对话框

图5-133 填充渐变色后的图形效果

15. 利用█工具将"茶几"下方的矩形选择，然后选择█工具，将鼠标光标移动到所选图形的上方，按下鼠标左键并向下方拖曳添加投影，状态如图 5-134 所示。

16. 用与步骤 15 相同的方法，分别为"沙发"图形添加上投影，添加投影后的图形效果如图 5-135 所示。

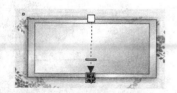
图5-134 添加投影时的状态

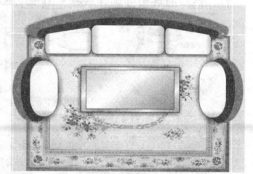
图5-135 添加投影后的图形效果

17. 用移动复制图形的方法，将"茶几"图形移动复制，然后将复制的图形调整成方形，作为放置台灯的"小柜"图形，并调整至如图 5-136 所示的位置。

18. 利用█和█工具在"小柜"图形上绘制出如图 5-137 所示的"台灯"图形，其颜色填充为黄色（Y:20）。

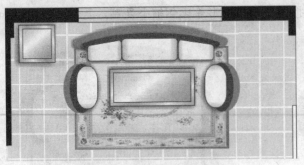

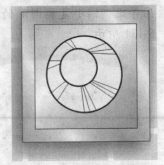

图5-136 复制图形调整后的形态及位置　　　　　　图5-137 绘制的"台灯"图形

19. 将"小柜"和"台灯"图形同时选择后移动复制，然后向右移动至如图 5-138 所示的位置。

20. 利用 □ 工具在客厅中绘制出如图 5-139 所示的矩形，作为"电视柜"图形。

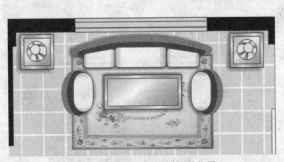

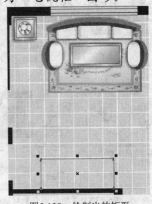

图5-138 复制出的图形放置的位置　　　　　　图5-139 绘制出的矩形

21. 选择 ■ 工具，弹出【渐变填充】对话框，设置各选项及参数如图 5-140 所示，然后单击 确定 按钮。

22. 利用 □ 和 ⌒ 工具，在"电视柜"图形上绘制并调整出如图 5-141 所示的"电视机"图形，然后将其全部选择后按 Ctrl+L 组合键结合。

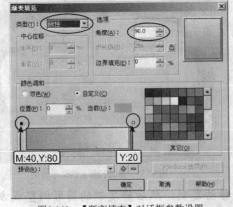

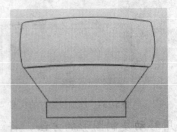

图5-140 【渐变填充】对话框参数设置　　　　　　图5-141 绘制并调整出的"电视机"图形

23. 选择 ■ 工具，弹出【渐变填充】对话框，设置各选项及参数如图 5-142 所示。然后单击 确定 按钮，填充渐变色后的图形效果如图 5-143 所示。

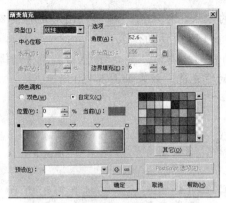

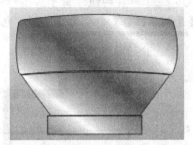

图5-142 【渐变填充】对话框参数设置 　　　　图5-143 填充渐变色后的图形效果

24. 利用 工具在"电视机"上绘制两条黑色的直线，作为电视机的"天线"，如图 5-144 所示。然后利用 工具，在"电视柜"的左右两边各绘制一个如图 5-145 所示的"音箱"图形。

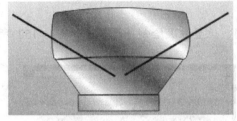

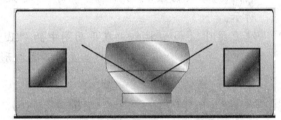

图5-144 绘制出的"天线" 　　　　　　　　图5-145 绘制出的"音箱"图形

25. 利用 工具分别为"电视柜"和"电视机"图形添加上阴影效果。

26. 至此，客厅中的家具及家电图形绘制完成，按 Ctrl+S 组合键，将此文件保存。
下面为餐厅、卫生间、厨房、阳台、卧室以及书房绘制各种家具。

绘制室内其他家具图形

1. 接上例。利用 和 工具依次绘制出如图 5-146 所示的图形，作为"椅子"。
2. 选择 工具，在弹出的【图样填充】对话框中设置各选项及参数如图 5-147 所示。
3. 单击 确定 按钮，填充图样后的图形效果如图 5-148 所示。

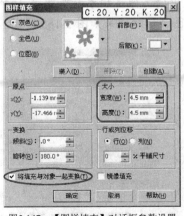

图5-146 绘制并调整出的"椅子" 　　图5-147 【图样填充】对话框参数设置 　　图5-148 填充图样后的图形效果

4. 用移动复制、旋转图形和水平镜像复制图形的方法，依次对"椅子"图形进行复制，然后将复制出的"椅子"图形分别放置到如图 5-149 所示的位置。

5. 利用 □ 工具在两组"椅子"图形中间绘制圆角矩形，作为"餐桌"，然后利用【编辑】/【复制属性自】命令为其复制"电视柜"图形的填充色，效果如图 5-150 所示。

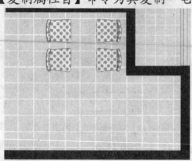

图5-149 复制出的"椅子"放置的位置

图5-150 复制属性后的图形效果

6. 利用 □ 工具为绘制的"椅子"和"餐桌"图形添加交互式阴影，效果如图 5-151 所示。

7. 继续利用 □ 和 ┌ 按钮，在平面图中的"卫生间"位置依次绘制并调整出如图 5-152 所示"洗手盆"、"浴盆"和"坐便器"等图形。

图5-151 添加阴影后的图形效果

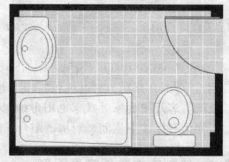

图5-152 绘制出的图形

8. 将如图 5-153 所示的"洗手盆台面"图形选择，然后选择 ▨ 工具，在弹出的【图样填充】对话框中点选【位图】单选项，再单击 装入(D)... 按钮，并在弹出的【导入】对话框中选择素材文件中"图库\第 05 章"目录下名为"大理石.jpg"的文件，单击 导入 按钮。

9. 设置【图样填充】对话框中的其他选项参数如图 5-154 所示，然后单击 确定 按钮，"洗手盆台面"图形填充图样后的效果如图 5-155 所示。

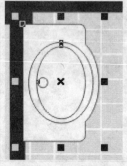

图5-153 选择的图形

图5-154 【图样填充】对话框参数设置

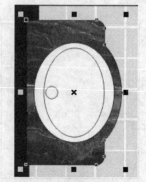

图5-155 填充图样后的图形效果

10. 选择"洗手盆"图形，然后选择 工具，弹出【渐变填充】对话框，设置各选项及参数如图 5-156 所示。

11. 单击　确定　按钮，然后将"洗手盆"图形中间的圆形填充为灰色（K:20），填充颜色后的"洗手盆"效果如图 5-157 所示。

12. 用与步骤 10～11 相同的方法，为"浴盆"和"坐便器"图形填充颜色，效果如图 5-158 所示。

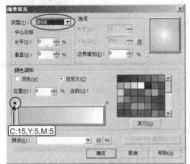

图5-156　【渐变填充】对话框

图5-157　填充效果

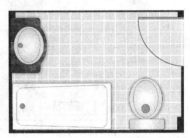

图5-158　填充颜色后的图形效果

13. 利用 、 和 工具，在"厨房"中绘制出如图 5-159 所示的"大理石台面"、"燃气灶"和"洗菜盆"等图形，然后在平面图中的"阳台"位置绘制并调整出如图 5-160 所示的"洗手盆"图形。

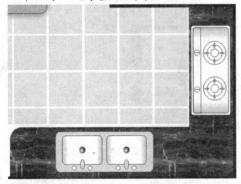

图5-159　绘制的"大理石台面"、"燃气灶"和"洗菜盆"

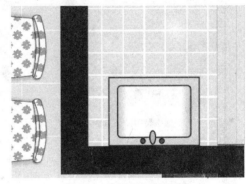

图5-160　绘制出的"洗手盆"

最后来绘制卧室和书房中摆放的各种家具。

14. 单击工具栏中的 按钮，将素材文件中"图库\第 05 章"目录下名为"地毯 02.psd"的文件导入，然后将其调整至合适的大小后放置到如图 5-161 所示的位置。

15. 利用 工具在"主卧室"内绘制出如图 5-162 所示的矩形，作为"床"图形。

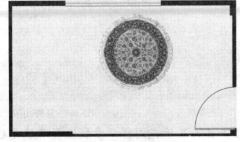

图5-161　导入的图片放置的位置

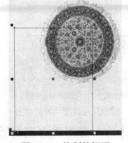

图5-162　绘制的矩形

16. 选择 工具，在弹出的【图样填充】对话框中设置各选项参数如图 5-163 所示，然后单击 确定 按钮，填充图样后的图形效果如图 5-164 所示。

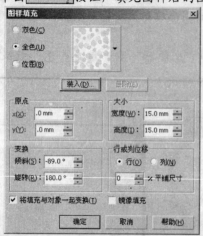

图5-163 【图样填充】对话框

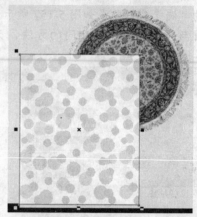

图5-164 填充后的图形效果

17. 利用 工具在"床头"位置绘制出如图 5-165 所示的淡黄色（Y:20）图形，然后利用 工具依次绘制出如图 5-166 所示的土黄色（M:20,Y:60,K:20）和深黄色（M:20,Y:100）圆角矩形。

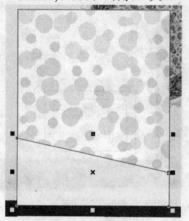

图5-165 绘制出的图形

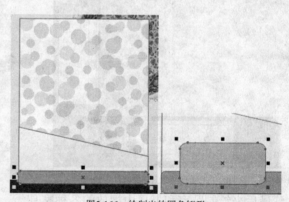

图5-166 绘制出的圆角矩形

18. 选择 工具，将鼠标光标移动到深黄色圆角矩形的中心位置，按下鼠标左键并向左拖曳，对图形进行扭曲变形，状态如图 5-167 所示，变形后的图形形态如图 5-168 所示。

19. 用移动复制图形的方法，将变形后的图形向右水平移动复制，复制出的图形如图 5-169 所示。

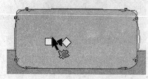

图5-167 交互式变形时的状态

图5-168 变形后的图形

图5-169 复制出的图形

20. 将两个变形图形同时选择，然后利用 工具为其填充图样，参数设置及填充后的效果如图 5-170 所示。

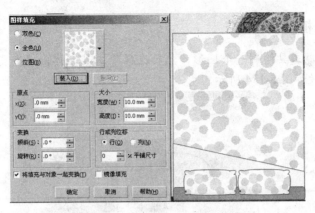

图5-170　参数设置及填充图样后的效果

21. 利用 🔲 和 ✂ 工具及移动复制操作，依次在"主卧室"中绘制出窗头柜、台灯、壁橱、写字台和电视等图形，如图 5-171 所示。

22. 用与绘制"主卧室"中图形相同的方法及移动复制操作，为"次卧室"添加图形，最终效果如图 5-172 所示。在移动复制图形时，注意图形大小和角度的调整。

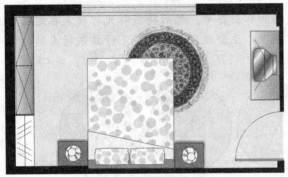

图5-171　绘制的图形

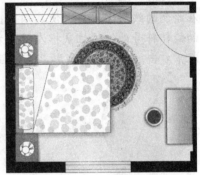

图5-172　绘制的图形

23. 利用相同的复制及图形绘制操作，绘制完成"书房"中的"桌子"、"椅子"以及"书橱"等图形，如图 5-173 所示，然后按 Ctrl+S 组合键，将此文件保存。

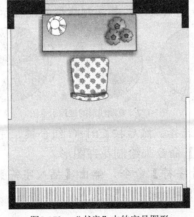

图5-173　"书房"中的家具图形

最后再来绘制一些绿色植物及花卉装饰室内空间，使绘制的平面布置图更加美观。

绘制绿色植物及花卉

1. 接上例。利用 ⊙ 工具绘制一个圆形，然后选择 ■ 工具，弹出【渐变填充】对话框，设置各选项及参数如图 5-174 所示。

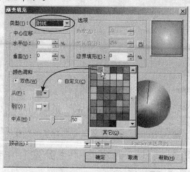

图5-174 【渐变填充】对话框参数设置

2. 单击 确定 按钮，为圆形填充渐变色，然后利用 ✍ 工具在圆形中绘制出如图 5-175 所示的线形。

3. 在绘制的线形上单击，使其周围出现旋转和扭曲符号，然后将鼠标光标放置在右上角的旋转符号处，按住鼠标左键向右下方拖曳，至合适位置后，在不释放鼠标左键的情况下右击，旋转复制线形，其过程示意图如图 5-176 所示。

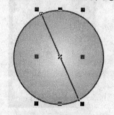

图5-175 绘制的线形

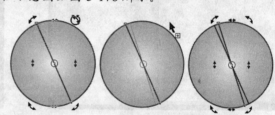

图5-176 旋转复制图形时的过程示意图

4. 执行【编辑】/【再制】命令（快捷键为 Ctrl+D 组合键），重复旋转复制线形，然后将生成的 3 条线形同时选择，再用旋转复制图形的方法，将其旋转复制，并按两次 Ctrl+D 组合键，重复旋转复制线形，其复制线形的过程示意图如图 5-177 所示。

图5-177 复制线形的过程示意图

5. 将绘制的圆形和线形同时选择，然后按 Ctrl+G 组合键，完成绿色植物的绘制。
   下面利用【插入符号字符】命令来绘制花卉图形。

6. 执行【文本】/【插入符号字符】命令，弹出【插入字符】面板，在【代码页】下拉列表中选择"1 252（ANSI-Latin I）"代码，然后在【字体】下拉列表中选择"Wingdings"字体。

7. 在【插入字符】面板中拖动字符列表右侧的滑块，选择如图 5-178 所示的图形，然后单击 插入(I) 按钮，将选择的图形插入到绘图窗口中。

8. 选择▓工具，在弹出的【渐变填充】对话框中设置各选项及参数如图 5-179 所示。

图5-178　【插入字符】对话框

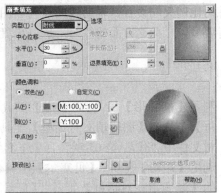

图5-179　【渐变填充】对话框参数设置

9. 单击 确定 按钮，图形填充渐变色后的效果如图 5-180 所示。

10. 将绘制的绿色植物和花卉图形依次移动复制，分别调整大小后进行组合，制作出如图 5-181 所示的植物组合效果。

图5-180　填充渐变色后的图形效果

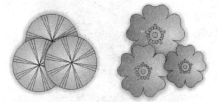

图5-181　制作出的植物组合效果

11. 利用移动复制图形的方法，将绿色植物和花卉图形分别移动到平面布置图中，完成平面布置图的绘制，最终效果如图 5-182 所示。按 Ctrl+S 组合键，将此文件保存。

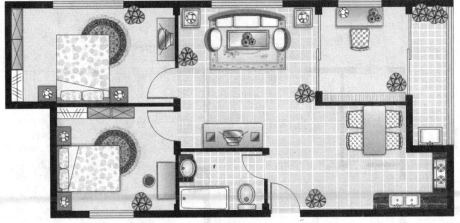

图5-182　绘制完成的平面布置图

小结

　　本章主要介绍了工具箱中的填充工具、轮廓工具以及各种编辑工具的应用。这些工具都是实际工作中经常用到的，特别是各种填充工具，它可以为图形填充各种各样的图案或底纹。本章最后的综合案例，通过介绍室内平面图和室内平面布置图的绘制方法，让读者进一步练习比例尺的设置、辅助线的设置、图形轮廓线的设置及图纸尺寸的标注等方法。课下，读者要多做一些这方面的练习，进一步巩固所学的知识。

操作题

1. 利用【椭圆形】工具、【矩形】工具、【形状】工具，并结合本章所学的【渐变填对话框】工具和【图样填充对话框】工具，绘制出如图 5-183 所示口杯图形。本作品参见素材文件中"作品\第 05 章"目录下名为"操作题 05-1.cdr"的文件。

2. 利用【矩形】工具、【贝塞尔】工具、【形状】工具，【椭圆形】工具，并结合本章所学的【渐变填充对话框】工具、【底纹填充对话框】工具和【PostScript 填充对话框】工具，绘制出如图 5-184 所示的少女装饰画。本作品参见素材文件中"作品\第 05 章"目录下名为"操作题 05-2.cdr"的文件。

图5-183　绘制的口杯图形

图5-184　绘制的少女装饰画

3. 综合运用前面学过的工具并结合本章的案例，自己动手绘制出如图 5-185 所示的室内平面图。作品参见素材文件中"作品\第 05 章"目录下名为"操作题 05-3.cdr"的文件。

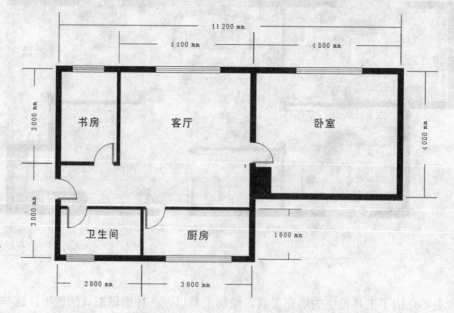

图5-185　绘制的室内平面图

4. 综合运用前面学过的工具并结合本章的案例，自己动手绘制出如图 5-186 所示的室内平面布置图。作品参见素材文件中"作品\第 05 章"目录下名为"操作题 05-4.cdr"的文件。布置图中导入的图片分别为素材文件中"图库\第 05 章"目录下名为"地毯03.psd"和"大理石.jpg"的文件。

图5-186　绘制的室内平面布置图

第6章　交互式工具

交互式工具包括【交互式调和】工具 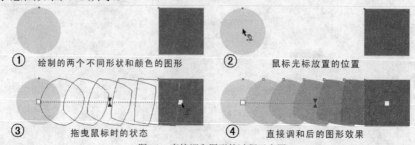、【交互式轮廓图】工具 、【交互式变形】工具 、【交互式阴影】工具 、【交互式封套】工具 、【交互式立体化】工具 和【交互式透明】工具 等，利用这些工具可以给图形进行调和、变形或添加轮廓、立体化、阴影及透明等效果。本章将对这些交互式工具的使用方法及属性设置进行详细介绍，并以实例的形式具体说明。

6.1　【交互式调和】工具

利用【交互式调和】工具 可以将一个图形经过形状、大小和颜色的渐变过渡到另一个图形上，且在这两个图形之间形成一系列的中间图形，这些中间图形显示了两个原始图形经过形状、大小和颜色的调和过程。

6.1.1　调和图形的操作

【交互式调和】工具在调和图形时有4种类型，分别为直接调和、手绘调和、沿路径调和、复合调和。默认情况下创建的为直接调和图形，且上面的图形为结束图形，下面图形为起始图形。

一、　直接调和图形的方法

绘制两个不同颜色的图形，然后选择【交互式调和】工具 ，将鼠标光标移动到其中一个图形上，当鼠标光标显示为 形状时，按住鼠标左键向另一个图形上拖曳，当在两个图形之间出现一系列的虚线图形时，释放鼠标左键即完成直接调和图形的操作。直接调和图形的过程示意图如图6-1所示。

① 绘制的两个不同形状和颜色的图形　② 鼠标光标放置的位置　③ 拖曳鼠标时的状态　④ 直接调和后的图形效果

图6-1　直接调和图形的过程示意图

二、　手绘调和图形的方法

绘制两个不同颜色的图形，然后选择【交互式调和】工具 ，按住 Alt 键，将鼠标光标移动到其中一个图形上，当鼠标光标显示为 形状时，按住鼠标左键并随意拖曳，绘制调和图形的路径，至第二个图形上释放鼠标左键，即可完成手绘调和图形的操作。手绘调和图形的过程示意图如图 6-2 所示。

| 绘制的两个图形 | 按住 Alt 键拖曳鼠标时的状态 | 手绘调和后的图形效果 |

图6-2 手绘调和图形的过程示意图

三、 沿路径调和图形的方法

先制作出直接调和图形并绘制一条路径（路径可以为任意的线形或图形），选择调和图形，单击工具栏中的【路径属性】按钮，在弹出的选项面板中选择【新路径】选项，此时鼠标光标将显示为 形状，将鼠标光标移动到绘制的路径上单击，即可创建沿路径调和的图形。创建沿路径调和图形后，单击工具栏中的【杂项调和选项】按钮，在弹出的选项面板中勾选【沿全路径调和】复选项，可以将图形完全按照路径进行调和。沿路径调和图形的过程示意图如图 6-3 所示。

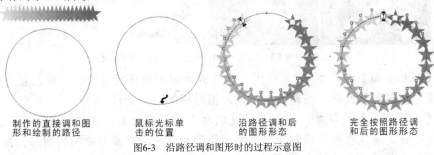

| 制作的直接调和图形和绘制的路径 | 鼠标光标单击的位置 | 沿路径调和后的图形形态 | 完全按照路径调和后的图形形态 |

图6-3 沿路径调和图形时的过程示意图

四、 复合调和图形的使用方法

先制作出直接调和图形并任意绘制一个新图形，选择直接调和图形，再选择 工具，然后将鼠标光标移动到直接调和图形的起始图形或结束图形上，当鼠标光标显示为 形状时，按住鼠标左键并向绘制的新图形上拖曳，当图形之间出现一些虚线轮廓时，释放鼠标左键即可完成复合调和图形的操作。复合调和图形的过程示意图如图 6-4 所示。

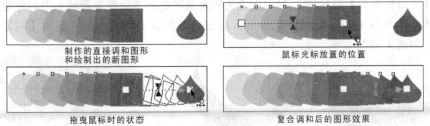

| 制作的直接调和图形和绘制出的新图形 | 鼠标光标放置的位置 |
| 拖曳鼠标时的状态 | 复合调和后的图形效果 |

图6-4 复合调和图形的过程示意图

6.1.2 属性设置

【交互式调和】工具 的属性栏如图 6-5 所示。

图6-5 【交互式调和】工具的属性栏

一、 预置设置

- 【预设列表】预设... ▼：在此下拉列表中可选择软件预设的调和样式。
- 【添加预设】按钮 ➕：单击此按钮，可将当前制作的调和样式保存。
- 【删除预设】按钮 ➖：单击此按钮，可将当前选择的调和样式删除。

二、 步数及调和设置

- 【使用确定步长和固定间距的调和】按钮 ：只有创建了沿路径调和的图形后，此按钮才可用。它确定了图形在路径上是按指定的步数还是固定的间距进行调和。
- 【步长或调和形状之间的偏移量】 20 ：在此文本框中可以设置两个图形之间层次的多少和中间调和图形之间的偏移量。图 6-6 所示为设置不同步数和偏移量值后图形的调和效果对比。

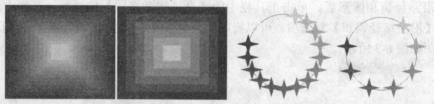

图6-6　设置不同的步长和偏移量时图形的调和效果对比

- 【调和方向】 .0 ° ：可以对调和后的中间图形进行旋转。当输入正值时，图形将逆时针旋转；当输入负值时，图形将顺时针旋转。
- 【环绕调和】按钮 ：当设置了【调和方向】选项后，此按钮才可用。激活此按钮，可以在两个调和图形之间围绕调和的中心点旋转中间的图形。图 6-7 所示为将【调和方向】设置为 "90" 时，不激活与激活 按钮时产生的图形效果对比。

三、 调和颜色设置

- 【直接调和】按钮 ：可用直接渐变的方式填充中间的图形。
- 【顺时针调和】按钮 ：可用代表色彩轮盘顺时针方向的色彩填充中间的图形。
- 【逆时针调和】按钮 ：可用代表色彩轮盘逆时针方向的色彩填充中间的图形。
- 【对象和颜色加速】按钮 ：单击此按钮，将弹出如图 6-8 所示的【对象和颜色加速】选项面板。

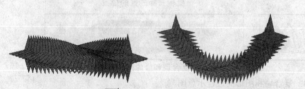

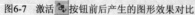

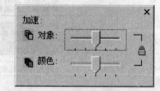

图6-7　激活 按钮前后产生的图形效果对比　　　　图6-8　【对象和颜色加速】选项面板

 当选项面板中的【锁定】按钮 处于激活状态时，通过拖曳滑块的位置将同时调整【对象】和【颜色】的加速效果。

　　　　　　【对象】：拖曳滑块的位置，可以对渐变路径上的图形分布进行调整。
　　　　　　【颜色】：拖曳滑块的位置，可以对渐变路径上的色彩分布进行调整。

- 【加速调和时的大小调整】按钮 ▣：激活此按钮，调和图形的对象加速时，将影响中间图形的大小。
- 【杂项调和选项】按钮 ▣：单击此按钮，将弹出如图 6-9 所示的选项面板。

　　【映射节点】按钮 ▣：单击此按钮，先在起始图形的指定节点上单击，然后在结束图形上的指定节点上单击，可以调节调和图形的对齐点。

　　【拆分】按钮 ▣：单击此按钮，然后在要拆分的图形上单击，可将该图形从调和图形中拆分出来。此时调整该图形的位置，会发现直接调和图形变为复合调和图形。

　　【熔合始端】按钮 ▣ 和【熔合末端】按钮 ▣：按住 Ctrl 键单击复合调和图形中的某一直接调合图形，然后单击 ▣ 按钮或 ▣ 按钮，可将该段直接调和图形之前或之后的复合调和图形转换为直接调和图形。

　　【沿全路径调和】：勾选此复选项，可将沿路径排列的调合图形跟随整个路径排列。

　　【旋转全部对象】：勾选此复选项，沿路径排列的调和图形将跟随路径的形态旋转。不勾选与勾选此项时的调和效果对比如图 6-10 所示。

图6-9　【杂项调和选项】选项面板　　　　　图6-10　不勾选与勾选此项时的调和效果对比

 只有选择手绘调和或沿路径调和的图形时，【沿全路径调和】和【旋转全部对象】复选项才可用。

- 【起始和结束对象属性】按钮 ▣：单击此按钮，将弹出如图 6-11 所示的【起始和结束对象属性】的选项面板，在此面板中可以重新选择图形调和的起点或终点。

　　【新起点】：选择此选项，再单击指定的图形，可将该图形设置为调和图形的新起始图形。

　　【显示起点】：选择此选项，可在调和图形（除复合调和图形外）中，将起始图形选择。

　　【新终点】：选择此选项后，再单击指定的图形，可将该图形设置为调和图形的新结束图形。

　　【显示终点】：选择此选项，可在调和图形（除复合调和图形外）中将结束图形选择。

- 【路径属性】按钮 ▣：单击此按钮，将弹出如图 6-12 所示的【路径属性】选项面板。在此面板中，可以为选择的调和图形指定路径或将路径在沿路径调和的图形中分离。

图6-11　【起始和结束对象属性】选项面板　　　　图6-12　【路径属性】选项面板

【新路径】: 可将直接调和图形转换为沿路径调和图形。

【显示路径】: 可将手绘调和图形或沿路径调和图形中的路径显示出来
且处于选择状态, 便于对其进行调整。

【从路径分离】按钮 : 单击此按钮, 可将手绘调和图形或沿路径调和图
形中的路径在整体图形中分离出来, 并将调和图形转换为直接调和图形。

四、 其他按钮

- 【复制调和属性】按钮 : 单击此按钮, 然后在其他的调和图形上单击, 可
  以将单击的调和图形属性复制到当前选择的调和图形上。

- 【清除调和】按钮 : 单击此按钮, 可以将当前选择调和图形的调和属性清
  除, 恢复为原来单独的图形形态。

> **要点提示** 和 按钮在其他一些交互式工具的工具栏中也有, 使用方法与【交互式调和】工具的相
> 同, 在后面讲到其他交互式工具的属性栏时将不再介绍。

6.1.3 制作珍珠字效果

下面利用【交互式调和】工具来制作珍珠字效果。

制作珍珠字

1. 按 Ctrl + N 组合键, 新建一个图形文件。
2. 选择 工具, 绘制天蓝色 (C:100,M:70) 的无轮廓矩形, 然后利用 工具绘制一个小
   的圆形。
3. 选择 工具, 弹出【渐变填充】对话框, 设置各选项及参数如图 6-13 所示。
4. 单击 确定 按钮, 然后将圆形的外轮廓线去除, 填充渐变色后的图形效果如图 6-14
   所示。

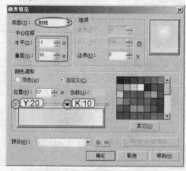

图6-13 【渐变填充】对话框

图6-14 填充渐变色后的效果

5. 将圆形水平向右移动复制, 然后选择 工具, 将鼠标光标移动到左侧的圆形上, 按下
   鼠标左键并向右侧的圆形上拖曳, 对两个圆形进行交互式调和, 状态如图 6-15 所示。

图6-15 调和图形时的状态

6. 释放鼠标左键, 即可将两个圆形调和。

7. 利用 字 工具输入如图 6-16 所示的黑色文字，字体为"汉仪综艺体简"（读者也可自行选择需要的字体）。

8. 在【调色板】中的"白"色块上单击鼠标右键，将文字的轮廓线颜色设置为白色，然后单击【调色板】上方的⊠按钮，将文字的填充颜色去除，文字效果如图 6-17 所示。

图6-16　输入的文字

图6-17　修改属性后的文字效果

9. 利用 ▷ 工具选择调和图形，然后单击工具栏中的 ↘ 按钮，在弹出的选项面板中选择【新路径】选项，此时鼠标光标显示为 ✔ 形状。

10. 将鼠标光标移动到如图 6-18 所示的文字轮廓线上单击，将调和后的图形沿文字轮廓调和，效果如图 6-19 所示。

图6-18　鼠标光标单击的位置

图6-19　沿路径调和后的效果

11. 在属性栏中将 ▵ 700 ▵▾ 的参数设置为"700"，然后单击属性栏中的 ↪ 按钮，在弹出的面板中勾选【沿全路径调和】复选项，此时的调和效果如图 6-20 所示。

图6-20　制作的珍珠字效果

12. 按 Ctrl+S 组合键，将此文件命名为"珍珠字.cdr"保存。

6.2　【交互式轮廓图】工具

　　【交互式轮廓图】工具的工作原理与【交互式调和】工具的相同，都是利用渐变的步数来使图形产生调和效果。但【交互式调和】工具必须用于两个或两个以上的图形，而【交互式轮廓图】工具只需要一个图形即可。

6.2.1　设置轮廓效果

　　选择要添加轮廓的图形，然后选择【交互式轮廓图】工具 ▣，再单击属性栏中相应的轮廓图样式按钮（【到中心】 ▣、【向内】 ▣ 或【向外】 ▣），即可为选择的图形添加相应的交互式轮廓图效果。选择 ▣ 工具后再在图形上拖曳鼠标光标，也可为图形添加交互式轮廓图效果。使用此工具制作的字母轮廓图效果如图 6-21 所示。

图6-21 为字母制作的轮廓图效果

要点提示 当图形添加交互式轮廓图样式后，在属性栏中可以设置轮廓的步长、偏移量及最后一个轮廓的轮廓色、填充色或结束色。

6.2.2 属性设置

【交互式轮廓图】工具■的属性栏如图 6-22 所示。

| 预设... | ▼ | 十 | ─ | x: 101.96 mm | ↔ 85.789 mm | ⊕ ⊞ ⊞ ⊟ | ⊿ 10 | ⇕ | ⊟ 2.54 mm | ⇕ | ⊠ ⊞ ⊞ | ■ ▼ | ⬚ ▼ | ⬚ ▼ | ⊞ ⊚ |
| y: 129.248 mm | ↕ 52.014 mm |

图6-22 【交互式轮廓图】工具的属性栏

- 【到中心】按钮⊞：单击此按钮，可以产生使图形的轮廓由图形的外边缘逐步缩小至图形的中心的调和效果。

- 【向内】按钮⊞：单击此按钮，可以产生使图形的轮廓由图形的外边缘向内延伸的调和效果。

- 【向外】按钮⊞：单击此按钮，可以产生使图形的轮廓由图形的外边缘向外延伸的调和效果。

- 【轮廓图步长】⊿ 10：用于设置生成轮廓数目的多少。数值越大，产生的轮廓层次越多。当选择⊞按钮时此选项不可用。

- 【轮廓图偏移】⊟ 2.54 mm：用于设置轮廓之间的距离。数值越大，轮廓之间的距离越大。

- 【轮廓色】按钮◇■▼和【填充色】按钮◇□▼：单击相应按钮，可在弹出的【颜色选项】面板中为轮廓图最后一个轮廓图形设置轮廓色或填充色。当在【颜色选项】面板中单击 其它(O)... 按钮时，可在弹出的【选择颜色】对话框中设置新的颜色。

- 【渐变填充结束色】按钮■▼：当添加轮廓图效果的图形为渐变填充时，此按钮才可用。单击此按钮，可在弹出的【颜色选项】面板中设置最后一个轮廓图形渐变填充的结束色。

6.2.3 制作霓虹灯字体效果

下面利用【交互式轮廓图】工具来制作霓虹灯字体效果。

🔑 制作霓虹字

1. 按 Ctrl+N 组合键，新建一个图形文件。
2. 利用□工具绘制一个黑色的无轮廓矩形，然后利用字工具输入如图 6-23 所示的洋红色（M:100）文字，字体为"汉鼎简特圆"。

图6-23 输入的文字

3. 选择 ▣ 工具，并激活属性栏中的 ⊞ 按钮，再设置 ◁5 ▼ 的值为"5"， ■.6mm ▼ 的值为 "0.6 mm"，【填充色】为白色，效果如图 6-24 所示。

图6-24 制作的霓虹灯效果字

4. 按 Ctrl+S 组合键，将此文件命名为"霓虹字.cdr"保存。

6.3 【交互式变形】工具

利用【交互式变形】工具 ⊠ 可以给图形创建特殊的变形效果，包括【推拉变形】⊠、【拉链变形】⊙ 和【扭曲变形】⊗ 等几种方式。

6.3.1 变形操作

【推拉变形】方式可以通过将图形向不同的方向拖曳，从而将图形边缘推进或拉出。具体操作为：选择图形，然后选择 ⊠ 工具，激活属性栏中的 ⊠ 按钮，再将鼠标光标移动到选择的图形上，按下鼠标左键并水平拖曳。当向左拖曳时，可以使图形边缘推向图形的中心，产生推进变形效果；当向右拖曳时，可以使图形边缘从中心拉开，产生拉出变形效果。拖曳到合适的位置后，释放鼠标左键即可完成图形的变形操作。

【拉链变形】方式可以将当前选择的图形边缘调整为带有尖锐的锯齿状轮廓效果。具体操作为：选择图形，然后选择 ⊠ 工具，并激活属性栏中的 ⊙ 按钮，再将鼠标光标移动到选择的图形上按下鼠标左键并拖曳，至合适位置后释放鼠标左键即可为选择的图形添加拉链变形效果。

【扭曲变形】方式可以使图形绕其自身旋转，产生类似螺旋形效果。具体操作为：选择图形，然后选择 ⊠ 工具，并激活属性栏中的 ⊗ 按钮，再将鼠标光标移动到选择的图形上，按下鼠标左键确定变形的中心，然后拖曳鼠标光标绕变形中心旋转，释放鼠标左键后即可产生扭曲变形效果。

图 6-25 所示为使用这 3 种不同的变形工具时，对同一个图形产生的不同变形效果。

原图形　　　推拉变形　　　拉链变形　　　扭曲变形

图6-25 原图与变形后的效果

6.3.2 属性设置

在【交互式变形】工具的属性栏中激活不同的按钮，其选项参数也各不相同。

一、推拉变形

当激活【交互式变形】工具属性栏中的按钮时，其相对应的属性栏如图 6-26 所示。

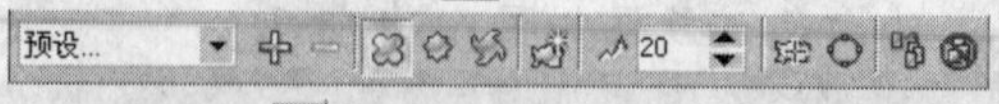

图6-26　激活按钮时【交互式变形】工具的属性栏

- 【添加新的变形】按钮：单击此按钮，可以将当前的变形图形作为一个新的图形，从而可以再次对此图形进行变形。

> **要点提示** 因为图形最大的变形程度取决于【推拉失真振幅】值的大小，如果图形需要的变形程度超过了它的取值范围，则在图形的第一次变形后单击按钮，然后再对其进行第二次变形即可。

- 【推拉失真振幅】：可以设置图形推拉变形的振幅大小。设置范围为"﹣200～200"。当参数为负值时，可将图形进行推进变形；当参数为正值时，可以对图形进行拉出变形。此数值的绝对值越大，变形越明显，如图 6-27 所示为原图与设置不同参数时图形的变形效果对比。

原图　　　　　　　参数为"30"时的变形效果　　　　参数为"﹣30"时的变形效果

图6-27　原图与设置不同参数时图形的变形效果对比

- 【中心变形】按钮：单击此按钮，可以确保图形变形时的中心点位于图形的中心点。

二、拉链变形

当激活【交互式变形】工具属性栏中的按钮时，其相对应的属性栏如图 6-28 所示。

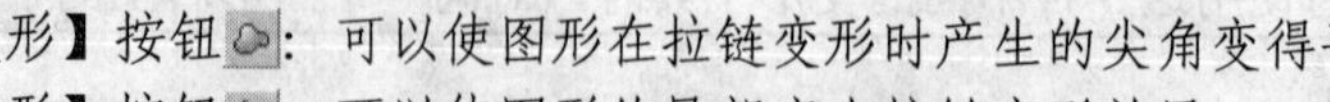

图6-28　激活按钮时【交互式变形】工具的属性栏

- 【拉链失真振幅】：用于设置图形的变形幅度，设置范围为 0～100。
- 【拉链失真频率】：用于设置图形的变形频率，设置范围为 0～100。
- 【随机变形】按钮：可以使当前选择的图形根据软件默认的方式进行随机性的变形。
- 【平滑变形】按钮：可以使图形在拉链变形时产生的尖角变得平滑。
- 【局部变形】按钮：可以使图形的局部产生拉链变形效果。

分别使用以上 3 种变形方式时图形的变形效果如图 6-29 所示。

默认的变形图形　　　随机变形　　　平滑变形　　　局部变形

图6-29　使用不同变形方式时图形的变形效果

三、 扭曲变形

当激活【交互式变形】工具属性栏中的 ⚙ 按钮时，其相对应的属性栏如图 6-30 所示。

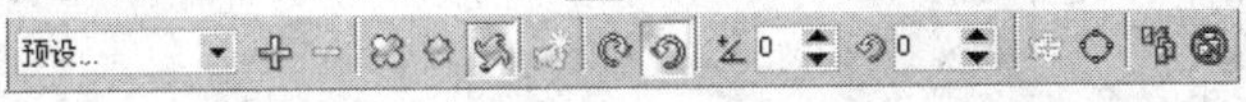

图6-30 激活 ⚙ 按钮时【交互式变形】工具的属性栏

- 【顺时针旋转】按钮 ⚙ 和【逆时针旋转】按钮 ⚙：设置图形变形时的旋转方向。单击 ⚙ 按钮，可以使图形按顺时针方向旋转；单击 ⚙ 按钮，可以使图形按逆时针方向旋转。

- 【完全旋转】 %⁰：用于设置图形绕旋转中心旋转的圈数，设置范围为 "0～9"。如图 6-31 所示为设置 "1" 和 "3" 时图形的旋转效果。

- 【附加角度】 ⚙⁰：用于设置图形旋转的角度，设置范围为 "0～359"。如图 6-32 所示为设置 "150" 和 "300" 时图形的变形效果。

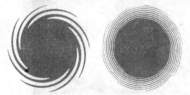

图6-31 设置不同旋转圈数时图形的旋转效果

图6-32 设置不同旋转角度后的图形变形效果

6.3.3 绘制装饰花卉

下面利用【交互式变形】工具来绘制花卉图形。

🔑 绘制装饰花卉

1. 按 Ctrl + N 组合键，新建一个图形文件。
2. 单击工具栏中的 🔲 按钮，将素材文件中 "图库\第 06 章" 目录下名为 "花卉背景.jpg" 的文件导入，如图 6-33 所示。
3. 选择 ⬡ 工具，将属性栏中 ⬡5 的参数设置为 "5"，然后按住 Ctrl 键，在画面中绘制出如图 6-34 所示的五边形。

图6-33 导入的图片

图6-34 绘制的五边形

4. 选择 🗘 工具，激活属性栏中的 ⚙ 按钮，将鼠标光标移动到五边形的中心位置按下鼠标左键并向左拖曳，对图形进行拉伸变形，状态如图 6-35 所示，释放鼠标左键后得到如图 6-36 所示的变形图形。

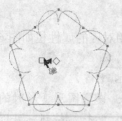

图6-35 变形时的状态　　　　　　　　　　　图6-36 变形后的形态

5. 将图形填充白色，然后移动放置到如图 6-37 所示的位置。

6. 按住 Shift 键，将鼠标光标在右上角的控制点上，按下鼠标左键向内等比例缩小图形，在不释放鼠标左键的同时再右击，等比例缩小复制出一个图形，如图 6-38 所示。

图6-37 图形放置的位置　　　　　　　　　　图6-38 复制出的图形

7. 选择 ■ 工具，在【渐变填充】对话框中设置选项及渐变颜色如图 6-39 所示。单击 确定 按钮，渐变颜色效果如图 6-40 所示。

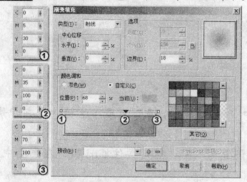

图6-39 【渐变填充】对话框　　　　　　　　图6-40 渐变颜色效果

8. 选择 ○ 工具，绘制一个小的白色圆形，将轮廓颜色设置为橘黄色（M:30,Y:85），在属性栏中设置 .5 mm 为 "0.5mm"，绘制的图形如图 6-41 所示。

9. 在图形上再次单击将出现旋转控制符号，然后将旋转中心移动到如图 6-42 所示的位置。

10. 按住 Ctrl 键拖动旋转控制符号，当跳跃一次到如图 6-43 所示的位置时，在不释放鼠标左键的同时再单击鼠标右键，旋转复制出一个图形，如图 6-44 所示。

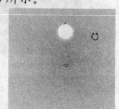

图6-41 绘制的图形　　　　　图6-42 移动旋转中心位置　　　　　图6-43 旋转状态

11. 连续按 Ctrl+R 组合键，重复旋转复制出如图 6-45 所示的图形。
12. 再选择其中的一个图形，按下鼠标左键移动其位置，在不释放鼠标左键的同时再右击移动复制出一个图形，如图 6-46 所示。

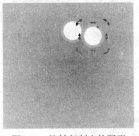

图6-44　旋转复制出的图形

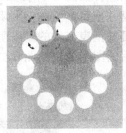

图6-45　旋转复制出的图形

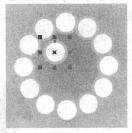

图6-46　移动复制出的图形

13. 使用相同的移动复制方法，再移动复制出 4 个图形，如图 6-47 所示。
14. 将大的白色图形和橘红色图形的轮廓线去除。利用 和 工具以及移动复制操作，制作出如图 6-48 所示的图形，颜色填充为灰色（K:10）。
15. 单击属性栏中的 按钮将其群组，然后执行【排列】/【顺序】/【置于此对象前】命令，将图形调整到如图 6-49 所示的位置。

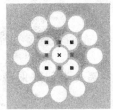

图6-47　复制出的图形

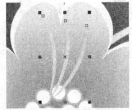

图6-48　制作的图形

图6-49　调整位置

16. 使用旋转复制操作，旋转复制得到如图 6-50 所示的图形。
17. 将绘制的图形全部选择后群组，然后利用移动复制操作复制出 5 个图形，分别调整大小后放置在如图 6-51 所示的画面位置。

图6-50　复制出的图形

图6-51　复制出的图形

18. 按 Ctrl+S 组合键，将此文件命名为"花卉.cdr"保存。

6.4 【交互式阴影】工具

利用【交互式阴影】工具 可以为矢量图形或位图图像添加阴影效果。

6.4.1 图形阴影设置

利用【交互式阴影】工具可以在选择的图形上添加两种情况的阴影。一种是将鼠标光标放置在图形的中心点上按下鼠标左键并拖曳产生的偏离阴影，另一种是将鼠标光标放置在除图形中心点以外的区域按下鼠标左键并拖曳产生的倾斜阴影。添加的阴影不同，属性栏中的可用参数也不同。应用交互式阴影后的图形效果如图 6-52 所示。

图6-52　制作的阴影效果

6.4.2 属性设置

【交互式阴影】工具 □ 的属性栏如图 6-53 所示。

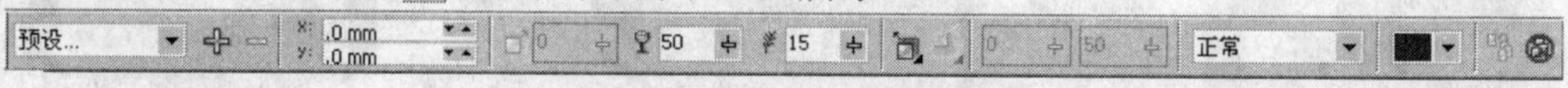

图6-53　【交互式阴影】工具的属性栏

- 【阴影偏移】 ：用于设置阴影与图形之间的偏移距离。当创建偏移阴影时，此选项才可用。
- 【阴影角度】 ：用于调整阴影的角度，设置范围为 "-360～360"。当创建倾斜阴影时，此选项才可用。
- 【阴影的不透明】 ：用于调整生成阴影的不透明度，设置范围为 "0～100"。当为 "0" 时，生成的阴影完全透明；当为 "100" 时，生成的阴影完全不透明。
- 【阴影羽化】 ：用于调整生成阴影的羽化程度。数值越大，阴影边缘越虚化。
- 【阴影羽化方向】按钮 ：单击此按钮，将弹出如图 6-54 所示的【羽化方向】选项面板，利用此面板可以为交互式阴影选择羽化方向的样式。
- 【阴影羽化边缘】按钮 ：单击此按钮，将弹出如图 6-55 所示的【羽化边缘】选项面板，利用此面板可以为交互式阴影选择羽化边缘的样式。注意，当在【羽化方向】选项面板中选择【平均】选项时，此按钮不可用。

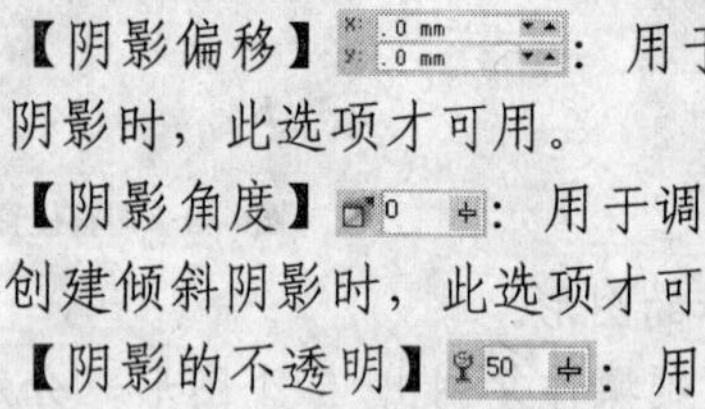

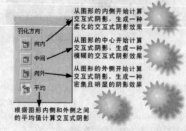

图6-54　【羽化方向】选项面板

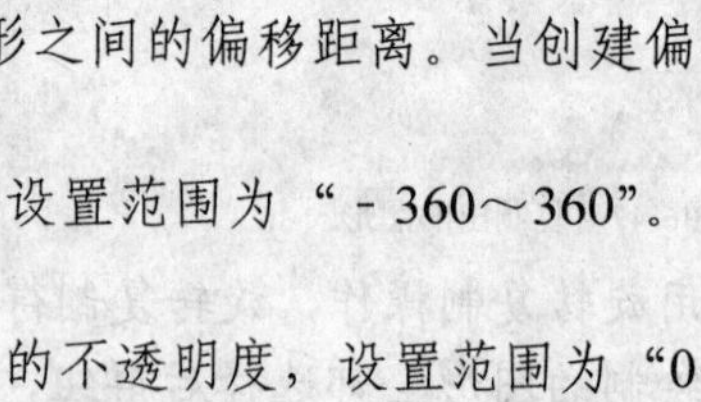

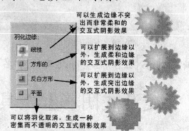

图6-55　【羽化边缘】选项面板

- 【淡出】 [0 ⊞]：当创建倾斜阴影时，此选项才可用。用于设置阴影的淡出效果，设置范围为 "0～100"。数值越大，阴影淡出的效果越明显。如图 6-56 所示为原图与调整【淡出】参数后的阴影效果。
- 【阴影延展】 [50 ⊞]：当创建倾斜阴影时，此选项才可用。用于设置阴影的延伸距离，设置范围为 "0～100"。数值越大，阴影的延展距离越长。如图 6-57 所示为原图与调整【阴影延展】参数后的阴影效果。

图6-56　原图与调整【淡出】参数后的效果　　　　图6-57　原图与调整【阴影延展】参数后的效果

- 【透明度操作】 [正常 ▾]：用于设置阴影的透明度样式。
- 【阴影颜色】按钮 [■▾]：单击此按钮，可以在弹出的【颜色】选项面板中设置阴影的颜色。

6.4.3　制作阴影效果

下面利用【交互式阴影】工具来为人物图像添加阴影效果。

🔑　制作阴影效果

1. 按 [Ctrl]+[N] 组合键，新建一个图形文件。
2. 单击工具栏中的 [▣] 按钮，将素材文件中 "图库\第 06 章" 目录下名为 "卡通人物.pad" 的文件导入，如图 6-58 所示。

图6-58　导入的图片

3. 执行【排列】/【取消群组】命令，将分层格式的图片取消群组。
4. 利用 [▹] 工具将左侧的人物图片选中，然后选择 [▫] 工具，将鼠标光标移动到图片的下方位置向右上方拖曳，为图片添加交互式阴影效果，状态如图 6-59 所示。释放鼠标左键后，添加的交互式阴影效果如图 6-60 所示。

图6-59　拖曳鼠标光标时的状态　　　　　　　　图6-60　添加的阴影效果

5. 将属性栏中 [ℓ30 ⊞] 和 [⌗0 ⊞] 的参数分别设置为 "30" 和 "0"，修改交互式阴影的不透明度和羽化参数后的阴影效果如图 6-61 所示。

6. 用与步骤 3 相同的方法，为中间的人物图形添加交互式阴影效果，阴影的属性设置及效果如图 6-62 所示。

图6-61 修改属性参数后的阴影效果

图6-62 添加的阴影效果

7. 继续为右侧的人物图形添加交互式阴影效果，然后设置属性栏中的选项参数及调整后的阴影效果如图 6-63 所示。

图6-63 添加的阴影效果

8. 按 Ctrl+S 组合键，将此文件命名为"阴影效果.cdr"保存。

6.5 【交互式封套】工具

利用【交互式封套】工具 可以在图形或文字的周围添加带有控制点的蓝色虚线框，通过调整控制点的位置，可以很容易地对图形或文字进行变形。

6.5.1 图形封套设置

选择【交互式封套】工具 ，在需要为其添加交互式封套效果的图形或文字上单击将其选择，此时在图形或文字的周围将显示带有控制点的蓝色虚线框，将鼠标光标移动到控制点上拖曳，即可调整图形或文字的形状。应用交互式封套效果后的文字效果如图 6-64 所示。

图6-64 应用交互式封套后的文字效果

6.5.2　属性设置

【交互式封套】工具 的属性栏如图 6-65 所示。

图6-65　【交互式封套】工具的属性栏

(1)　封套模式

- 【封套的直线模式】按钮⬚：此模式可以制作一种基于直线形式的封套。激活此按钮，可以沿水平或垂直方向拖曳封套的控制点来调整封套的一边。此模式可以为图形添加类似于透视点的效果。如图 6-66 所示为原图与激活⬚按钮后调整出的效果对比。

- 【封套的单弧模式】按钮⬚：此模式可以制作一种基于单圆弧的封套。激活此按钮，可以沿水平或垂直方向拖曳封套的控制点，在封套的一边制作弧线形状。此模式可以使图形产生凹凸不平的效果。如图 6-67 所示为原图与激活⬚按钮后调整出的效果对比。

图6-66　原图与激活⬚按钮后调整出的效果对比

图6-67　原图与激活⬚按钮后调整出的效果对比

- 【封套的双弧模式】按钮⬚：此模式可以制作一种基于双弧线的封套。激活此按钮，可以沿水平或垂直方向拖曳封套的控制点，在封套的一边制作"S"形状。如图 6-68 所示为原图与激活⬚按钮后调整出的图形效果对比。

- 【封套的非强制模式】按钮✍：此模式可以制作出不受任何限制的封套。激活此按钮，可以任意调整选择的控制点和控制柄。如图 6-69 所示为原图与激活✍按钮后调整出的效果对比。

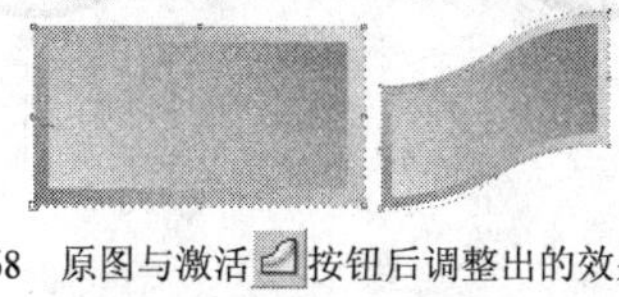

图6-68　原图与激活⬚按钮后调整出的效果对比

图6-69　原图与激活✍按钮后调整出的效果对比

当使用直线模式、单弧模式或双弧模式对图形进行编辑时，按住 Ctrl 键，可以对图形中相对的节点一起进行同一方向的调节；按住 Shift 键，可以对图形中相对的节点一起进行反方向的调节；按住 Ctrl+Shift 组合键，可以对图形 4 条边或 4 个角上的节点同时调节。

(2)　【添加新封套】按钮🔲：当对图形使用封套变形后，单击此按钮，可以再次为图形添加新封套，并进行编辑变形操作。

(3)　【映射模式】 自由变形 ▼：用于选择封套改变图形外观的模式。

- 【水平】：选择此选项，在扩展或水平压缩图形时，可使图形与封套的形态基本吻合；在垂直压缩图形时，图形将最大程度地以选择框的边缘对齐。

- 【原始的】：选择此选项，在扩展或压缩图形时，封套变形框各节点将沿着图形选择框的边缘对齐。

- 【自由变形】：此选项与【原始的】选项相似，只是这种模式产生的变形较小，且生成更平滑、更圆的图形。

- 【垂直】: 选择此选项, 在扩展或垂直压缩图形时, 可以使图形与封套的形状基本吻合; 在水平压缩图形时, 图形最大程度地以选择框的边缘对齐。

(4) 【保留线条】按钮: 激活此按钮, 为图形添加封套变形效果时, 将保持图形中的直线不被转换为曲线。

(5) 【创建封套自】按钮: 单击此按钮, 然后将鼠标光标移动到图形上单击, 可将单击图形的形状为选择的封套图形添加新封套。

6.5.3 制作变形文字

下面利用【交互式封套】工具来制作变形文字效果。

制作变形文字

1. 按 Ctrl+N 组合键, 新建一个图形文件。
2. 单击工具栏中的 按钮, 将素材文件中 "图库\第 06 章" 目录下名为 "音响.jpg" 的文件导入, 如图 6-70 所示。
3. 选择 工具, 在画面中输入如图 6-71 所示的洋红色 (M:100) 文字。

图6-70 导入的图片

图6-71 输入的文字

4. 选择 工具, 在文字周围将出现蓝色虚线框。
5. 将鼠标光标放置到上边中间的控制点上拖曳以调整变形框, 其状态如图 6-72 所示, 变形后的文字形态如图 6-73 所示。

图6-72 拖曳控制点时的状态

图6-73 变形后的文字形态

6. 将下边中间的控制点也向上调整到如图 6-74 所示的位置。

7. 再分别调整一下 4 个角上的控制点，将文字调整成如图 6-75 所示的形态。

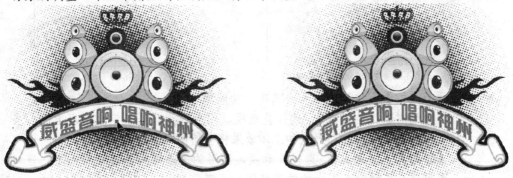

图6-74 拖曳控制点时的状态   图6-75 变形后的文字形态

8. 按 $\boxed{Ctrl}$+$\boxed{S}$ 组合键，将此文件命名为"变形文字.cdr"保存。

6.6 【交互式立体化】工具

利用【交互式立体化】工具 🔲 可以通过图形的形状向设置的消失点延伸，从而使二维图形产生逼真的三维立体效果。

6.6.1 立体化设置

选择 🔲 工具，在需要添加交互式立体化效果的图形上单击将其选择，然后拖曳鼠标光标即可为图形添加立体化效果，如图 6-76 所示。

图6-76 原图与制作的立体化效果

6.6.2 属性设置

【交互式立体化】工具 🔲 的属性栏如图 6-77 所示。

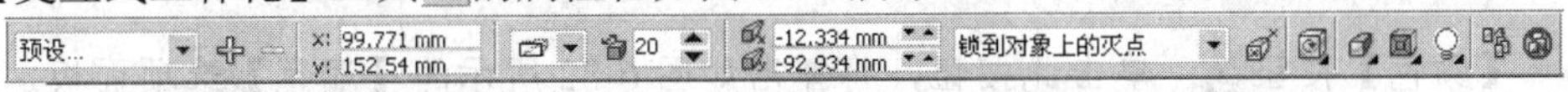

图6-77 【交互式立体化】工具的属性栏

- 【立体化类型】：其下拉列表中包括预设的 6 种不同的立体化样式，当选择其中任意一种时，可以将选择的立体化图形变为与选择的立体化样式相同的立体效果。
- 【深度】：用于设置立体化的立体进深，设置范围为"1～99"。数值越大立体化深度越大。如图 6-78 所示为设置不同的【深度】参数时图形产生的立体化效果对比。
- 【灭点坐标】：用于设置立体图形灭点的坐标位置。灭点是指图形各点延伸线向消失点处延伸的相交点，如图 6-79 所示。

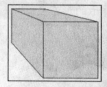 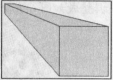 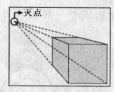

图6-78　设置不同参数时的立体化效果对比　　　　　　　　图6-79　立体化的灭点

- 在【灭点属性】下拉列表中 4 个选项，功能如下。

    【锁到对象上的灭点】：选择此选项，图形的灭点是锁定到图形上的。当对图形进行移动时，灭点和立体效果将会随图形的移动而移动。

    【锁到页上的灭点】：选择此选项，图形的灭点将被锁定到页面上。当对图形进行移动时，灭点的位置将保持不变。

    【复制灭点，自…】：选择此选项，鼠标光标将变为 形状，此时将鼠标光标移动到绘图窗口中的另一个立体化图形上单击，可以将该立体化图形的灭点复制到选择的立体化图形上。

    【共享灭点】：选择此选项，鼠标光标将变为 形状，此时将鼠标光标移动到绘图窗口中的另一个立体化图形上单击，可以使该立体化图形与选择的立体化图形共同使用一个灭点。

- 【VP 对象/VP 页面】按钮 ：不激活此按钮时，可以将灭点以立体化图形为参考，此时【灭点坐标】中的数值是相对于图形中心的距离。激活此按钮，可以将灭点以页面为参考，此时【灭点坐标】中的数值是相对于页面坐标原点的距离。

- 【立体的方向】按钮 ：单击此按钮，将弹出如图 6-80 所示的选项面板。将鼠标光标移动到面板中，当鼠标光标变为 形状时按下鼠标左键拖曳，旋转此面板中的数字按钮，可以调节立体图形的视图角度。

    按钮：单击该按钮，可以将旋转后立体图形的视图角度恢复为未旋转时的形态。

    按钮：单击该按钮，【立体的方向】面板将变为【旋转值】选项面板，通过设置【旋转值】面板中的【X】、【Y】和【Z】的参数，也可以调整立体化图形的视图角度。

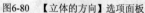
要点提示　在选择的立体化图形上再次单击，将出现如图 6-81 所示的旋转框，在旋转框内按下鼠标左键并拖曳，也可以旋转立体图形。

- 【颜色】按钮 ：单击此按钮，将弹出如图 6-82 所示的【颜色】选项面板。

 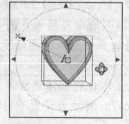 

图6-80　【立体的方向】选项面板　　　　图6-81　出现的旋转框　　　　图6-82　【颜色】选项面板

    【使用对象填充】按钮 ：激活该按钮可使当前选择图形的填充色应用到整个立体化图形上。

【使用纯色】按钮 ◢：激活该按钮，可以通过单击 ▦▾ 按钮，再在弹出的【颜色】面板中设置任意的单色填充立体化面。

【使用递减的颜色】按钮 ◢：激活该按钮，可以沿着立体化面的长度渐变填充设置的【从】▦▾ 颜色和【到】▦▾ 颜色。

分别激活以上 3 种按钮时，设置立体化颜色后的效果如图 6-83 所示。

图6-83　使用不同的颜色按钮时图形的立体化效果

- 【斜角修饰边】按钮 ◨：单击此按钮，将弹出如图 6-84 所示的【斜角修饰边】选项面板。利用此面板可以将立体变形后的图形边缘制作成斜角效果，使其具有更光滑的外观。勾选【使用斜角修饰边】复选项后，此对话框中的选项才可以使用。

    【只显示斜角修饰边】：勾选此复选项，将只显示立体化图形的斜角修饰边，不显示立体化效果。

    【斜角修饰边深度】⇄ .254 m ▾▴：用于设置图形边缘的斜角深度。

    【斜角修饰边角度】⊿ 45.0 ▾▴：用于设置图形边缘与斜角相切的角度。数值越大，生成的倾斜角就越大。

- 【照明】按钮 ◉：单击此按钮，将弹出如图 6-85 所示的【照明】选项面板。在此面板中，可以为立体化图形添加光照效果和交互式阴影，从而使立体化图形产生的立体效果更强。

图6-84　【斜角修饰边】选项面板

图6-85　【照明】选项面板

单击面板中的 ◉、◉ 或 ◉ 按钮，可以在当前选择的立体化图形中应用 1 个、2 个或 3 个光源。再次单击光源按钮，可以将其去除。另外，在预览窗口中拖曳光源按钮可以移动其位置。

拖曳【强度】选项下方的滑块，可以调整光源的强度。向左拖曳滑块，可以使光源的强度减弱，使立体化图形变暗；向右拖曳滑块，可以增加光源的光照强度，使立体化图形变亮。注意，每个光源是单独调整的，在调整之前应先在预览窗口中选择好光源。

勾选【使用全色范围】复选项，可以使交互式阴影看起来更加逼真。

6.6.3　制作立体效果字

下面利用【交互式立体化】工具来制作立体效果字。

制作立体效果字

1. 按 Ctrl+N 组合键，新建一个图形文件。

2. 单击工具栏中的 ▣ 按钮，将素材文件中"图库\第 06 章"目录下名为"圣诞素材.jpg"的文件导入，如图 6-86 所示。

3. 利用 字 工具输入"圣诞快乐"文字，如图 6-87 所示。

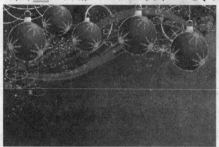

图6-86　导入的图片

图6-87　输入的文字

4. 选择 ▣ 工具，在【渐变填充】对话框中设置选项及渐变颜色如图 6-88 所示。单击 确定 按钮，渐变颜色效果如图 6-89 所示。

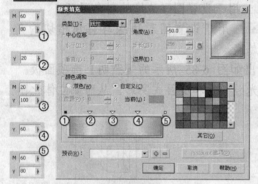

图6-88　【渐变填充】对话框

图6-89　渐变颜色效果

5. 选择 ▣ 工具，将鼠标光标移动到文字上，按下鼠标左键并向右上方拖曳，为其添加交互式立体化效果，状态如图 6-90 所示。释放鼠标左键后生成的立体效果如图 6-91 所示。

图6-90　添加交互式立体化时的状态

图6-91　添加的立体效果

6. 单击属性栏中的 ▣ 按钮，弹出【颜色】面板，设置各选项及颜色参数如图 6-92 所示。设置立体化颜色后的文字效果如图 6-93 所示。

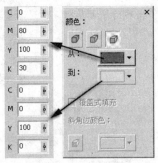

图6-92　设置的颜色　　　　　　　　　　图6-93　调整后的立体文字效果

7. 按 $\boxed{Ctrl}+\boxed{S}$ 组合键，将此文件命名为"立体字.cdr"保存。

6.7　【交互式透明】工具

利用【交互式透明】工具 可以为矢量图形或位图图像添加各种各样的透明效果。

6.7.1　为图形添加透明效果

选择 工具，在需要为其添加透明效果的图形上单击将其选择，然后在属性栏【透明度类型】中选择需要的透明度类型，即可为选择的图形添加交互式透明效果。为文字添加的线性透明效果如图 6-94 所示。

图6-94　文字添加透明后的效果

6.7.2　属性设置

【交互式透明】工具 的属性栏，根据选择不同的透明度类型而显示不同的选项。默认状态下的属性栏如图 6-95 所示。

图6-95　【交互式透明】工具的属性栏

- 【透明度类型】 ：在此下拉列表中包括前面学过的各种填充效果，如"标准"、"线性"、"射线"、"圆锥"、"方角"、"双色图样"、"全色图样"、"位图图样"和"底纹"等。

> **要点提示**　在【透明度类型】选项中选择除"无"以外的其他选项时，属性栏中的其他参数才可用。

- 【编辑透明度】按钮 ：单击此按钮，将弹出相应的填充对话框，通过设置对话框中的选项和参数，可以制作出各种类型的透明效果。
- 【冻结】按钮 ：激活此按钮，可以将图形的透明效果冻结。当移动该图形时，图形之间叠加产生的效果将不会发生改变。

> **要点提示** 利用【交互式透明】工具为图形添加透明效果后，图形中将出现透明调整杆，通过调整其大小或位置，可以改变图形的透明效果。

6.7.3 制作透明泡泡效果

下面利用【交互式透明】工具来制作透明泡泡效果。

☞ 制作透明泡泡效果

1. 按 $\boxed{Ctrl}$+$\boxed{N}$ 组合键，新建一个图形文件。
2. 单击工具栏中的 ⊞ 按钮，将素材文件中"图库\第 06 章"目录下名为"沙漠与水.jpg"的文件导入，如图 6-96 所示。
3. 利用 ○ 工具在画面的右上角绘制出如图 6-97 所示的白色无外轮廓线的椭圆形。

图6-96　导入的图片

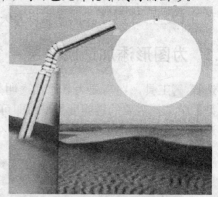

图6-97　绘制的椭圆形

4. 选择 ◇ 工具，将属性栏中的 射线 ▼ 设置为"射线"，为圆形添加交互式透明效果，如图 6-98 所示。
5. 将鼠标光标移动到透明效果的结束控制点（白色矩形）处，向左拖曳鼠标光标调整图形透明效果，如图 6-99 所示。
6. 选择 ▷ 工具，结束交互式透明效果的调整。然后利用缩小复制图形的方法，将添加透明效果后的图形缩小复制，并将复制出的图形调整至如图 6-100 所示的位置。

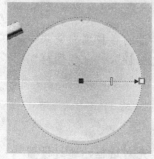

图6-98　添加的透明效果

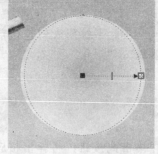

图6-99　调整透明效果时的状态

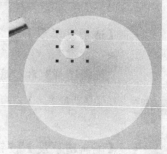

图6-100　复制图形的大小及位置

7. 选择 ◇ 工具，并单击属性栏中的 ▦ 按钮，弹出【渐变透明度】对话框，重新设置调和颜色如图 6-101 所示，然后单击 确定 按钮，编辑后的图形透明效果如图 6-102 所示。

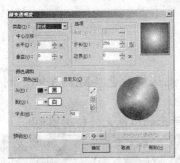

图6-101　调整的调和颜色

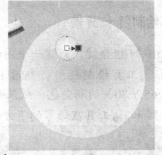

图6-102　修改透明方式后的图形效果

8. 再次将鼠标光标移动到透明效果的结束控制点（黑色矩形）处，向左拖曳鼠标光标调整图形的透明效果，调整前后的效果对比如图 6-103 所示。

9. 选择 箭头 工具，然后用移动复制和缩放操作，在画面中复制出如图 6-104 所示的透明图形。

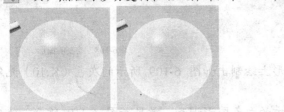

图6-103　调整透明后的效果对比

图6-104　复制出的图形

10. 将 3 个透明图形全部选择，单击属性栏中的 按钮将其群组，然后将其调整至合适的大小后放置到如图 6-105 所示的位置。

11. 利用移动复制及缩放操作，在画面中依次复制多个透明的泡泡图形，最终效果如图 6-106 所示。

图6-105　群组图形调整后的大小及位置

图6-106　复制出的透明泡泡图形

12. 按 Ctrl+S 组合键，将此文件命名为"透明泡泡.cdr"保存。

6.8　综合案例——绘制贺卡

本节综合运用各种交互式效果工具来绘制新年贺卡。

6.8.1　绘制背景

首先来绘制背景，在绘制过程中将主要用到【交互式调和】工具。

绘制贺卡背景

1. 按 Ctrl+N 组合键，新建一个图形文件。

2. 利用 ▢ 工具绘制矩形，然后利用 ▨ 工具为其填充从橘黄色（M:25,Y:90）到橘红色（M:65,Y:80）的渐变色，效果如图 6-107 所示。

3. 利用 ✎ 和 ✎ 工具在矩形的下方绘制出如图 6-108 所示的白色无外轮廓图形。

图6-107 填充渐变色后的矩形效果

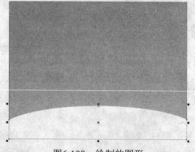
图6-108 绘制的图形

4. 继续利用 ✎ 和 ✎ 工具在白色图形上绘制出如图 6-109 所示的灰色（K:10）无外轮廓图形。

5. 选择 ⬚ 工具，将灰色图形与下方的白色图形调和，效果如图 6-110 所示，然后将属性栏中 🔲50 ▾▴ 的参数设置为"50"。

图6-109 绘制的灰色图形

图6-110 调和图形

6. 选择 ○ 工具，依次绘制出如图 6-111 所示的白色和灰色无外轮廓椭圆形，然后利用 ⬚ 工具将两个椭圆形调和，效果如图 6-112 所示。

图6-111 绘制的椭圆形

图6-112 调和后的效果

7. 利用 ▸ 工具将调和后的椭圆形调整至合适的大小，然后将其放置到第一个调和图形的右上角，如图 6-113 所示。

8. 执行【排列】/【顺序】/【向后一层】命令（快捷键为 Ctrl+PageDown 组合键），将椭圆形调和图形调整至第一个调和图形的下方，效果如图 6-114 所示。

图6-113 调和图形放置的位置

图6-114 调整堆叠顺序后的效果

9. 继续利用 ○ 工具绘制出如图 6-115 所示的橘红色（M:60,Y:100）无外轮廓的圆形，然后利用以中心等比例缩小复制图形的方法，将其以中心等比例缩小复制，并将复制图形的颜色修改为淡黄色（Y:20），如图 6-116 所示。

10. 利用 工具将两个圆形调和，然后将属性栏中 的参数设置为 "3"，效果如图 6-117 所示。

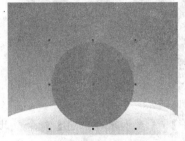

图6-115 绘制的圆形

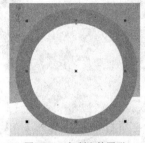

图6-116 复制出的圆形

图6-117 调和后的效果

11. 利用 工具选择淡黄色圆形，然后将其以中心等比例缩小复制，再将复制出图形的颜色修改为深黄色（M:20,Y:100），如图 6-118 所示。

12. 按键盘数字区中的 键，将深黄色图形在原位置复制，然后将复制出图形的颜色修改为红色（M:100,Y:100）。

13. 选择 工具，将鼠标光标移动到红色圆形的右上角，按下鼠标左键并向左下方拖曳，为其添加如图 6-119 所示的交互式透明效果。

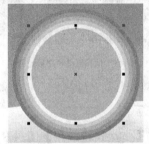

图6-118 复制出的圆形

图6-119 添加的交互式透明效果

14. 将制作的圆形调和图形及复制出的圆形全部选择，然后按 Ctrl+G 组合键群组，再连续按两次 Ctrl+PageDown 组合键将群组后的图形调整至前两个调和图形的后面，如图 6-120 所示。

15. 利用 和 工具及以等比例缩小复制图形操作，绘制出如图 6-121 所示的绿色（C:60,Y:60,K:20）和浅橘红色（M:40,Y:80）图形。

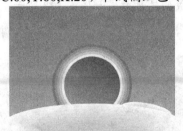

图6-120 调整堆叠顺序后的效果

图6-121 绘制出的图形

16. 利用 工具将两个图形进行调和，作为 "山"，然后将属性栏中 的参数设置为 "2"，效果如图 6-122 所示。

17. 选择 工具，然后用移动复制图形操作，将调和后的 "山" 图形依次向右移动复制两组，如图 6-123 所示。

图6-122　调和后的图形

图6-123　移动复制出的图形

18. 将 3 组 "山" 图形全部选择，然后执行【排列】/【顺序】/【置于此对象前】命令，此时鼠标光标将显示为 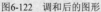 形状。

19. 将鼠标光标移动到如图 6-124 所示的位置单击，即可将选择的 "山" 图形调整至圆形群组图形的前面、白色调和图形的后面，效果如图 6-125 所示。

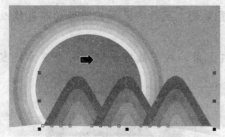

图6-124　鼠标光标单击的位置

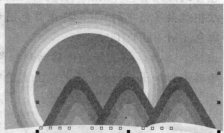

图6-125　调整堆叠顺序后的效果

6.8.2　绘制松树及梅花

接下来绘制松树及梅花图形，在绘制过程中主要用到【交互式轮廓图】工具和【交互式透明】工具。

绘制松树及梅花

1. 接上例。利用 和 工具绘制出如图 6-126 所示的红褐色（C:50,M:85,Y:100）无外轮廓 "树干" 图形。

2. 选择 工具，然后设置属性栏中各选项参数及生成的轮廓效果如图 6-127 所示。

图6-126　绘制的 "树干" 图形

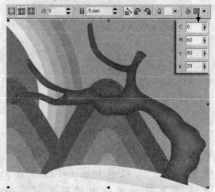

图6-127　设置的属性参数及生成的效果

3. 利用【排列】/【顺序】/【置于此对象前】命令将"树干"图形调整至"山"图形的前面。然后利用 🖊 和 ✏️ 工具绘制出如图 6-128 所示的"叶子"图形，其填充色为绿色（C:100,Y:100），轮廓色为深绿色（C:90,M:40,Y:100,K:10）。

4. 按键盘数字区中的 ➕ 键，将"叶子"图形在原位置复制，然后将复制出图形的颜色修改为酒绿色（C:40,Y:100），并利用 🖌️ 工具为其添加如图 6-129 所示的交互式透明效果。

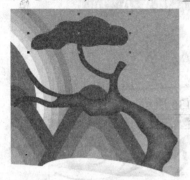

图6-128　绘制的"叶子"图形

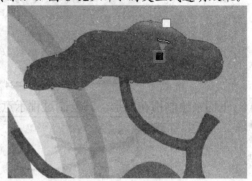

图6-129　添加的交互式透明效果

5. 利用 🖌️ 工具依次绘制出如图 6-130 所示的深绿色（C:90,M:40,Y:100,K:5）无外轮廓椭圆形。

6. 将绘制的"叶子"图形全部选择并群组，然后用移动复制图形的操作，依次移动复制并调整复制图形的大小及颜色，最终效果如图 6-131 所示。

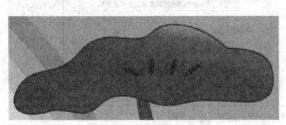

图6-130　绘制的椭圆形

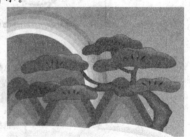

图6-131　复制出的"叶子"图形

要点提示 根据各个部位"叶子"的受光情况不同，复制出的"叶子"的颜色也各不相同，具体颜色参数读者可参见作品。

7. 利用 🖊 和 ✏️ 工具绘制出如图 6-132 所示的灰色（K:50）无外轮廓图形，然后将其同时选择并群组。

8. 按键盘数字区中的 ➕ 键，将灰色图形在原位置复制，然后将复制出图形的颜色修改为白色，并稍微向右移动位置，制作出如图 6-133 所示的效果。

图6-132　绘制的图形

图6-133　复制出的图形

9. 将灰色图形和白色图形同时选择并群组，然后调整至合适的大小及角度后放置到画面的左下角。

10. 依次复制群组图形并分别调整角度及位置，最终效果如图 6-134 所示。

图6-134 复制出的图形

下面来绘制梅花图形，其绘制过程示意图如图 6-135 所示。

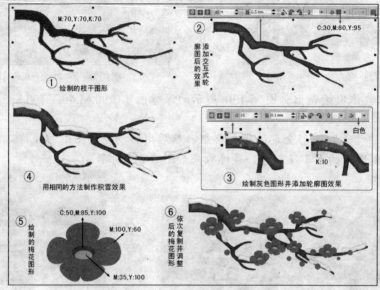

图6-135 梅花图形的绘制过程示意图

11. 将绘制的"梅花"图形全部选择并群组，然后调整至合适的大小后放置到如图 6-136 所示的位置。

12. 利用 和 工具及移动复制图形的操作方法，依次绘制出如图 6-137 所示的白色无外轮廓"云"图形。

图6-136 "梅花"图形放置的位置

图6-137 绘制的"云"图形

要点提示 在上面的绘制图形过程中,灵活运用了【排列】/【顺序】命令对图形的堆叠顺序进行调整,通过此例的讲解,希望读者能将此命令熟练掌握。

6.8.3 导入图形并添加文字

下面导入"金牛"图形并为贺卡添加文字。在此小节中主要用到【交互式阴影】工具。

导入图形并添加文字

1. 接上例。按 Ctrl+I 组合键,将素材文件中"图库\第 06 章"目录下名为"金牛.psd"的文件导入,调整至合适的大小后放置到如图 6-138 所示的位置。
2. 选择□工具,将鼠标光标移动到"金牛"图片下方,按下鼠标左键并向右上方拖曳,为"金牛"添加如图 6-139 所示的阴影效果。

图6-138　导入的图片

图6-139　添加的阴影效果

3. 利用 ↖ 工具选择"金牛"图片,然后将其在水平方向上镜像复制,并将复制出的图片调整至如图 6-140 所示的大小及位置。
4. 按住 Ctrl 键单击复制图片中的"福"字,将其选择,然后单击属性栏中的 ⌒ 按钮,将其水平翻转。
5. 利用 ↖ 工具选择复制出的"金牛"图片,然后利用 □ 工具为其添加如图 6-141 所示的交互式阴影效果。

图6-140　复制图片调整后的大小及位置

图6-141　添加的阴影效果

6. 将复制出的"金牛"图片及其阴影同时选择,然后依次复制并缩小调整,效果如图 6-142 所示。

图6-142 复制出的"金牛"图片

要点提示 如要移动"金牛"图片,可直接单击"金牛"图片,此时添加的阴影效果会随其一同移动。如要移动复制"金牛"图片,直接单击将其选择,然后移动复制,将只会复制"金牛"图片,其阴影效果不会被复制。如想将阴影效果一同复制,在选择图片时,可单击阴影区域,当属性栏中显示的是【交互式阴影】工具的属性栏时,即表明图片和阴影效果一同选择了,再移动复制图片,即可将阴影效果一同复制。

最后在画面的右上角添加文字。

7. 利用 ◎ 工具及移动复制操作,绘制并复制出如图 6-143 所示的红褐色(M:100,Y:100,K:40)无外轮廓的圆形。

8. 选择 字 工具,依次在绘制的圆形中输入如图 6-144 所示的白色文字。

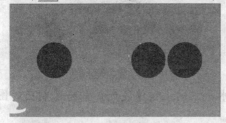

图6-143 绘制的圆形

图6-144 输入的文字

9. 按 Ctrl+I 组合键,将素材文件中"图库\第 06 章"目录下名为"艺术字.cdr"的文件导入,调整至合适的大小后放置到如图 6-145 所示的位置。

10. 选择 □ 工具,将鼠标光标移动到"贺"字的中心位置,按下鼠标左键并向右拖曳,为其添加如图 6-146 所示的阴影效果。

图6-145 文字调整后的大小及位置

图6-146 添加的阴影效果

11. 利用 字 工具在绘制的圆形中下方再依次输入如图 6-147 所示的黑色文字、英文字母及数字。

12. 利用 ▶ 工具将"己丑年"文字选择,按 Ctrl+Q 组合键将其转换为曲线,然后利用 ⚞ 工具将"年"字下方的两个节点选择,并向下调整至如图 6-148 所示的位置。

图6-147 输入的文字　　　　　　　　图6-148 调整后的文字形态

13. 继续利用 字 工具在文字的下方输入黄色（Y:100）的"金牛送福 牛年大吉"文字，完成贺卡的设计，整体效果如图 6-149 所示。

图6-149 设计完成的贺卡效果

14. 按 Ctrl+S 组合键，将此文件命名为"新年贺卡.cdr"保存。

小结

本章主要讲述了各种交互式效果工具的应用，包括各工具的使用方法、属性设置及在实例中的实际运用。通过本章的学习，希望读者对交互式效果工具能够熟练掌握，并能独立完成课后实例的制作。也希望读者能在今后的实际工作中充分发挥自己的想象力，运用这些工具绘制出更有创意的作品来。

操作题

1. 利用【交互式填充】工具以及本章学习的【交互式调和】工具，并结合旋转复制操作绘制出如图 6-150 所示的向日葵图案。作品参见素材文件中"作品\第 06 章"目录下名为"操作题 06-1.cdr"的文件。

2. 利用基本绘图工具并结合【交互式变形】工具绘制出如图 6-151 所示的装饰画。作品参见素材文件中"作品\第 06 章"目录下名为"操作题 06-2.cdr"的文件。

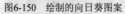

图6-150　绘制的向日葵图案

图6-151　绘制完成的装饰画

3. 综合运用本章学习的各种交互式工具设计出如图 6-152 所示的新年贺卡。作品参见素材文件中"作品\第 06 章"目录下名为"操作题 06-3.cdr"的文件，导入的素材图片为素材文件中"图库\第 06 章"目录下名为"中国结.psd"的文件。

图6-152　设计的新年贺卡

第7章　文本工具

作品的设计，除了要重点考虑创意、构图、色彩和图形的选择等要素之外，还要注意文字的应用和编排。本章将详细讲解【文本】工具的使用方法，包括文本的输入、文本属性设置、文本转换、文本适配路径以及其他各种编辑操作等。

7.1　输入文本

CorelDRAW 中，文本分为美术文本、段落文本和路径文本等几种基本类型，本节分别讲解它们的输入方法。

7.1.1　输入美术文本

输入美术文本的方法为：选择 字 工具（快捷键为 F8 键），在绘图窗口中的任意位置单击插入文本输入光标，然后选择一种自己习惯使用的系统输入方法，即可输入文本。当需要另起一行输入文本时，按 Enter 键就可以开始新的一行文本输入了。

7.1.2　输入段落文本

输入段落文本的方法为：选择 字 工具，将鼠标光标移动到绘图窗口中，按住鼠标左键拖曳，绘制一个段落文本框，然后选择一种合适的输入法，即可在绘制的段落文本框中输入段落文本了。在输入文本过程中，当输入的文本至文本框的边界时会自行换行，无须手动调整。

要点提示 输入段落文本与输入美术文本最大的不同点就是段落文本是在文本框中输入，即在输入文本之前，首先根据要输入文字的多少绘制一个文本框，然后才可以输入文字。

7.1.3　美术文本与段落文本转换

在 CorelDRAW 中，美术文本与段落文本是可以相互转换的，具体操作为：利用 工具选择要转换的文本，然后执行【文本】/【转换到段落文本】（【转换到美术字】）命令，也可直接按 Ctrl+F8 组合键，即可将选择的文本进行相互转换。

要点提示 将段落文本转换为美术文本时，段落文本框中的文字必须全部显示，否则无法使用此命令。

7.1.4　输入路径文本

沿路径输入文本时，文本会根据路径的形状自动排列，使用的路径可以是闭合的图形也可以是未闭合的线。路径文本的特点在于文本可以按任意形状排列，并且可以轻松地制作各种文本排列的艺术效果。

输入沿路径文本的具体方法为：首先利用绘图工具绘制出排列文本的图形或线等作为路径，然后选择 字 工具，将鼠标光标移动到路径上，当鼠标光标显示为 I_A 形状时，单击插入文本输入光标，依次输入文本，此时输入的文本即可沿路径排列，如图 7-1 所示。

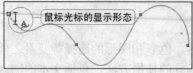

图7-1　沿路径输入文本

如果把鼠标光标放置在闭合图形的内部，当鼠标光标显示为 $I_国$ 形状时单击，此时图形内部将根据闭合图形的形状出现虚线框，并显示插入文本光标，此时所输入的文本是限定在图形内进行排列的，如图 7-2 所示。

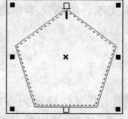

图7-2　在图形轮廓内输入的文本

除了以上沿路径输入文本的方法外，还可以利用【使文本适合路径】命令来制作沿路径排列的文本效果，具体操作为：先绘制路径，然后在绘图窗口的任意位置输入文本，利用 ➢ 工具将文本选择，执行【文本】/【使文本适合路径】命令，此时鼠标光标将变为 ➡ 形状。将鼠标光标移动到路径上单击，选择的文本即可适配到指定的路径上。文本适配路径的过程示意图如图 7-3 所示。

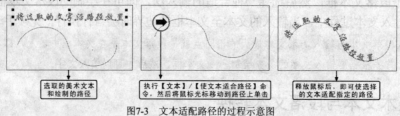

图7-3　文本适配路径的过程示意图

在选择文字时，如果将文本与路径一起选择，执行【文本】/【使文本适合路径】命令，文本将自动适配选择的路径。

当文本适配路径后，确认文本和路径同时处于选择状态，执行【排列】/【拆分】命令，可以将文本和路径分离。此时，再执行【文本】/【矫正文本】命令，可以使文本还原到没有适配路径时的形态。执行【文本】/【对齐基线】命令，可以使文本按当前的文本基线对齐。

7.1.5　导入和粘贴文本

无论在输入美术文本、段落文本或是路径文本时，利用导入和粘贴文本的方法可以有效地节省操作时间。

(1) 导入文本的具体操作为：执行【文件】/【导入】命令，按 $\boxed{Ctrl}$+$\boxed{I}$ 组合键或单击工具栏中的 按钮，在弹出的【导入】对话框中选择文本文件，然后单击 导入 按钮。

(2) 粘贴文本的具体操作为：首先在其他应用程序中（如 Word）复制需要的文本，然后在 CorelDRAW 中选择 工具，在绘图窗口中单击确定文本插入的位置，再执行【编辑】/【粘贴】命令（快捷键为 $\boxed{Ctrl}$+$\boxed{V}$ 组合键）即可。

执行以上任一操作后，系统将弹出如图 7-4 所示的【导入/粘贴文本】提示面板。

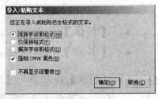

图7-4 【导入/粘贴文本】提示面板

- 【保持字体和格式】：点选此单选项，文本将以原系统的设置样式进行导入。

- 【仅保持格式】：点选此单选项，文本将以原系统的文字大小、当前系统的字体样式进行导入。

- 【摒弃字体和格式】：点选此单选项，文本将以当前系统的设置样式进行导入。

- 【不再显示该警告】：勾选此复选项，在以后导入文本文件时，系统将不再显示【导入/粘贴文本】对话框。若需要显示，可选择菜单栏中的【工具】/【选项】命令，在弹出的【选项】对话框中单击【工作空间】下的【警告】选项，然后在右侧区域中勾选【粘贴并导入文本】选项即可。

在【导入/粘贴文本】对话框中设置选项后，单击 确定(O) 按钮，即可将选择的文本导入。

7.2 设置文本属性

以上学习了利用【文本】工具输入文字的基本方法，本节来介绍【文本】工具的属性设置。

7.2.1 选择文本

在设置文本的属性之前，必须先将文本选择。具体操作为：选择 工具，将鼠标光标移动到要选择的文字前面单击，定位插入点，然后在插入点位置按下鼠标左键并将其拖曳至要选择文字的右侧后释放，即可选择一个或多个文字。

除以上选择文字的方法外，还有以下几种方法。

(1) 按住 $\boxed{Shift}$ 键或 $\boxed{Shift}$+$\boxed{Ctrl}$ 组合键的同时，再按键盘上的→（右箭头）键或←（左箭头）键。

(2) 在文本中要选择文字的起点位置单击，然后按住 $\boxed{Shift}$ 键并移动鼠标光标至要选择文字的终点位置单击，可选择某个范围内的文字。

(3) 在段落文本的任意段落中双击，可以将段落文本中的某一段选择。

(4) 利用 工具单击输入的文本可将该文本中的所有文字选择。

7.2.2 设置文本属性

【文本】工具的属性栏如图 7-5 所示。

x: 66.957 mm 292.285 mm	.0	宋体	24 pt	F ab
y: 168.141 mm 7.871 mm				

图7-5 【文本】工具的属性栏

- 【水平镜像】按钮 ■（或【垂直镜像】按钮 ■）：单击 ■（或 ■）按钮，可以将当前选择的文字水平（或垂直）镜像。
- 【字体列表】 ■ 宋体 ▼：在此下拉列表中可以选择文字字体。

 【字体列表】中的字体一般为系统自带的字体。如果在"Windows\Fonts"系统文件夹中安装了其他字体，也会在此下拉列表中显示出来以供选择。

- 【字体大小】 ■ 24 pt ▼：在此文本框中选择文字的大小。也可以直接在此框中输入数值来确定文字的大小。
- 【粗体】按钮 ■：激活此按钮，可以将文本加粗。
- 【斜体】按钮 ■：激活此按钮，可以将文本倾斜。

 【粗体】按钮 ■ 和【斜体】按钮 ■ 只适用于部分字体。即只有选择支持加粗和倾斜效果的字体时，这两个按钮才可用。

- 【下划线】按钮 ■：激活此按钮，可以在所选择的横排文字下方（竖排文字左侧）添加下划线（左划线），线的颜色与文字的相同。
- 【水平对齐】按钮 ■：单击此按钮，可在弹出的列表中设置文字的对齐方式。选择不同的对齐方式时，文字显示的对齐效果如图 7-6 所示。

图7-6 不同的对齐效果

- 【显示/隐藏项目符号】按钮 ■：激活此按钮，可以在段落文本每一段或当前段（插入点光标所在的段落或选择的段落）前面添加默认的项目符号。再次单击此按钮，可将添加的项目符号隐藏。
- 【显示/隐藏首字下沉】按钮 ■：激活此按钮，可以将段落文本中每一段的第一个字设置为下沉效果。再次单击此按钮，可以取消首字下沉。

【显示/隐藏项目符号】按钮 ▤ 和【显示/隐藏首字下沉】按钮 ≦，在输入段落文本时为可用状态。如果选择美术文本，则这两个按钮不可用。

- 【字符格式化】按钮 ◪：单击此按钮，或执行【文本】/【字符格式化】命令，将弹出如图 7-7 所示的【字符格式化】面板。在此面板中可对文本的字体、字号、对齐方式、字符效果和字符偏移等项进行设置。
- 【编辑文本】按钮 ▣：单击此按钮，或执行【文本】/【编辑文本】命令，可弹出如图 7-8 所示的【编辑文本】对话框，在此对话框中可以对文本进行字体、字号、对齐方式、文本格式、查找、替换和拼写检查等设置。

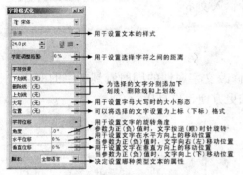

图7-7 【字符格式化】面板

图7-8 【编辑文本】对话框

- 【将文本更改为水平方向】按钮 ▲ 和【将文本更改为垂直方向】按钮 ▯▲：用于改变文本的排列方向。单击 ▲ 按钮，可将垂直排列的文本变为水平排列；单击 ▯▲ 按钮，可将水平排列的文本变为垂直排列。

除了以上设置文本属性的选项和按钮外，在【段落格式化】面板中还可以对段落文本进行更多的选项设置。执行【文本】/【段落格式化】命令将弹出如图 7-9 所示的【段落格式化】面板，在此面板中可对段落文本的对齐、间距及文本方向等选项进行设置。

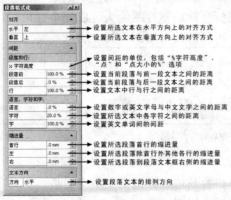

图7-9 【段落格式化】对话框

7.2.3 设置默认文本属性

在设计作品时，当大多数文字需要使用相同的格式时，设置文本工具的默认属性可以提高工作效率。具体操作为：首先取消任何图形或文字的选择，然后选择 ✑ 工具，并设置属性栏中的选项，如设置字体或字号大小，将弹出如图 7-10 所示的【文本属性】对话框。

- 【艺术效果】：勾选此复选项，设置的文本属性将只应用于美术文本。
- 【段落文本】：勾选此复选项，设置的文本属性将只应用于段落文本。
- 同时勾选这两个复选项，设置的文本属性将同时应用于美术文本和段落文本。

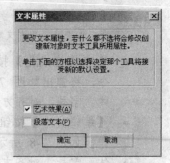

图7-10 【文本属性】对话框

在【文本属性】对话框中，设置好应用属性的文本类型后单击 确定 按钮，即可结束文本默认属性的设置。更改了文本的默认属性后，再输入文字时将按照设置的属性输入文本。

7.2.4 利用【形状】工具调整文本

利用【形状】工具调整文本，可以让用户在修改文字属性的同时看到文字的变化，且【字符格式化】和【段落格式化】面板的调整方法更方便、更直接。

一、调整文本间距

下面来讲解利用【形状】工具调整文本字距及行距的方法。

(1) 选择要进行调整的文字，然后选择 工具，此时文字的下方将出现调整字距和调整行距的箭头，如图 7-11 所示。

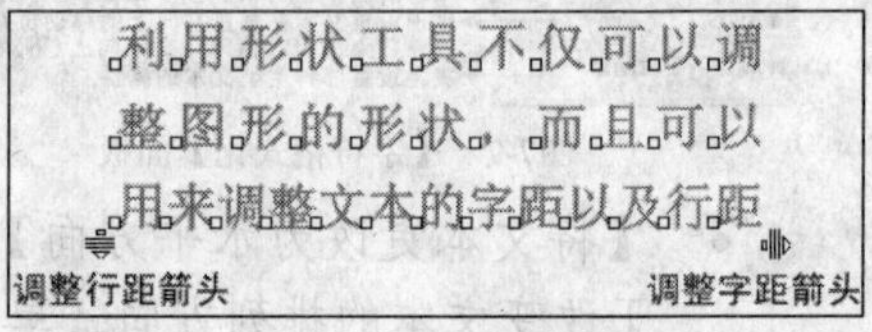

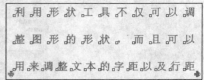

图7-11 出现的调整箭头

(2) 将鼠标光标移动到调整字距箭头 上，按住鼠标左键拖曳，即可调整文本的字距。向左拖动调整字距箭头可以缩小字距；向右拖动调整字距箭头可以增加字距。增加字距后的效果如图 7-12 所示。

(3) 将鼠标光标移动到调整行距箭头 上，按住鼠标左键拖曳，即可调整文本的行与行之间的距离。向上拖曳鼠标光标调整行距箭头可以缩小行距；向下拖曳鼠标光标调整行距箭头可以增加行距。增加行距后的效果如图 7-13 所示。

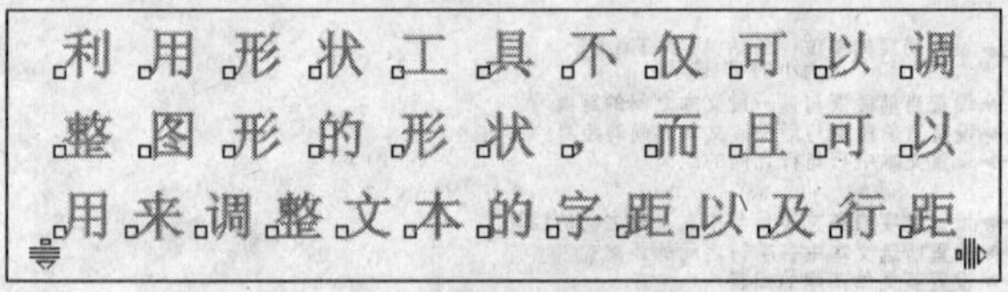

图7-12 增加字距后的文本效果

图7-13 增加行距后的文本效果

二、调整单个文字

利用【形状】工具可以很容易地选择整个文本中的某一个文字，当文字被选择后，就可以对所选择的文字进行一些属性设置。

(1) 选择输入的文本，然后选择 工具，此时文本中每个字符的左下角会出现一个白色的小方形，如图 7-14 所示。

(2) 单击相应的白色小方形，即可选择相应的文字；如按住 Shift 键单击相应的白色小方形，可以增加选择的文字。另外，利用框选的方法也可以选择多个文字。文字选择后，下方的白色小方形将变为黑色小方形，如图 7-15 所示。

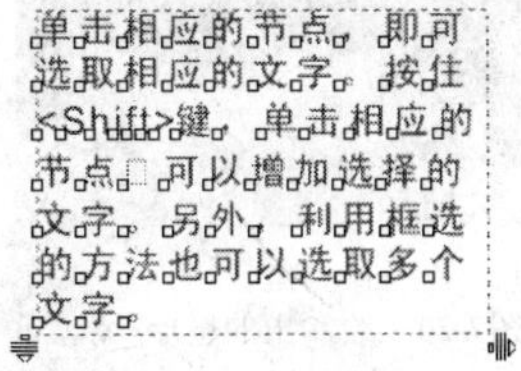

图7-14 出现的白色小方形 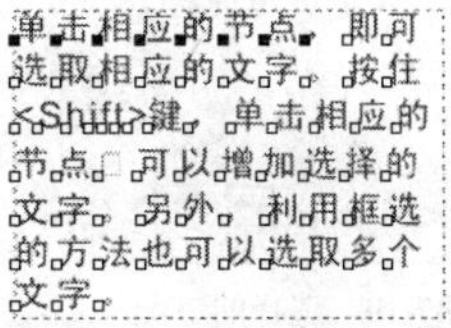　　　　　　　　　图7-15 选择文字后的形态

利用【形状】工具选择单个文字后，其属性栏如图 7-16 所示。

图7-16 选择文字后【形状】工具的属性栏

在该属性栏中的各选项分别与【文本】的属性栏、【字符格式化】和【段落格式化】面板中相对应的选项和按钮的功能相同，在此不再赘述。

7.3 美术文本应用

美术文本适合于制作标题、图片说明和其他需要少量文字的作品设计中。

7.3.1 设计邮箱广告

下面主要利用【文本】工具输入美术文字，并通过修改个别文字的字体、字号及颜色来设计邮箱广告。

🔑 设计邮箱广告

1. 按 Ctrl+N 组合键，新建一个图形文件。
2. 利用 工具绘制一个填充色为白色、轮廓色为灰色（K:30）的矩形。
3. 将鼠标光标放置到选择矩形下方中间的控制点上，按下鼠标左键并向上拖曳，至如图 7-17 所示的位置后，在不释放鼠标左键的情况下右击，缩小复制图形，然后利用 工具为复制图形填充如图 7-18 所示的渐变色。

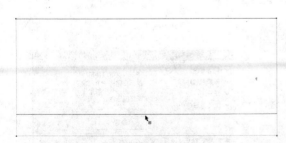

图7-17 复制图形时的状态

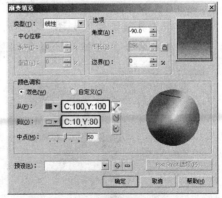

图7-18 渐变颜色参数设置

4. 选择 工具，并单击属性栏中的 按钮，在弹出的【完美形状】选项面板中选择如图 7-19 所示的星形，然后在背景中绘出如图 7-20 所示的月光绿色（C:20,Y:60）无外轮廓星形。

图7-19　选择的星形　　　　　　　　　　　　　图7-20　绘制出的星形

5. 按 $\boxed{Ctrl}$+$\boxed{I}$ 组合键将素材文件中 "图库\第 07 章" 目录下名为 "邮箱.cdr" 的文件导入，调整大小后放置到如图 7-21 所示的位置。

6. 选择 $\boxed{字}$ 工具，在画面的左上方输入如图 7-22 所示的黑色文字。

图7-21　导入图片调整后的大小及位置　　　　　　图7-22　输入的文字

7. 将输入文字的【字体】设置为 "文鼎特粗黑简"，字号调大，并将颜色修改为白色，然后为其添加深蓝色（C:60,M:40,K:40）的外轮廓，轮廓宽度为 "1.5 mm"，效果如图 7-23 所示。

8. 依次选择文字，并分别修改其字号大小，设置字号后的文字效果如图 7-24 所示。

图7-23　修改文本属性后的效果　　　　　　　　图7-24　修改字号后的文字效果

 如果读者的计算机中没有安装 "文鼎特粗黑简" 字体，可以采用其他字体代替，以下类同。如果读者是从事平面设计工作的，会经常用到 Windows 系统以外的其他字体，读者可以安装一些特殊字体，以备后用。另外，文字的大小可根据读者设置的版面大小来自行设置。

9. 利用 $\boxed{字}$ 工具继续输入如图 7-25 所示的黑色文字，然后将其选择，执行【编辑】/【复制属性自】命令，在弹出的【复制属性】对话框中勾选如图 7-26 所示的复选项，单击 $\boxed{\text{确定}}$ 按钮。

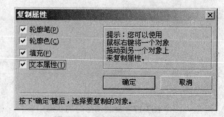

图7-25　输入的黑色文字　　　　　　　　　　　图7-26　【复制属性】对话框

10. 将鼠标光标移动到如图 7-27 所示的文字上单击，将单击文字的颜色及文本属性复制到选择的文字上，效果如图 7-28 所示。

11. 利用 字 工具将 "1 G" 两字选择，然后设置【字体】为 "Arial Black"，字号调大，填充色修改为橘红色（M:60,Y:100），轮廓颜色修改为白色，修改后的文字效果如图 7-29 所示。

图7-27　鼠标光标放置的位置　　　　图7-28　复制颜色及属性后的效果　　　　图7-29　修改属性后的文字效果

12. 继续利用 字 工具输入如图 7-30 所示的白色文字，然后按键盘数字区中的 + 键将其在原位置复制，并将复制出的文字填充为绿色（C:100,Y:100）。

13. 将复制出的绿色文字稍微向左上角移动位置，使其产生阴影效果，然后将"反病毒"3字的颜色修改为红色（M:100,Y:100），效果如图 7-31 所示。

图7-30　输入的文字　　　　　　　　　图7-31　复制出的文字修改颜色后的效果

14. 利用 字 工具在画面的左下方依次输入如图 7-32 所示的黑色文字，然后利用 □ 工具绘制灰色的矩形，并将其缩小复制并填充白色，制作出如图 7-33 所示的文本框。

图7-32　输入的黑色文字　　　　　　　　　　　　　图7-33　制作的文本框

15. 利用 □ 和 字 工具制作按钮，其制作过程示意图如图 7-34 所示。

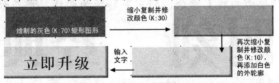

图7-34　制作按钮过程示意图

16. 将制作的文本框和按钮分别调整至合适的大小后放置到下方文本中的合适位置，并将文本框移动复制，完成邮箱广告的设计，整体效果如图 7-35 所示。

图7-35　设计的邮箱广告

17. 按 Ctrl+S 组合键，将此文件命名为 "邮箱广告.cdr" 保存。

7.3.2　将美术文本转换为曲线

如果作品中使用了不是系统自带的字体，且将编排完成的作品文件保存后复制到其他计算机中打开时，经常会出现【替换字体】提示对话框，也就是这台计算机并没有安装与当前文件所选用的相匹配的系统外字体，系统将用最相似的字体替换掉作品中使用的系统外字体。如果在作品保存之前先将文本转换为曲线后，就可以避免文件复制过程中字体被替换的情况了。另外，在编辑文字时，虽然系统中提供的字体非常多，但都是规范的系统自带字体，有时候不能满足用户的创意需要，但将文本转换为曲线性质后，就可以任意地来调整改变文字的形状了，使创意得到最大的发挥。

文本转换曲线的具体操作为：首先将文本选择，然后执行【排列】/【转换为曲线】命令（快捷键为 Ctrl+Q 组合键），此时选择的文字就被转换成了曲线，也就是将文本转换成了曲线性质。

 文本转换成曲线后，就不再具有文本的属性了，一般将文字转换为曲线之前要将原文件保存，将文字转换为曲线后再进行另存。这样保存一个备份文件，就可以避免因为出错再重新输入文字的麻烦。

7.3.3　设计艺术字

下面来学习将美术文本转换为曲线后再调整制作成艺术字的操作方法。

🗝 设计艺术字

1. 按 Ctrl+N 组合键，新建一个图形文件。
2. 选择 字 工具，输入如图 7-36 所示的褐色（M:30,Y:90,K:80）文字，字体为"方正粗倩简体"。
3. 执行【排列】/【转换为曲线】命令，将文字转换为曲线，形态如图 7-37 所示。

经典时刻　　　　　　经典时刻

图7-36　输入的文字 　　　　　　　　　　　图7-37　转换为曲线后的形态

4. 执行【排列】/【拆分】命令，将文字拆分为独立的文字，便于下面调整，拆分后的文字形态如图 7-38 所示。
5. 选择 ▶ 工具，框选如图 7-39 所示的区域，然后单击工具栏中的 ▣ 按钮，将其结合，效果如图 7-40 所示。

经典时刻　　　　　　经典时刻

图7-38　拆分后的文字效果 　　　　　　　　图7-39　框选的区域

 此处选择图形时，不能直接单击选择，一定要用框选的形式，因为文字拆分后，该区域将生成很多个图形，如直接单击将不能同时选择这些图形。

6. 用相同的方法，将"时"字结合，选择的区域及结合后的效果如图 7-41 所示。

图7-40 结合后的效果

图7-41 选择的区域及结合后的效果

7. 利用 ⬚ 工具选择如图 7-42 所示的笔画，然后按 Delete 键删除，效果如图 7-43 所示。

图7-42 选择的笔画

图7-43 删除后的效果

8. 利用 ⬚ 和 ⬚ 工具，在删除笔画的位置绘制出如图 7-44 所示的图形，然后为其填充褐色（M:30,Y:90,K:80）并去除外轮廓，效果如图 7-45 所示。

图7-44 绘制的图形

图7-45 填充颜色并去除外轮廓后的效果

9. 利用 ⬚ 工具在"刻"字的左上方绘制出如图 7-46 所示的椭圆形，然后将其与下方的笔画同时选择，单击属性栏中的 ⬚ 按钮，用椭圆形对下方的笔画进行修剪，效果如图 7-47 所示。

10. 选择 ⬚ 工具，将如图 7-48 所示的节点选择，然后将其向右上方拖曳，状态如图 7-49 所示。

图7-46 绘制的椭圆形   图7-47 修剪后的效果   图7-48 选择的节点

11. 至合适位置后释放鼠标左键，然后将鼠标光标移动到如图 7-50 所示的位置单击，并单击属性栏中的 ⬚ 按钮，在单击的位置添加一个节点。

图7-49 调整节点位置时的状态

图7-50 单击的位置

12. 用同样的方法依次添加节点，并分别调整节点的位置，如图 7-51 所示。

13. 利用 ⬚ 工具分别调整节点，将其调整至如图 7-52 所示的形态。

图7-51 添加节点调整后的形态

图7-52 调整后的图形形态

14. 用相同的调整笔画方法将"时"字右边的笔画进行调整，效果如图 7-53 所示。至此，艺术字制作完成，整体效果如图 7-54 所示。

图7-53 笔画调整后的形态

图7-54 制作的艺术字

15. 双击 工具将艺术字全部选择，然后单击工具栏中的 按钮，将艺术字结合为一个整体，在选择的艺术字上再次单击，使其周围显示旋转扭曲符号。

16. 按住 Ctrl 键，将鼠标光标放置到上方中间的扭曲符号处，然后按下鼠标左键并向右拖曳，将艺术字进行扭曲，其状态及扭曲后的效果如图 7-55 所示。

图7-55 扭曲图形时的状态及扭曲后的效果

下面在当前文件中导入图形，以衬托艺术字效果。

17. 按 Ctrl+I 组合键，将素材文件中"图库\第07章"目录下名为"人物.cdr"的文件导入。

18. 将艺术字选择，调整至合适的大小后放置到如图 7-56 所示的位置，然后利用 工具在其左上方输入如图 7-57 所示的黑色"休闲服饰"文字。

图7-56 艺术字放置的位置

图7-57 输入的文字

19. 按 Ctrl+S 组合键，将此文件命名为"艺术字.cdr"保存。

7.4 段落文本应用

当作品中需要编排很多文本时，利用段落文本不但可以方便、快捷地输入和编排文字，还能迅速为文字增加制表位、项目符号或进行文本绕图设置。

7.4.1 文本绕图

在排版时有时需要将文本围绕着图形来编排，而利用文本的绕图功能就可以实现，其具体操作方法如下所示。

利用【文本】工具输入段落文本，然后绘制任意图形或导入位图图像，将图形或图像放置在段落文本上，使其与段落文本有重叠的区域，然后单击属性栏中的【段落文本换行】按钮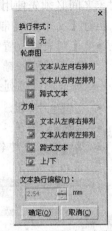，将弹出如图 7-58 所示的【绕图样式】选项面板。

(1) 文本绕图主要有两种方式，一种是围绕图形的轮廓进行排列；另一种是围绕图形的边界框进行排列。在【轮廓图】和【方角】栏中单击任一选项，即可设置文本绕图效果。

(2) 在【文本换行偏移】文本框中输入数值，可以设置段落文本与图形之间的间距。

图7-58 【绕图样式】选项面板

(3) 如果要取消文本绕图，可单击【换行样式】栏中的【无】选项。

(4) 选择不同文本绕图样式后的效果如图 7-59 所示。

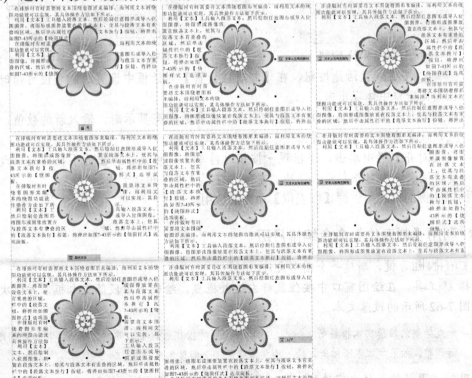

图7-59 选择不同文本绕图样式后的文本效果

7.4.2 设置制表位

利用制表位可以确保段落文本按照某种方式进行对齐，此功能主要用于设置类似月历中的日期、表格中的数据及索引目录的排列对齐等。注意，要使用此功能进行对齐的文本，每个对象之间必须先使用 Tab 键进行分隔，即在每个对象之前加入 Tab 空格。

执行【文本】/【制表位】命令，弹出如图 7-60 所示的【制表位设置】对话框。

- 【制表位位置】：该文本框用于设置添加制表位的位置。此数值是在最后一个制表位的基础上而设置的。单击该文本框右侧的 添加(A) 按钮，可将此位置添加至制表位列表的底部。
- 移除(R) 按钮：单击此按钮，可以将选择的制表位删除。
- 全部移除(E) 按钮：单击此按钮，可以删除制表位列表中的全部制表位。
- 前导符选项(L)... 按钮：单击此按钮，将弹出如图 7-61 所示的【前导符设置】对话框。

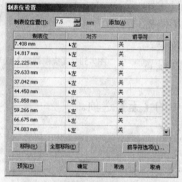

图7-60 【制表位设置】对话框

图7-61 【前导符设置】对话框

- 预览(P) 按钮：激活此按钮，在【制表位设置】对话框中设置的制表位可随时在绘图窗口中体现出来。
- 在制表位列表中制表位的参数上单击，当参数高亮显示时，输入新的数值，可以改变该制表位的位置。
- 在【对齐】栏中单击，当出现 ▾ 按钮时再单击，可以在弹出的下拉列表中改变该制表位的对齐方式，包括"左"、"右"、"中"和"十进制"。

下面以实例的形式来讲解【制表位】命令的应用。

🔑 利用【制表位】命令编排月历

1. 按 Ctrl+N 组合键，新建一个图形文件。
2. 选择 字 工具，在绘图窗口中按住鼠标左键并拖曳，绘制一个段落文本框，并依次输入如图 7-62 所示的段落文本。

> **要点提示** 此处绘制的段落文本框最好大一点，因为在下面的操作过程中，要对文字的字符和行间距进行调整，如果文本框不够大，输入的文本将无法全部显示。

3. 利用 ▸ 工具将输入的文字选择，然后将字体修改为"黑体"，字号可根据读者绘制的文本大小自行设置。

4. 选择 字 工具，将文字输入光标分别插入到每个数字左侧，按 Tab 键在每个数字左侧输入一个 Tab 空格，效果如图 7-63 所示。

图7-62　输入的段落文本

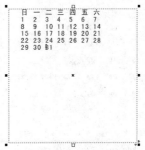

图7-63　调整后数字的排列形态

5. 选择 ▸ 工具，从而确认 Tab 空格设置。然后执行【文本】/【制表位】命令，在弹出的【制表位设置】对话框中单击 全部移除(E) 按钮，将默认的所有制表位删除。

6. 在【制表位位置】文本框中输入数值 "15 mm"，然后连续单击 7 次 添加(A) 按钮，此时的形态如图 7-64 所示。

7. 在 "15 mm" 制表位右侧的【对齐】栏中单击，将出现 ▾ 按钮，单击此按钮，在弹出的对齐选项列表中选择【中】选项，然后用相同的方法将其他位置的对齐方式均设置为居中对齐，如图 7-65 所示。

图7-64　设置制表位位置后的对话框形态

图7-65　将对齐方式设置为"中对齐"

8. 单击 确定 按钮，设置制表位后的段落文本如图 7-66 所示。

如设置的文本框的宽度不够大，单击 确定 按钮后，文本框中将出现拥挤的效果，如图 7-67 所示，此时将文本框的宽度调大即可。

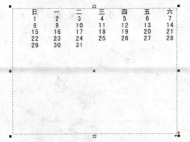

图7-66　设置制表位位置后的段落文本

图7-67　出现的拥挤现象

设置制表位后，下面来调整行距。

9. 选择 ⊩ 工具，然后在文本框左下方的 ⇛ 符号上按下鼠标左键并向下拖曳，增大文字之间的行间距，效果如图 7-68 所示。

10. 继续利用  工具选择如图 7-69 所示的文字和数字，然后将其颜色修改为红色（M:100,Y:100）。

图7-68 调整行间距后的效果

图7-69 选择第一行文字

11. 用与步骤 10 相同的方法，将最右侧文字及数字的颜色修改为青色（C:100），效果如图 7-70 所示。

12. 用与步骤 2～11 相同的方法，制作出月历中的阴历日期，如图 7-71 所示。

图7-70 修改颜色后的效果

图7-71 制作的阴历日期

13. 按 Ctrl+I 组合键，将素材文件中"作品\第 07 章"目录下名为"风景.jpg"的文件导入，然后按 Ctrl+End 组合键，将其调整至文字的下方。

14. 将月历文本全部选择，调整大小后，移动到如图 7-72 所示的位置。

15. 利用 字 工具在月历的右上方输入如图 7-73 所示的白色字母和数字，字体为 O Kozuka Gothic Pro B 。

图7-72 输入的字母及数字

图7-73 制作出的桌面月历效果

16. 将画面中的文字全部选择，执行【排列】/【转换为曲线】命令，将其转曲线。

17. 按 Ctrl+S 组合键，将此文件命名为"桌面月历.cdr"保存。

7.4.3　设置栏

对类似报纸、产品说明书等具有大量文字的作品排版时，【栏】命令是经常要使用的，通过对【栏】命令的设置，可以使排列的文字更容易阅读，看起来也更美观。执行【文本】/【栏】命令，将弹出如图 7-74 所示的【栏设置】对话框。

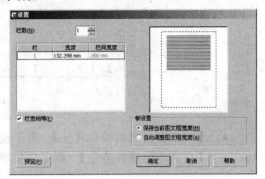

- 【栏数】：设置段落文本的分栏数目。在下方的列表中显示了分栏后的栏宽和栏间距。若不勾选【栏宽相等】复选项，在【宽度】和【栏间宽度】栏中单击，可以设置不同的栏宽和栏间宽度。
- 【栏宽相等】：勾选此复选项，可以使分栏后的栏和栏之间的距离相同。
- 【保持当前图文框宽度】：点选此单选项，可以保持分栏后文本框的宽度不变。

图7-74　【栏设置】对话框

- 【自动调整图文框宽度】：点选此单选项，当对段落文本进行分栏时，系统可以根据设置的栏宽自动调整文本框宽度。

7.4.4　设置项目符号

在段落文本中添加项目符号，可以将一些没有顺序的段落文本排成统一的风格，使版面的排列井然有序。执行【文本】/【项目符号】命令，弹出如图 7-75 所示的【项目符号】对话框。

图7-75　【项目符号】对话框

- 【使用项目符号】：勾选此复选项，即可在选择的段落文本中添加项目符号，且对话框中的其他各选项才可用。
- 【字体】：设置项目符号的字体。随着字体的改变，当前选择的项目符号也将随之改变。
- 【符号】：单击右侧的倒三角按钮，可以在弹出的【项目符号】面板中选择读者需要添加的项目符号。

- 【大小】：设置项目符号的大小。
- 【基线位移】：设置项目符号在垂直方向上的偏移量。参数为正值时，项目符号向上偏移；参数为负值时，项目符号向下偏移。
- 【项目符号的列表使用悬挂式缩进】：勾选此复选项，添加的项目符号将在整个段落文本中悬挂式缩进。不勾选与勾选此项时的项目符号效果对比如图 7-76 所示。

图7-76　效果对比

- 【文本图文框到项目符号】：用于设置项目符号离文本框左侧的距离。
- 【到文本的项目符号】：用于设置项目符号右侧的文本离项目符号的距离。

7.4.5　设置首字下沉

首字下沉可以将段落文本中每一段文字的第一个字母或文字放大并嵌入文本。执行【文本】/【首字下沉】命令，弹出如图 7-77 所示的【首字下沉】对话框。

- 【使用首字下沉】：勾选此复选项，即可在选择的段落文本中添加首字下沉效果，且对话框中的其他各选项才可用。
- 【下沉行数】：设置首字下沉的行数，设置范围为"2～10"。
- 【首字下沉后的空格】：设置下沉文字与主体文字之间的距离。
- 【首字下沉使用悬挂式缩进】：勾选此复选项，首字下沉效果将在整个段落文本中悬挂式缩进。

图7-77　【首字下沉】对话框

7.4.6　设置断行规则

执行【文本】/【断行规则】命令，弹出如图 7-78 所示的【亚洲断行规则】对话框。

- 【前导字符】：勾选此复选项，将确保不在文本框中的任何字符之后断行。
- 【下随字符】：勾选此复选项，将确保不在文本框中的任何字符之前断行。
- 【字符溢值】：勾选此复选项，将允许文本框中的字符延伸到行边距之外。

图7-78　【亚洲断行规则】对话框

> 要点提示　【前导字符】是指不能出现在行尾的字符；【下随字符】是指不能出现在行首的字符；【字符溢值】是指不能换行的字符，它可以延伸到右侧页边距或底部页边距之外。

在相应的文本框中可以自行键入或移除字符，当要恢复以前的字符设置时，可单击右侧的 重置⑤ 按钮。

7.4.7 设置连字符

通常情况下，连字处理是为了使大篇幅的英文在版面上更加协调、更加美观地排列，尤其在选择对齐方式为"全部对齐"且需要左右两侧进行对齐时，若想取得理想的单词及字母间距，一般都要用到连字处理。

执行【文本】/【使用断字】命令，即启用了连字处理功能。当执行【文本】/【断字设置】命令时，在弹出的如图 7-79 所示的【断字设置】对话框中还可对连字符进行设置。

图7-79　【断字设置】对话框

- 【自动连接段落文本】：勾选此复选项，即在段落文字中启用连字处理功能，且下方的选项才可用。
- 【大写单词分隔符】：决定是否对首字母为大写的单词进行连字处理。
- 【使用全部大写分隔单词】：决定是否对全部大写的单词进行连字处理。
- 【最小字长】：设置进行连字处理的单词所包含的最少字符数。
- 【之前最少字符】：设置连字处理时，连字符前面包含的最少字符数。
- 【之后最少字符】：设置连字处理时，连字符后面包含的最少字符数。
- 【到右页边距的距离】：设置连字区域的范围，由文字区域的右侧为起点向左侧计算。

7.4.8 编排摄影杂志

下面来编排摄影杂志中的其中一个页面，在编排过程中，主要练习美术文本的输入与编辑、段落文本的输入与编辑及文本绕图、设置首字下沉和项目符号等操作。

☞ 编排杂志

1. 按 Ctrl+N 组合键，新建一个图形文件。
2. 利用 □ 工具绘制一个矩形，然后用以中心等比例缩小复制图形的方法，将其缩小复制，复制出的图形如图 7-80 所示。
3. 为复制出的矩形填充上浅蓝色（C:3,M:2），然后将外轮廓线去除。
4. 将鼠标光标移动到矩形下方中间的控制点上，按住鼠标左键并向上拖曳，至适当的位置后，在不释放鼠标左键的情况下单击鼠标右键，将矩形缩小复制，状态如图 7-81 所示。

图7-80　缩小复制出的图形　　　　　　　图7-81　缩小复制图形时的状态

5. 将复制出图形的填充色修改为黄灰色（C:15,M:10,Y:20），然后按 Ctrl+I 组合键，将素材文件中"图库\第 07 章"目录下名为"人物路径.ai"的文件导入，再将鼠标光标移动到【调色板】中的"20%黑"色块上单击，为导入的人物图形填充灰色。

6. 执行【排列】/【取消全部群组】命令，将导入图形的群组全部取消，然后再按 Ctrl+L 组合键，将取消群组后的图形结合，并将图形调整至合适的大小后放置到如图 7-82 所示的位置。

> **要点提示** 上面将导入的路径取消群组然后再进行结合的原因是：在 Photoshop 中保存路径再导入到矢量图形软件中时，系统是根据路径的复杂程度将路径按照默认的群组形式组合成的一个叠加的没有任何填充色的整体，当填充颜色后，显示的是叠加在 起的效果，只有取消群组后再进行结合才能够得到与在 Photoshop 中具有结构相同的图形效果。

7. 用移动复制图形的方法，将人物图形向右轻微移动并复制，然后将复制出的图形填充色修改为白色，效果如图 7-83 所示。

8. 按 Ctrl+I 组合键，将素材文件中"图库\第 07 章"目录下名为"标志.cdr"和"照片.jpg"的文件导入，然后将其分别调整至合适大小后放置到如图 7-84 所示的位置。

图7-82 图形放置的位置

图7-83 复制出的图形

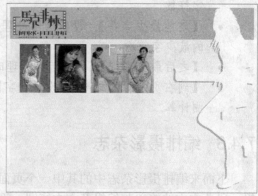

图7-84 导入的图片放置的位置

9. 利用 字 工具输入如图 7-85 所示的黑色文字，字体为"汉仪中圆简"。

10. 将文字的颜色修改为白色，然后将其水平缩小至如图 7-86 所示的形态。

图7-85 输入的文字

图7-86 文字水平缩小后的形态

11. 继续利用 字 工具依次输入如图 7-87 所示的白色文字和字母。

图7-87 输入的文字及字母

12. 利用 字 工具依次输入如图 7-88 所示的粟色（M:20,Y:40,K:60）美术文本和段落文本，然后将右侧的白色人物图形选择，并单击属性栏中的 按钮，在弹出的【绕图样式】面板中选择如图 7-89 所示的绕图样式。

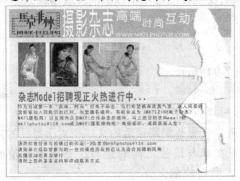

图7-88　输入的文字　　　　　　　　　　　　　图7-89　选择的绕图样式

13. 单击 确定(O) 按钮，文本绕图后的效果如图 7-90 所示。

14. 选择上方的段落文本，然后单击属性栏中的 按钮，将该段落中第一个字设置为首字下沉，效果如图 7-91 所示。

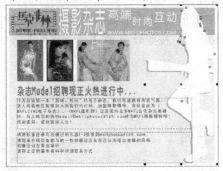

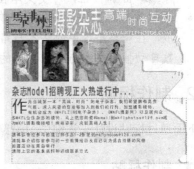

图7-90　文本绕图后的效果　　　　　　　　　　图7-91　设置首字下沉后的效果

15. 选择下方的段落文本，执行【文本】/【项目符号】命令，在弹出的【项目符号】对话框中勾选【使用项目符号】复选项，然后设置其下的选项及参数如图 7-92 所示。

16. 单击 确定(O) 按钮，设置项目符号后的效果如图 7-93 所示。

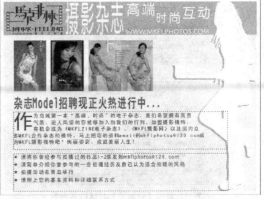

图7-92　设置的项目符号参数　　　　　　　　　图7-93　添加项目符号后的效果

17. 至此，摄影杂志内页编排完成，按 Ctrl+S 组合键将此文件命名为"杂志编排.cdr"保存。

7.5 沿路径文本的应用

沿路径输入的文本适合于需要制作艺术效果的作品或在不规则的区域中输入文字的作品。

7.5.1 设置沿路径文本属性

文本适配路径后，此时的属性栏如图 7-94 所示。

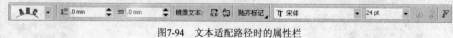

图7-94 文本适配路径时的属性栏

- 【文字方向】 ：可在下拉列表中设置适配路径后的文字相对于路径的方向。
- 【与路径距离】 ：设置文本与路径之间的距离。参数为正值时，文本向外扩展；参数为负值时，文本向内收缩。
- 【水平偏移】 ：设置文本在路径上偏移的位置。数值为正值时，文本按顺时针方向旋转偏移；数值为负值时，文本按逆时针方向旋转偏移。
- 【镜像文本】：对文本进行镜像设置，单击 按钮，可使文本在水平方向上镜像；单击 按钮，可使文本在垂直方向上镜像。
- 【贴齐标记】按钮 ：单击此按钮，在弹出的面板中如果设置了相应选项，在调整路径中的文本与路径之间的距离时，会按照设置的【记号间距】参数自动捕捉文本与路径之间的距离。

7.5.2 制作标贴

下面通过标贴设计来详细学习沿路径输入文字及进行编辑的方法。

制作标贴

1. 按 Ctrl+N 组合键，新建一个图形文件。
2. 选择 工具，按住 Ctrl 键绘制一个深绿色（C:50,Y:30,K:50）的圆形。
3. 选择 工具，弹出【轮廓笔】对话框，设置各选项及参数如图 7-95 所示，单击 确定 按钮，设置轮廓后的图形形态如图 7-96 所示。

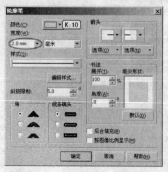

图7-95 设置【轮廓笔】对话框各参数

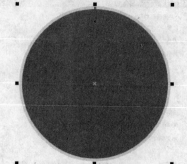

图7-96 设置轮廓后的圆形

4. 将圆形向中心等比例缩小复制，并将复制出的图形填充色修改为蓝色（C:100,M:100），如图 7-97 所示，然后利用 工具调整出如图 7-98 所示的填充效果。

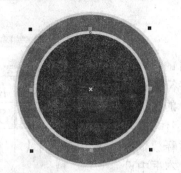

图7-97　复制出的圆形

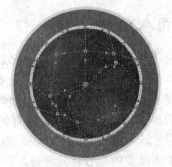

图7-98　调整填充色后的效果

5. 选择字工具，输入如图 7-99 所示的黑色文字。

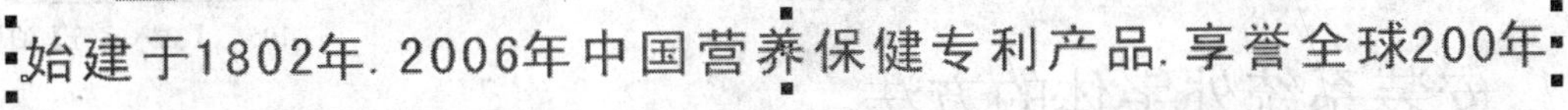

始建于1802年. 2006年中国营养保健专利产品. 享誉全球200年

图7-99　输入的黑色文字

6. 执行【文本】/【使文本适合路径】命令，将鼠标光标移动到外侧的圆形上，这时输入的文字会自动吸附在路径上，上下移动鼠标光标还可调整文字的位置，状态如图 7-100 所示。
7. 单击即可使文字适配到路径，形态如图 7-101 所示。
8. 将文字的颜色修改为白色，然后利用字工具依次输入如图 7-102 所示的白色文字。

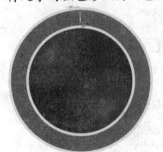

图7-100　使文字适合路径时的状态

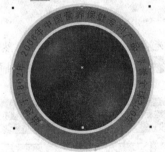

图7-101　文字适配到路径后的形态

始建于1802年. 2006年中国营养保健专利产品. 享誉全球200年
YIKANG
益康
YINGYANG
营养

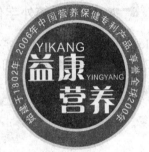

图7-102　输入的白色文字

9. 选择☆工具，将属性栏中☆5 ▲35 的参数分别设置为“5”和“35”，然后在标贴的下方位置绘制出如图 7-103 所示的白色五角星图形。
10. 在五角星图形上单击使其周围出现旋转和扭曲符号，将旋转中心移动到圆形的中心位置，然后依次旋转复制出如图 7-104 所示的五角星图形。

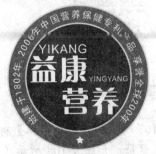

始建于1802年. 2006年中国营养保健专利产品. 享誉全球200年
YIKANG
益康
YINGYANG
营养

图7-103　绘制的五角星图形

始建于1802年. 2006年中国营养保健专利产品. 享誉全球200年
YIKANG
益康
YINGYANG
营养

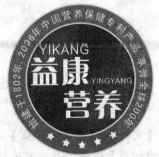

图7-104　复制的五角星图形

11. 至此，标贴制作完成，按 Ctrl+S 组合键，将此文件命名为“标贴.cdr”保存。

7.6 插入符号字符

利用【插入符号字符】命令可以将系统已经定义好的符号或图形插入到当前文件中。执行【文本】/【插入符号字符】命令（快捷键为 Ctrl+F11 组合键），将弹出如图 7-105 所示的【插入字符】泊坞窗，在该泊坞窗中设置好【代码页】及【字体】，然后拖曳符号选项窗口右侧的滑块，当出现需要的符号时释放鼠标左键，单击需要的符号将其选择，再在【字符大小】文本框中设置插入符号的大小，单击 插入(I) 按钮或在选择的符号上双击，即可将选择的符号插入到绘图窗口的指定位置。

图7-105 【插入字符】泊坞窗

7.7 安装系统外字体的方法

在实际的平面设计中，只用系统自带的字体是很难满足设计需要的，这就要求安装系统外的字体。目前，常用的系统外挂字体有"汉仪字体"、"文鼎字体"、"汉鼎字体"、"方正字体"等，读者可根据需要进行安装。下面以在 Windows 2000 系统下安装"汉仪字体"为例，来介绍一下系统外挂字体的安装方法。

安装系统外字体

1. 准备好需要安装的字体光盘（如"汉仪字体"），然后放置到计算机的光驱中。
2. 双击【我的电脑】图标 ，然后依次双击【控制面板】和【字体】选项，打开字体文件夹，如图 7-106 所示。

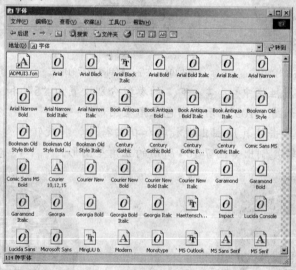

图7-106 打开的字体文件夹

3. 执行【文件】/【安装新字体】命令，将弹出如图 7-107 所示的【添加字体】对话框。
4. 在【驱动器】选项的盘符中选择计算机中的"光驱"盘符，如图 7-108 所示（由于计算机的硬盘分区不同，其"光驱"显示的盘符也会有所不同）。

图7-107 【添加字体】对话框

图7-108 选择的光驱盘符

5. 在【添加字体】对话框中，双击【文件夹】中"hy100ttf"文件夹开始检索字体，然后在【字体列表】中将显示光驱驱动器中的"汉仪字体"，如图 7-109 所示。

6. 单击 全选(S) 按钮，将【字体列表】中的字体全部选择。

7. 单击 确定 按钮，弹出如图 7-110 所示的【安装字体进度】对话框，字体安装完成后此对话框会自动关闭。

图7-109 检索到的汉仪字体

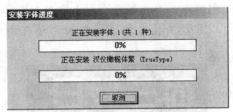
图7-110 【字体安装进度】对话框

8. 字体全部安装完成后，在【添加字体】对话框中单击 关闭 按钮，完成安装操作。再使用软件时，刚安装的字体就会显示在相应的【字体列表】中。

7.8 综合案例——设计房地产报纸广告

本节综合运用本章学过的【文本】工具来设计一份房地产报纸广告。通过本例的学习，希望读者能熟练掌握【文本】工具的使用。

⚷ 设计报纸广告

1. 按 Ctrl+N 组合键，新建一个横向的图形文件。

2. 利用 □ 和 ⌇ 工具及镜像复制操作，依次绘制出如图 7-111 所示的无轮廓矩形和不规则图形。

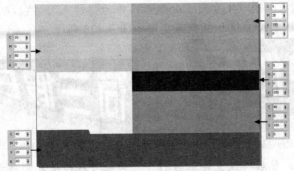
图7-111 绘制出的图形

在绘制以上的矩形时，为了确保各图形之间能够对齐，可灵活运用镜像复制操作。如先绘制出左上角的矩形，然后将其在水平方向上向右镜像复制，再调整复制出的图形的宽度及颜色，修改后再将其在垂直方向上向下镜像复制，调整复制图形的高度并修改颜色，依此类推，即可完成矩形的绘制。

3. 利用 和 工具，在画面的左上角绘制出如图 7-112 所示的森林绿色的（C:40,Y:20,K:60）无外轮廓图形。

4. 按键盘数字区中的 键，将森林绿色图形在原位置复制，然后将复制出的图形的颜色修改为黑色，并调整至如图 7-113 所示的形态。

图7-112 绘制出的图形

图7-113 复制的图形调整后的形态

5. 利用 工具在黑色图形上输入如图 7-114 所示的白色文字，字体为：汉仪综艺体简。

6. 利用 工具为文字自左向右填充由黄色（Y:100）到白色的线性渐变色，效果如图 7-115 所示。

图7-114 输入的文字

图7-115 填充渐变色后的效果

7. 选择 工具，在文字的周围将显示如图 7-116 所示的变形框，将鼠标光标移动到上方中间的控制点上，按 Delete 键删除。然后用相同的方法，将其他边中间的控制点删除，调整后的变形框形态如图 7-117 所示。

图7-116 显示的变形框

图7-117 删除部分控制点后的变形框形态

8. 分别调整变形框 4 个角控制点的位置及控制柄的形态，最终效果如图 7-118 所示。

9. 利用 工具绘制出如图 7-119 所示的线形，作为"箭头"。然后选择 工具，在弹出的【轮廓笔】对话框中设置轮廓颜色及宽度如图 7-120 所示。

图7-118 文字变形调整后的形态

图7-119 绘制的线形

10. 单击 确定 按钮，然后将设置轮廓后的"箭头"向右移动复制，如图 7-121 所示。

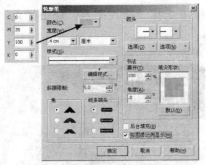

图7-120 设置的轮廓颜色及宽度

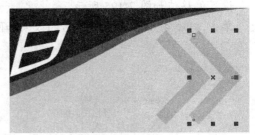

图7-121 复制出的线形

11. 选择 字 工具，输入如图 7-122 所示的段落文本。

> 艺术是一种声音，一种荷兰假日的天籁之声。清晨，沿着绿荫小径漫步，听着荷兰的风车声，就像为您送上一天的第一支歌曲。午后，躺在屋顶花园太阳伞下的藤椅上，听着蝈蝈的鸣叫午休；夜晚，那景观廊架旁边的秋千上，您与情人在演绎爱的浪漫，溪水草丛中的青蛙睁大眼睛，嫉妒您们爱的经典……
> 在荷兰假日，爱是永恒的主题，那爱的旋律是经久的和谐，在荷兰假日，分不清是您在聆听艺术，还是艺术已是您的化身……
> 优势地位：位于荷兰市颇具吸引力的东城区，一个以能源服务与现代化工业为主的新城区活力地段。
> 城市人居新名片：首家以荷兰风情为生活模式的自然人文社区，独特的建筑造型，合理的布局，以及低密度的建筑规划，处处体现和谐与美好。
> 中心主题园林：因地制宜，自然湖改造让每户都成为主人，大湖、风车、南欧树木以及植物相映成趣，共同绘制出一幅印象派主义的画作，7000余平米的大型中央水景公园让您足不出园即可领略荷兰的美好风景与情趣。
> 真正的未来商业中心：周边商业配套设施逐步健全并进发着无限的商机，星座购物广场、规划中的大型商业街近在咫尺，得天独厚的地段让您从容之间掌握升值机遇，无论居住还是投资置业都稳操胜券。

图7-122 输入的段落文本

12. 将段落文本移动到画面中，然后将鼠标光标放置到文本框下方中间的控制点上，按下鼠标左键并向下拖曳，将文本框调大，以便于对段落文本进行编辑，效果如图 7-123 所示。

13. 按 Ctrl+I 组合键，将素材文件中"图库\第 07 章"目录下名为"人物.psd"的文件导入，调整至合适的大小后放置到如图 7-124 所示的位置上。

图7-123 段落文本调整后的位置及形态

图7-124 导入图片调整后的大小及位置

14. 单击属性栏中的 ▤ 按钮，在弹出的绕图样式面板中选择"跨式文本"绕图样式，然后设置偏移值如图 7-125 所示。

15. 单击 确定(O) 按钮，文本绕图后的效果如图 7-126 所示。

图7-125　设置的绕图样式及偏移参数

图7-126　文本绕图后的效果

从图 7-126 中可以看出文本是按照图片的外边框进行绕排的，而本例需要文本按照人物的轮廓来进行绕排，下面利用 ⚒ 工具来进行调整。

16. 选择 ⚒ 工具，并框选图片，将图片的 4 个角点同时选择，然后单击属性栏中的 ⌒ 按钮，转换直线为曲线。

17. 将鼠标光标移动到如图 7-127 所示的位置单击，然后单击属性栏中的 ⬚ 按钮，在单击的位置添加一个节点，如图 7-128 所示。

图7-127　鼠标光标放置的位置

图7-128　添加的节点

18. 将添加的节点向下调整至如图 7-129 所示的位置，释放鼠标左键后，文本将自动沿新的图形进行排列，效果如图 7-130 所示。

图7-129　节点调整的位置

图7-130　重新生成的文本绕图效果

19. 用与步骤 17～18 相同的方法，依次在人物图片上添加节点并调整节点的位置及控制柄的形态，调整后的图片形态如图 7-131 所示。

20. 利用 字 工具选择段落文本中最左上角的"艺"字，然后单击属性栏中的 ⬛ 按钮，将选择的文字设置为首字下沉，效果如图 7-132 所示。

图7-131 调整后的图片形态

图7-132 设置首字下沉后的效果

21. 利用 字 工具选择如图 7-133 所示的文字，然后执行【文本】/【项目符号】命令，在弹出的【项目符号】对话框中设置选项及参数如图 7-134 所示。

图7-133 选择的文本

图7-134 【项目符号】对话框

22. 单击 确定 按钮，设置项目符号后的效果如图 7-135 所示。

23. 按 Ctrl+I 组合键，将素材文件中"图库\第 07 章"目录下名为"平面布置图 01.psd"、"平面布置图 02.psd"、"效果图 01.jpg"、"效果图 02.jpg"和"效果图 03.psd"的文件依次导入，调整至合适的大小后分别放置到如图 7-136 所示的位置上。

图7-135 添加项目符号后的效果

图7-136 导入的图片

24. 利用 ⬚ 工具将下方左侧的 4 个图片同时选择，然后单击属性栏中的 弖 按钮，在弹出的【对齐与分布】对话框中分别设置【对齐】和【分布】的选项，如图 7-137 所示。

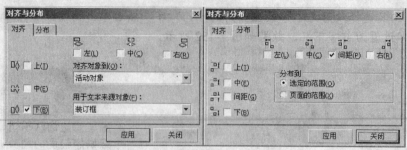

图7-137 设置的对齐和分布选项

25. 依次单击 <u>应用</u> 和 <u>关闭</u> 按钮，选择图形以底部对齐并均匀分布后的效果如图 7-138 所示。

图7-138 选择底部对齐和均匀分布后的效果

26. 利用□工具根据导入图片的大小分别绘制 4 个白色的无外轮廓矩形，然后将绘制的 4 个矩形同时选择，并执行【排列】/【顺序】/【置于此对象前】命令，再将鼠标光标移动到下方森林绿色图形上单击，将矩形调整至导入图片的下方，效果如图 7-139 所示。

图7-139 调整排列顺序后的效果

27. 利用字工具在画面的右侧依次输入如图 7-140 所示的段落文本和美术文本。

图7-140 输入的段落文本和美术文本

28. 利用 工具选择上方的段落文本，然后执行【文本】/【段落格式化】命令，在弹出的【段落格式化】面板中将【首行】缩进量设置为"8 mm"，确认后的效果如图 7-141 所示。

图7-141　设置首行缩进后的效果

29. 继续利用 工具在导入图片的上方依次输入电话号码等文字，完成房地产报纸广告的设计，整体效果如图 7-142 所示。

图7-142　设计完成的房地产报纸广告

30. 按 Ctrl+S 组合键，将此文件命名为"报纸广告.cdr"保存。

小结

本章主要介绍了【文本】工具的使用，包括美术文本、段落文本、沿路径排列文本的输入方法及文本的属性设置和各种类型文本的实际应用。在本章的最后，还通过"设计房地产报纸广告"实例对本章学习的内容进行了综合练习，通过本章的学习，希望读者能熟练掌握【文本】工具的有关内容，并能灵活运用文本适配路径和文本绕图等特殊命令来进行作品设计。

操作题

1. 根据本章所学的【文本】工具的应用，自己动手编排出如图 7-143 所示的食品杂志内页。本作品参见素材文件中"作品\第 07 章"目录下名为"操作题 07-1.cdr"的文件，导入的素材图片分别为素材文件中"图库\第 07 章"目录名为"菜肴 01.jpg"、"菜肴 02.jpg"和"菜肴 03.jpg"的文件。

图7-143 编排的食品杂志内页

2. 根据本章所学的沿路径排列文本内容，自己动手设计出如图 7-144 所示的月历作品。本作品参见素材文件中"作品\第 07 章"目录下名为"操作题 07-2.cdr"的文件，导入的素材图片为素材文件中"图库\第 07 章"目录下名为"月历背景.jpg"的文件。

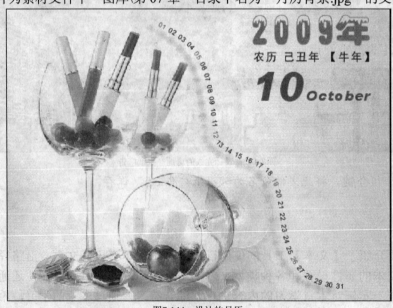

图7-144 设计的月历

第8章　对象操作命令

本章讲解 CorelDRAW X3 中的一些常用菜单命令的应用，主要包括撤消、复制与删除等操作，还包括符号应用、图形的变换、对齐和分布、顺序调整及造形等命令。熟练掌握这些命令对图形绘制及作品设计来说是必不可少的。

8.1　撤消、复制与删除

撤消、复制与删除是常用的编辑菜单命令，下面来具体讲解。

8.1.1　撤消和恢复操作

撤消和恢复操作主要是对绘制图形过程中出现的错误操作进行撤消，或将多次撤消的操作再进行恢复的命令。

一、　【撤消】命令

当在绘图窗口中进行了第一步操作后，【编辑】菜单中的【撤消】命令即可使用。例如，利用【矩形】工具绘制了一个矩形，但绘制后又不想要矩形了，而想绘制一个椭圆形。这时，就可以执行【编辑】/【撤消】命令（或按 Ctrl+Z 组合键），将前面的操作撤消，然后再绘制椭圆形。

二、　【重做】命令

当执行了【撤消】命令后，【重做】命令就变为可用的了，执行【编辑】/【重做】命令（或按 Ctrl+Shift+Z 组合键），即可将刚才撤消的操作恢复出来。

> **要点提示** 除了利用【编辑】/【撤消】命令和【编辑】/【重做】命令来撤消和恢复操作外，还可以单击工具栏中的 ⌒▾ 和 ⌒▾ 按钮来撤消和恢复操作。

　　【撤消】命令的撤消步数可以根据需要自行设置，具体方法为：执行【工具】/【选项】命令（或按 Ctrl+J 组合键），弹出【选项】对话框，在左侧的区域中选择【工作区】/【常规】选项，此时其右侧的参数设置区中将显示为如图 8-1 所示的形态。在右侧参数设置区中的【普通】文本框中输入相应的数值，即可设置撤消操作相应的步数。

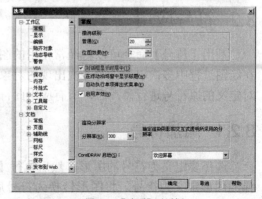

图8-1　【选项】对话框

8.1.2 复制图形

复制图形的命令主要包括【剪切】、【复制】和【粘贴】命令。在实际工作过程中这些命令一般要配合使用。其操作过程为：首先选择要复制的图形，再通过执行【剪切】或【复制】命令将图形暂时保存到剪贴板中，然后再通过执行【粘贴】命令，将剪贴板中的图形粘贴到指定的位置。

> **要点提示** 剪贴板是剪切或复制图形后计算机内虚拟的临时存储区域，每次剪切或复制都是将选择的对象转移到剪贴板中，此对象将会覆盖剪贴板中原有的内容，即剪贴板中只能保存最后一次剪切或复制的内容。

- 执行【编辑】/【剪切】命令（或按 Ctrl+X 组合键），可以将当前选择的图形剪切到系统的剪贴板中，绘图窗口中的原图形将被删除。
- 执行【编辑】/【复制】命令（或按 Ctrl+C 组合键），可以将当前选择的图形复制到系统的剪贴板中，此时原图形仍保持原来的状态。
- 执行【编辑】/【粘贴】命令（或按 Ctrl+V 组合键），可以将剪切或复制到剪贴板中的内容粘贴到当前的图形文件中。多次执行此命令，可将剪贴板中的内容进行多次粘贴。

【剪切】命令和【复制】命令的功能相同，只是复制图像的方法不同。【剪切】命令是将选择的图形在绘图窗口中剪掉后复制到剪贴板中，当前图形在绘图窗口中消失；而【复制】命令是在当前图形仍保持原来状态的情况下，将选择的图形复制到剪贴板中。

8.1.3 删除对象

在实际工作过程中，经常会将不需要的图形或文字清除，在 CorelDRAW 中删除图形或文字的方法主要有以下两种。

(1) 利用 ⌖ 工具选择需要删除的图形或文字，然后执行【编辑】/【删除】命令（或按 Delete 键），即可将选择的图形或文字清除。

(2) 在需要删除的图形或文字上右击，在弹出的右键菜单中选择【删除】命令，也可将选择的图形或文字删除。

8.2 符号应用

利用【符号】命令可以将经常使用的图形定义为符号，符号只需定义一次，然后就可以在绘图过程中多次引用，对多次出现的对象使用符号有助于减小文件大小。当应用符号后，对定义的原符号进行修改后，所有应用此符号的图形都将随之改变。

8.2.1 添加符号

选择要定义为符号的图形，然后执行【编辑】/【符号】/【新建符号】命令，可以将选择的图形定义为符号。将图形转换为符号后，新的符号会被添加到【符号管理器】泊坞窗中，而选定的图形会变为实例。

要点提示　此处的实例是指图形的名称，即将符号插入到绘图窗口中，那么这个符号就称为实例。实例选择框的控制点、旋转和扭曲符号显示为蓝色。

8.2.2　编辑符号

选择某个实例图形，然后执行【编辑】/【符号】/【编辑符号】命令，可以将定义的符号转换到编辑模式进行编辑。另外，选择某个实例图形，然后单击属性栏中的【编辑符号】按钮 或按住 Ctrl 键单击某个实例图形，也可以将符号转换到编辑模式下进行编辑。当符号编辑后，执行【编辑】/【符号】/【完成编辑符号】命令，或单击工作界面左下角的 完成编辑对象 按钮，可以完成符号的编辑操作，此时，绘图窗口中插入的符号会自动更新。

选择某个实例图形，然后执行【编辑】/【符号】/【还原到对象】命令，可以将定义为符号的图形还原为对象。

当在绘图窗口中插入本地符号或网络符号后，选择某个实例图形，然后执行【编辑】/【符号】/【中断链接】命令，可断开符号的链接。如未断开链接之前对原符号图形进行了修改，执行【编辑】/【符号】/【自链接更新】命令，绘图窗口中插入的符号将更新为修改后的形态。

要点提示　所谓本地符号或网络符号是指可以将硬盘中保存的符号或文件夹导入到当前符号库中应用。

选择某个实例图形，然后执行【编辑】/【符号】/【导出库】命令，可在弹出的【导出库】对话框中将符号以 ".cls" 的格式保存，以便其在其他文件中作为本地符号导入。

8.2.3　符号管理器

执行【编辑】/【符号】/【符号管理器】命令（或按 Ctrl+F3 组合键），弹出如图 8-2 所示的【符号管理器】泊坞窗。

将一个或多个现有的图形拖曳到【符号管理器】泊坞窗最下方的窗口中，可以将图形直接转换为符号。

- 【添加库】按钮 ：在【符号管理器】泊坞窗中选择【本地符号】或【网络符号】选项时，单击此按钮，可以在弹出的【浏览文件夹】对话框中将保存在计算机或网络中的符号添加到当前的泊坞窗中。

- 【导出库】按钮 ：此按钮与【导出库】菜单命令的功能相同。

- 【插入符号】按钮 ：单击此按钮，可以将【符号管理器】泊坞窗中选择的符号插入到绘图窗口中。将鼠标光标移动到【符号管理器】泊坞窗下方的符号列表中想要插入的符号上，按下鼠标左键并向绘图窗口中拖曳，至合适的位置后释放鼠标左键，也可将选择的符号插入到绘图窗口中。

图8-2　【符号管理器】泊坞窗

> **要点提示** 在绘图窗口中插入创建的符号后，可以修改当前符号的某些属性（如大小和位置），而不会影响存储在库中的符号。

- 【编辑符号】按钮 ：单击此按钮，相当于执行【编辑】/【符号】/【编辑符号】命令。

- 【删除符号】按钮 ：单击此按钮，可以将【符号管理器】泊坞窗中选择的符号删除，且绘图窗口中插入的实例将一起被删除。

- 【缩放到实际单位】按钮 ：激活此按钮，在插入符号时，符号会自动缩放到与当前绘图比例相匹配的大小。

- 【清除未用定义】按钮 ：单击此按钮，可以将【符号管理器】泊坞窗中未被使用的符号全部删除。

8.2.4 海报中的符号应用

下面以实例的形式来讲解符号的应用。

符号应用

1. 按 Ctrl+O 组合键，打开素材文件中 "图库\第 08 章" 目录下名为 "海报.cdr" 的文件，如图 8-3 所示。

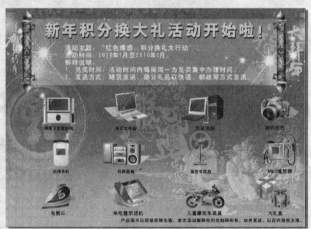

图8-3 打开的海报

2. 选择 工具，然后单击属性栏中的 按钮，在弹出的【完美形状】选项面板中选择如图 8-4 所示的图形形状。

3. 在绘图窗口的空白区域绘制出如图 8-5 所示的图形，然后执行【编辑】/【符号】/【新建符号】命令，弹出如图 8-6 所示的【创建新符号】对话框。

图8-4 选择形状

图8-5 绘制的图形

图8-6 【创建新符号】对话框

4. 单击 确定 按钮，将图形定义为符号，然后执行【编辑】/【符号】/【符号管理器】命令，将【符号管理器】泊坞窗调出，如图 8-7 所示。

5.　单击【符号管理器】泊坞窗面板下方的　按钮，切换到编辑符号窗口。

6.　为符号填充黄色（Y:100），并设置轮廓宽度为"1.0 mm"、颜色为白色，然后利用　工
　　具为符号添加上如图 8-8 所示的投影效果。

图8-7　【符号管理器】泊坞窗　　　　　　　　　　　　　　　　　　　图8-8　添加投影效果

7.　单击绘图窗口左下方的　完成编辑对象　按钮，完成符号的编辑。

8.　利用移动复制图形操作，在每一件商品的左侧都复制出一个符号图形，如图 8-9 所示。
　　如果需要修改符号图形的颜色或形状时，可随时打开【符号管理器】泊坞窗编辑修改原
　　符号，即可将复制的所有符号同时修改。

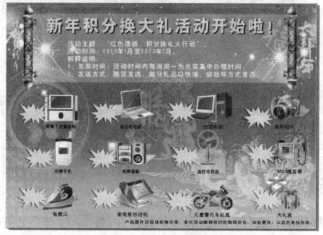

图8-9　复制出的符号图形

9.　利用　字　工具在符号图形上依次输入如图 8-10 所示的黑色数字和文字。

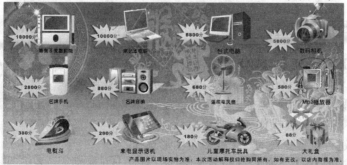

图8-10　输入的数字及文字

199

10. 利用 ☆ 工具绘制出如图 8-11 所示的星形，然后执行【编辑】/【符号】/【新建符号】命令，将星形也定义为符号。

11. 将星形符号调整至合适的大小后移动到"活动主题"文字的左侧，然后用移动复制图形的操作将其向下复制两个，效果如图 8-12 所示。

图8-11 绘制的星形

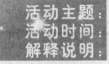

图8-12 复制出的星形

12. 确认【符号管理器】泊坞窗中的"符号 2"处于选择状态，单击 按钮切换到编辑符号窗口。

13. 为星形填充黄色（Y:100），然后单击绘图窗口左下方的 完成编辑对象 按钮，完成符号的编辑。

14. 至此，海报设计完成，整体效果如图 8-13 所示。

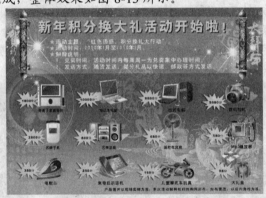

图8-13 海报整体效果

15. 按 Ctrl+Shift+S 组合键，将此文件命名为"符号应用.cdr"另存。

8.3 变换命令

前面对图形进行移动、旋转、缩放和倾斜等操作时，一般都是通过拖曳鼠标光标来实现，但这种方法不能准确地控制图形的位置、大小及角度，调整出的结果不够精确。使用菜单栏中的【排列】/【变换】命令则可以精确地对图形进行上述操作。

8.3.1 变换图形的位置

利用【排列】/【变换】/【位置】命令，可以将图形相对于页面可打印区域的原点（0,0）位置移动，还可以相对于图形的当前位置来移动。（0,0）坐标的默认位置是绘图页面的左下角。图形位置变换的具体操作如下。

(1) 将需要进行位置变换的一个或多个图形选择。

(2) 执行【排列】/【变换】/【位置】命令（或按 Alt+F7 组合键），将弹出如图 8-14 所示的【变换】泊坞窗。

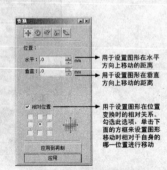

图8-14 【变换】泊坞窗（1）

（3）设置好相应的参数及选项后，单击 [应用] 按钮，即可将选择的图形移动至设置的位置。当单击 [应用到再制] 按钮时，可以将其先复制再移动至设置的位置。

要点提示 如未勾选【相对位置】复选项，【位置】栏下的文本框中将显示选择图形的中心点位置。

8.3.2 旋转图形

利用【排列】/【变换】/【旋转】命令，可以精确地旋转图形的角度。在默认状态下，图形是围绕中心来旋转的，但也可以将其设置为围绕特定的坐标或围绕图形的相关点来进行旋转。旋转图形的具体操作如下。

（1）将需要进行旋转变换的图形选择。

（2）执行【排列】/【变换】/【旋转】命令（或按 [Alt]+[F8] 组合键），弹出如图 8-15 所示的【变换】泊坞窗。

（3）设置好相应的参数及选项后，单击 [应用] 或 [应用到再制] 按钮，即可将选择的图形旋转或旋转复制。

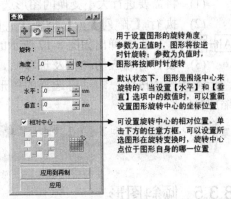

用于设置图形的旋转角度。参数为正值时，图形将按逆时针旋转；参数为负值时，图形将按顺时针旋转

默认状态下，图形是围绕中心来旋转的。当设置【水平】和【垂直】选项中的数值时，可以重新设置图形旋转中心的坐标位置

可设置旋转中心的相对位置。单击下方的任意方框，可以设置所选图形在旋转变换时，旋转中心点位于图形自身的哪一位置

图8-15 【变换】泊坞窗（2）

8.3.3 缩放和镜像图形

利用【排列】/【变换】/【比例】命令，可以对选择的图形进行缩放或镜像操作。图形的缩放可以按照设置的比例值来改变大小；图形的镜像可以是水平、垂直或同时在两个方向上来颠倒其外观。缩放和镜像图形的具体操作如下。

（1）将需要进行缩放或镜像变换的图形选择。

（2）执行【排列】/【变换】/【比例】命令（或按 [Alt]+[F9] 组合键），弹出如图 8-16 所示的【变换】泊坞窗。

用于设置所选图形的水平和垂直缩放比例

设置是否等比例缩放。取消勾选，表示图形在缩放时将等比例缩放，而设置【水平】选项的数值，确定后，【垂直】选项的数值将同时变化。若勾选此选项，单击下方的任意方框，可以设置所选图形在缩放或旋转变换时按图形自身的某一位置进行变换

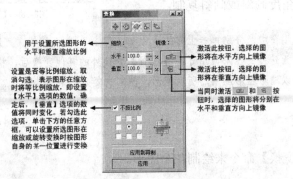

激活此按钮，选择的图形将在水平方向上镜像

激活此按钮，选择的图形将在垂直方向上镜像

当同时激活 □ 和 □ 按钮时，选择的图形将分别在水平和垂直方向上镜像

图8-16 【变换】泊坞窗（3）

（3）设置好相应的参数及选项后，单击 [应用] 或 [应用到再制] 按钮即可将选择的图形缩放或缩放复制、镜像或镜像复制。

8.3.4 调整图形的大小

菜单栏中的【排列】/【变换】/【大小】命令相当于【排列】/【变换】/【比例】命令，这两种命令都能调整图形的大小。但【比例】命令是利用百分比来调整图形大小的，而【大小】命令是利用特定的度量值来改变图形大小的。调整图形大小的具体操作如下。

(1) 将需要进行大小变换的图形选择。

(2) 执行【排列】/【变换】/【大小】命令（或按 Alt+F10 组合键），弹出如图 8-17 所示的【变换】泊坞窗。

(3) 设置好相应的参数及选项后，单击 应用 或 应用到再制 按钮，即可将选择的图形按指定的大小缩放或缩放复制。

图8-17　【变换】泊坞窗（4）

要点提示　在【水平】和【垂直】文本框中输入数值，可以设置所选图形缩放后的宽度和高度。

8.3.5 倾斜图形

利用【排列】/【变换】/【倾斜】命令，可以把选择的图形按照设置的度数倾斜。倾斜图形后可以使其产生景深感和速度感。图形倾斜变换的具体操作如下。

(1) 将需要进行倾斜变换的图形选择。

(2) 执行【排列】/【变换】/【倾斜】命令，弹出如图 8-18 所示的【变换】泊坞窗。

(3) 设置好相应的参数及选项后，单击 应用 或 应用到再制 按钮，即可将选择的图形按指定的角度倾斜或倾斜复制。

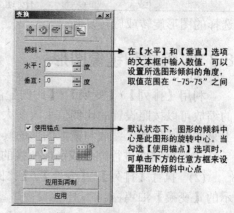

在【水平】和【垂直】选项的文本框中输入数值，可以设置所选图形倾斜的角度，取值范围在 "−75~75" 之间

默认状态下，图形的倾斜中心是此图形的旋转中心。当勾选【使用锚点】选项时，可单击下方的任意方框来设置图形的倾斜中心点

图8-18　【变换】泊坞窗（5）

要点提示　在【变换】泊坞窗中，分别单击上方的 ✛、↻、⇔、▣ 或 ⇲ 按钮，可以切换至各自的对话框中。另外，当为选择的图形应用了除【位置】变换外的其他变换后，执行【排列】/【清除变换】命令，可以清除图形应用的所有变形，使其恢复为原来的外观。

8.3.6 绘制花伞

下面灵活运用【变换】命令来绘制花伞图形。

🔑 绘制花伞

1. 按 Ctrl+N 组合键，新建一个横向的图形文件。

2. 利用 □ 工具绘制深灰色（K:70）的正方形，然后利用 ✎ 工具绘制出如图 8-19 所示的橘红色（M:60,Y:100）线形（具体线宽读者可根据实际情况设置）。

3. 利用 ▶ 工具选择线形，然后执行【排列】/【变换】/【旋转】命令，在弹出的【变换】泊坞窗中设置角度及旋转中心的位置，如图 8-20 所示。

4. 依次单击 应用到再制 按钮，重复旋转复制出如图 8-21 所示的线形。

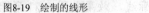

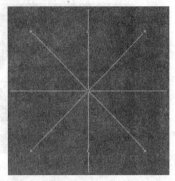

图8-19　绘制的线形　　　　　图8-20　【变换】泊坞窗　　　　　图8-21　复制出的线形

5. 利用 ✎ 工具根据线形的位置绘制出如图 8-22 所示的三角形，然后利用 ▲ 工具将其调整至如图 8-23 所示的形态。

图8-22　绘制的三角形　　　　　　　　　　图8-23　调整后的图形形态

6. 利用 ■ 工具为调整后的图形填充如图 8-24 所示的渐变色，并去除外轮廓线，效果如图 8-25 所示。

7. 执行【排列】/【变换】/【旋转】命令，在弹出的【变换】泊坞窗中设置角度及旋转中心的位置，如图 8-26 所示。

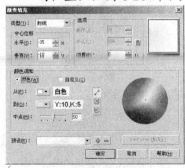

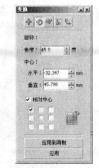

图8-24　设置的渐变颜色　　　图8-25　填充渐变色并去除外轮廓线后的效果　　　图8-26　【变换】泊坞窗

8. 依次单击 应用到再制 按钮，重复旋转复制出如图 8-27 所示的图形。

9. 利用 和 工具绘制出如图 8-28 所示的线形，注意端点要对齐右侧的线形。

10. 执行【排列】/【变换】/【比例】命令，在弹出的【变换】泊坞窗中激活 按钮，并设置镜像的锚点，如图 8-29 所示。

11. 单击 <u>应用到再制</u> 按钮镜像复制线形，效果如图 8-30 所示。然后将两条线形同时选择，单击属性栏中的 按钮，将其结合为一个整体。

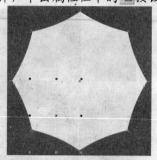

图8-27 旋转复制出的图形

图8-28 绘制的线形

图8-29 【变换】泊坞窗

12. 为结合后的图形填充粉红色（M:50,Y:20），并去除外轮廓线，效果如图 8-31 所示。

> 此处，如读者绘制的图形没有显示出填充的颜色，说明绘制的图形没有完全闭合。可执行【工具】/【选项】命令，在弹出的【选项】对话框中依次单击【文档】/【常规】选项，然后勾选右侧的【填充开放式曲线】复选项，再单击 <u>确定</u> 按钮即可。

13. 选择 工具，然后为图形自下向上添加如图 8-32 所示的透明效果。

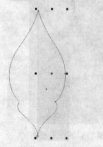

图8-30 镜像复制出的线形

图8-31 填充颜色后的效果

图8-32 添加的透明效果

14. 执行【排列】/【变换】/【旋转】命令，在弹出的【变换】泊坞窗中设置角度及旋转中心的位置，如图 8-33 所示。

15. 单击 <u>应用</u> 按钮，图形旋转后的效果如图 8-34 所示。

16. 利用 工具在选择的图形上单击，然后将其旋转中心调整至如图 8-35 所示的位置。

图8-33 【变换】泊坞窗

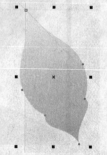

图8-34 图形旋转后的效果

图8-35 旋转中心调整后的位置

17. 在【变换】泊坞窗中将【角度】的参数设置为 "45 度"，然后依次单击 [应用到再制] 按钮，重复旋转复制出如图 8-36 所示的图形。

18. 将旋转复制出作为 "花" 形的所有图形同时选择，按 [Ctrl]+[G] 组合键群组，然后执行【排列】/【变换】/【比例】命令，在弹出的【变换】泊坞窗中设置【缩放】栏的参数，如图 8-37 所示。

19. 单击 [应用到再制] 按钮，向中心等比例缩小复制出的图形如图 8-38 所示。

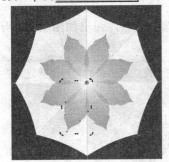

图8-36 旋转复制出的图形

图8-37 【变换】泊坞窗

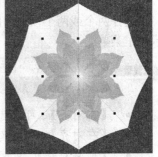

图8-38 缩小复制出的图形

20. 利用 ○ 工具在 "花" 形的中心位置绘制出如图 8-39 所示红色无外轮廓的圆形，然后在【变换】泊坞窗中将【缩放】栏中的【水平】和【垂直】的参数都设置为 "1 000"。

21. 单击 [应用到再制] 按钮，以中心等比例放大复制圆形，然后将复制出图形的颜色修改为白色。

22. 选择 ✂ 工具，然后为圆形添加如图 8-40 所示的透明效果。

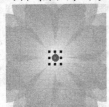

图8-39 绘制的圆形

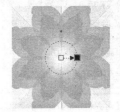

图8-40 添加的透明效果

23. 利用 字 工具依次输入如图 8-41 所示的文字及字母，然后用上面相同的旋转复制操作分别进行旋转复制，完成花伞的绘制，整体效果如图 8-42 所示。

24. 按 [Ctrl]+[S] 组合键，将此文件命名为 "花伞.cdr" 保存。

图8-41 输入的文字

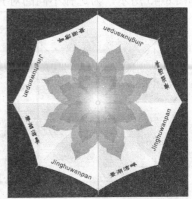

图8-42 制作的花伞效果

8.4 对齐和分布应用

利用【排列】/【对齐和分布】命令，可以精确地将所选图形按其他图形或当前页面的指定位置对齐和分布。其中【对齐】属性可以使选择的图形在水平、垂直以及中心等位置对齐，【分布】属性可以使选择的图形在指定的方向上按照一定的间距分布。

一、 图形的对齐

选择两个或两个以上的图形后，执行【排列】/【对齐和分布】命令，弹出如图 8-43 所示的子菜单。

> **要点提示** 在 CorelDRAW 中，图形的对齐方式取决于选择图形的顺序，它是用最后选择的图形来确定对齐的，其他所有图形都要与最后选择的图形对齐。

- 【左对齐】：可使选择的图形靠左边缘对齐，快捷键为 L 键。
- 【右对齐】：可使选择的图形靠右边缘对齐，快捷键为 R 键。
- 【顶端对齐】：可使选择的图形靠上边缘对齐，快捷键为 T 键。
- 【底端对齐】：可使选择的图形靠下边缘对齐，快捷键为 B 键。
- 【水平居中对齐】：可使选择的图形按水平中心对齐，快捷键为 E 键。
- 【垂直居中对齐】：可使选择的图形按垂直中心对齐，快捷键为 C 键。

如图 8-44 所示为原图与使用不同对齐命令时的对比形态。

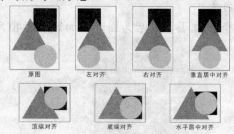

图8-43　【对齐和分布】命令子菜单　　　　图8-44　原图与使用不同对齐命令时的对比形态

- 【在页面居中】：可使选择的图形对齐到页面中心位置。
- 【在页面水平居中】：可使选择的图形在水平方向上与页面中心对齐。
- 【在页面垂直居中】：可使选择的图形在垂直方向上与页面中心对齐。

如图 8-45 所示，为选择不同的对齐页面命令时图形的对齐效果对比。

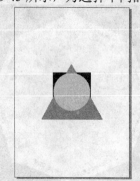

在页面居中　　　　　　　水平居中对齐页面　　　　　　垂直居中对齐页面

图8-45　选择不同对齐页面命令时的对齐效果

- 【对齐和分布】：选择此命令，将弹出如图 8-46 所示的【对齐与分布】对话框。其中的对齐选项功能与上面讲解的对齐命令功能相同，在此不再赘述。

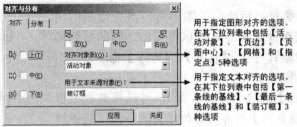

图8-46 【对齐与分布】对话框

二、 图形的分布

利用【对齐与分布】对话框中的【分布】选项卡，可以将选择的图形均匀地排列。在分布图形时，可以选择是在选定的范围内还是在整个页面范围内进行分布。分布图形的具体操作如下。

(1) 将需要进行分布的图形选择（至少 3 个或 3 个以上的图形）。

(2) 执行【排列】/【对齐和分布】/【对齐和分布】命令，在弹出的【对齐与分布】对话框中单击【分布】选项卡，此时的对话框形态如图 8-47 所示。

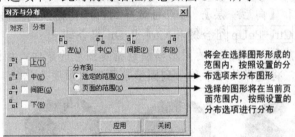

图8-47 【对齐与分布】对话框

(3) 在此对话框中，设置好相应的分布选项后单击 应用(A) 按钮，即可将选择的图形以设置的选项进行分布。

(4) 单击 关闭 按钮，结束分布操作，返回到绘图窗口。

如图 8-48 所示为分别选择以上各种选项时图形分布后的形态。

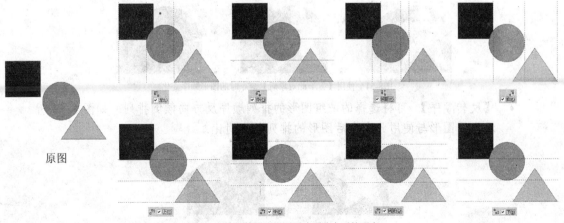

原图

图8-48 选择的图形以不同选项分布后的形态

8.5 调整图形的顺序

当绘制的图形重叠时，后绘制的图形将覆盖先绘制的图形。利用【排列】/【顺序】命令，可以将图形之间的排列顺序重新排列。选中图形后，执行【排列】/【顺序】命令，弹出如图 8-49 所示的子菜单。

图0-49　【顺序】命令的子菜单

- 【到页面前面】和【到页面后面】：可以将选择的图形移动到当前页面中所有图形的上面或下面，快捷键分别为 Ctrl+Home 组合键和 Ctrl+End 组合键。

- 【到图层前面】和【到图层后面】：可以将选择的图形调整到当前层所有图形的上面或后面，快捷键分别为 Shift+PgUp 组合键和 Shift+PgDn 组合键。

> **要点提示** 如果当前文件只有一个图层，选择【到页面前面】或【到页面后面】命令与【到图层前面】或【到图层后面】命令功能相同；但如果有很多个图层，【到页面前面】或【到页面后面】命令可以将选择的图形移动到所有图层的前面或后面，而【到图层前面】或【到图层后面】命令只能将选择图形移动到当前层所有图层的前面或后面。

- 【向前一层】和【向后一层】：可以将选择的图形向前或向后移动一个位置，快捷键分别为 Ctrl+PgUp 组合键和 Ctrl+PgDn 组合键。

- 【置于此对象前】：可将所选的图形移动到指定图形的前面，如图 8-50 所示为使用此命令后，将选择的矩形移动到圆形前面时的顺序变化。

图8-50　使用【置于此对象前】命令时的图形顺序变化

- 【置于此对象后】：可将所选的图形移动到指定图形的后面，如图 8-51 所示为使用此命令后，将选择的星形移动到圆形后面时的顺序变化。

图8-51　使用【置于此对象后】命令时的图形顺序变化

- 【反转顺序】：可将选择的一组图形的排列顺序反方向颠倒排列。如图 8-52 所示为原图形与使用此命令后图形的排列顺序对比。

图8-52　使用【反转顺序】命令后图形的排列顺序对比

8.6　造形命令

利用【排列】/【造形】命令，可以将选择的多个图形进行焊接或修剪等运算，从而生成新的图形。其子菜单中包括【焊接】、【修剪】、【相交】、【简化】、【前减后】、【后减前】和【造形】7 种命令。

一、【焊接】命令

利用【焊接】命令可以将选择的多个图形焊接为一个整体，相当于多个图形相加运算后得到的图形形态。选择两个或两个以上的图形，然后执行【排列】/【造形】/【焊接】命令或单击属性栏中的【焊接】按钮 ，即可将选择的图形焊接为一个整体，效果如图 8-53 所示。

图8-53　使用【焊接】命令前后的图形效果对比

二、【修剪】命令

利用【修剪】命令可以将选择的多个图形进行修剪运算，生成相减后的形态。选择两个或两个以上的图形，然后执行【排列】/【造形】/【修剪】命令或单击属性栏中的【修剪】按钮 ，即可对选择的图形进行修剪，产生一个修剪后的图形形状，如图 8-54 所示。

三、【相交】命令

利用【相交】命令可以将选择的多个图形中未重叠的部分删除，以生成新的图形形状。选择两个或两个以上的图形，然后执行【排列】/【造形】/【相交】命令或单击属性栏中的【相交】按钮 ，即可对选择的图形进行相交运算，产生一个相交后的图形形状，如图 8-55 所示。

图8-54　使用【修剪】命令前后的图形效果对比　　　图8-55　使用【相交】命令前后的图形效果对比

 利用【焊接】、【修剪】和【相交】命令对选择的图形进行造形处理时，最终图形的属性与选择图形的方式有关。当按住 Shift 键依次单击选择图形时，新图形的属性将与最后选择图形的属性相同；当用框选的方式选择图形时，新图形的属性将与最下面图形的属性相同。

四、【简化】命令

【简化】命令的功能与【修剪】命令的功能相似，但此命令可以同时作用于多个重叠的图形。选择两个或两个以上的图形，然后执行【排列】/【造形】/【简化】命令或单击属性栏中的【简化】按钮 ，即可对选择的图形简化，效果如图 8-56 所示。

五、【前减后】命令

利用【前减后】命令可以减去后面的图形以及前、后图形重叠的部分，只保留前面图形剩下的部分。新图形的属性与上方图形的属性相同。选择两个或两个以上的图形，然后执行【排列】/【造形】/【前减后】命令或单击属性栏中的【前减后】按钮 ，即可对选择的图形进行修剪，以生成新的图形形状，效果如图 8-57 所示。

图8-56 使用【简化】命令前后的图形效果对比

图8-57 使用【前减后】命令前后的图形效果对比

六、【后减前】命令

利用【后减前】命令可以减去前面的图形以及前、后图形重叠的部分，只保留后面图形剩下的部分。新图形的属性与下方图形的属性相同。选择两个或两个以上的图形，然后执行【排列】/【造形】/【后减前】命令或单击属性栏中的【后减前】按钮 ，即可对选择的图形进行修剪，以生成新的图形形状，效果如图 8-58 所示。

七、【造形】命令

执行【排列】/【造形】/【造形】命令，将弹出如图 8-59 所示的【造形】泊坞窗。

图8-58 使用【后减前】命令前后的图形效果对比

图8-59 【造形】泊坞窗

【造形】泊坞窗中的选项与上面讲解的命令相同，只是在利用此泊坞窗执行【焊接】、【修剪】和【相交】命令时，多了【来源对象】和【目标对象】两个复选项，设置这两个选项，可以在执行运算时保留来源对象或目标对象。

- 【来源对象】：指在绘图窗口中先选择的图形。勾选此复选项，在执行【焊接】、【修剪】或【相交】命令时，来源对象将与目标对象运算生成一个新的图形形状，同时来源对象在绘图窗口中仍然存在。
- 【目标对象】：指在绘图窗口中后选择的图形。勾选此复选项，在执行【焊接】、【修剪】或【相交】命令时，来源对象将与目标对象运算生成一个新的图形，同时目标对象在绘图窗口中仍然存在。

8.7 综合案例——设计商场海报

下面灵活运用本章学习的【变换】命令、【造形】命令及【对齐和分布】命令来设计"家世福"购物广场的开业海报。

设计商场海报

1. 按 Ctrl+N 组合键，新建一个横向的图形文件。
2. 利用 □ 工具依次绘制出如图 8-60 所示的红色（M:100,Y:80）和酒绿色（C:40,Y:100）无外轮廓矩形，然后利用 ✎ 和 ✎ 工具绘制出如图 8-61 所示的黑色无外轮廓图形。

> **要点提示**　在绘制矩形时可灵活运用镜像复制操作，即先绘制红色的矩形，然后将其在垂直方向上向下镜像复制，再修改复制出的矩形颜色及高度。这样可以确保绘制矩形的宽度相同且可以很好地衔接。

3. 利用 ▱ 工具在选择的黑色图形上单击，使其显示旋转和扭曲符号，然后按住 Ctrl 键将旋转中心向下调整至如图 8-62 所示的位置。

图8-60　绘制的矩形

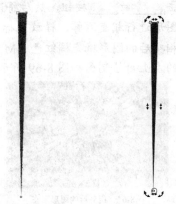

图8-61　绘制的图形　　图8-62　旋转中心调整的位置

4. 执行【排列】/【变换】/【旋转】命令，在弹出的【变换】泊坞窗中设置【角度】参数如图 8-63 所示。
5. 依次单击 应用到再制 按钮，对图形进行重复旋转复制，效果如图 8-64 所示。

图8-63　【变换】泊坞窗

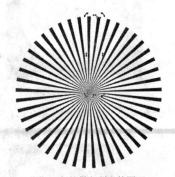

图8-64　旋转复制出的图形

6. 将旋转复制出的图形同时选择，按 Ctrl+L 组合键结合，然后将其调整至合适的大小后移动到如图 8-65 所示的位置。
7. 利用 ▱ 工具将下方的红色矩形选择，然后执行【排列】/【造形】/【造形】命令，在弹出的【造形】泊坞窗中设置选项如图 8-66 所示。

图8-65 结合图形放置的位置

图8-66 设置的选项

8. 单击 [相交] 按钮，然后将鼠标光标移动到结合后的图形上单击，将其与下方的红色图形进行相交运算，释放鼠标左键后生成的效果如图 8-67 所示。

9. 为相交后的图形填充橘红色（M:80,Y:80），效果如图 8-68 所示，然后利用 工具在画面的左上角绘制出如图 8-69 所示的白色圆形。

图8-67 相交后的图形形态

图8-68 修改颜色后的效果

10. 执行【排列】/【变换】/【比例】命令，在弹出的【变换】泊坞窗中设置【缩放】的参数如图 8-70 所示。

图8-69 绘制的圆形

图8-70 【变换】泊坞窗

11. 单击两次 [应用到再制] 按钮，将圆形依次缩小复制，效果如图 8-71 所示。

12. 利用 工具将 3 个圆形同时选择，按 Ctrl+L 组合键进行结合，效果如图 8-72 所示。

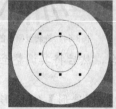

图8-71 复制出的圆形

图8-72 结合后的效果

13. 将结合后的图形的外轮廓线去除，然后调整至如图 8-73 所示的大小。

14. 执行【排列】/【变换】/【位置】命令，在弹出的【变换】泊坞窗中设置【位置】的参数如图 8-74 所示。

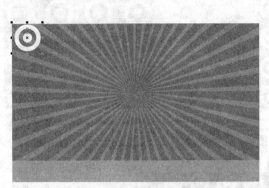

图8-73 结合图形调整后的大小及位置

图8-74 【变换】对话框

要点提示 在【变换】泊坞窗中设置【水平】参数时，要根据实际绘制图形的大小来设置，此处数值只作为参考。

15. 依次单击 ┌─应用到再制─┐ 按钮，水平向右移动复制结合图形，效果如图 8-75 所示。

图8-75 复制出的图形

16. 按住 Shift 键将右侧的结合图形水平向右移动到如图 8-76 所示的位置。

图8-76 图形调整后的位置

17. 将复制出的结合图形同时选择，单击属性栏中的 按钮，在弹出的【对齐与分布】对话框中单击【分布】选项卡，然后勾选水平【间距】复选项，并单击 ┌─应用─┐ 按钮，选择图形在水平方向上均匀分布后的效果如图 8-77 所示。

18. 用与步骤 14～17 相同的方法，将所有结合图形在垂直方向上复制并均匀分布，效果如图 8-78 所示。

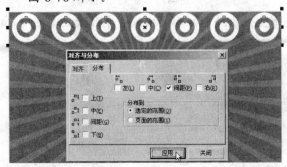

图8-77 均匀分布后的效果

图8-78 均匀分布后的图形

19. 单击 ⟨关闭⟩ 按钮，关闭【对齐与分布】对话框，然后利用 ↳ 工具选择如图 8-79 所示的结合图形，并按 Delete 键删除。

20. 利用 ⿰ 和 字 工具，在删除图形的位置依次绘制线形并输入文字，如图 8-80 所示。

图8-79 选择的图形

图8-80 绘制的线形及输入的文字

21. 按 Ctrl+I 组合键，将素材文件中"图库\第 08 章"目录下名为"人物.psd"的文件导入，调整至合适的大小后放置到如图 8-81 所示的位置。

图8-81 图片调整后的大小及位置

22. 选择 ⿰ 工具，框选如图 8-82 所示的节点，然后将选择的节点水平向右移动，至矩形的左边缘时释放鼠标左键，状态如图 8-83 所示。

图8-82 框选的节点

图8-83 调整节点后的状态

23. 利用 ▢ 和 字 工具，在下方的酒绿色矩形上依次绘制矩形并输入文字，效果如图 8-84 所示。

图8-84 绘制的矩形及输入的文字

24. 至此，商场海报设计完成，整体效果如图 8-85 所示。

图8-85 设计完成的商场海报

25. 按 Ctrl+S 组合键，将此文件命名为"商场海报.cdr"保存。

小结

本章主要讲解了常用的对象操作菜单命令，希望读者能对这些命令灵活掌握，以便提高图形绘制及作品设计的效率。本章还综合运用各种工具及菜单命令设计了一些功能性的案例作品，希望通过对这些案例的学习，使读者在作品的设计和创意方面有很大帮助。

操作题

1. 根据本书第 8.3.6 小节所学习的"绘制花伞"的绘制方法，绘制出如图 8-86 所示的 POP 挂旗。本作品参见素材文件中"作品\第 08 章"目录下名为"操作题 08-1.cdr"的文件。

图8-86 绘制的 POP 挂旗

2. 根据本书第 8.7 节所学习的"设计商场海报",绘制出如图 8-87 所示的商业街宣传海报。本作品参见素材文件中"作品\第 08 章"目录下名为"操作题 08-2.cdr"的文件,导入的图形为素材文件中"图库\第 08 章"目录下名为"标志与文字.cdr"和"时尚少女与气球.cdr"的文件。

图8-87　商业街宣传海报

3. 运用【对齐和分布】命令及图形的基本绘制方法,设计出如图 8-88 所示的商品宣传单。本作品参见素材文件中"作品\第 08 章"目录下名为"操作题 08-3.cdr"的文件,导入的图形为"图库\第 08 章"目录下名为"小商品.cdr"和"标贴.cdr"的文件。

图8-88　商品宣传单

第9章 图像效果应用

本章主要讲解【效果】菜单下的命令的应用，包括图像颜色的调整、透镜设置、添加透视点及图框精确剪裁等操作。利用【效果】/【调整】菜单下的相应命令可以对图形或图像调整颜色；利用【透镜】命令可以改变位于透镜下面的图形或图像的显示方式；利用【添加透视】命令可以制作图形的透视变形；利用【图框精确剪裁】命令可以将图形或图像置于指定的图形或文字中，使其产生蒙版效果。

9.1 颜色调整命令

本节讲解【效果】菜单栏中的【调整】命令。注意，当选择矢量图形时，【调整】命令的子菜单中只有【亮度/对比度/强度】、【颜色平衡】、【伽玛值】和【色度/饱和度/亮度】命令可用。

一、 【高反差】命令

【高反差】命令可以将图像的颜色从最暗区到最亮区重新分布，以此来调整图像的阴影、中间色和高光区域的明度对比。图像原图和执行【效果】/【调整】/【高反差】命令后的效果如图9-1所示。

图9-1 原图和执行【高反差】命令后的效果

二、 【局部平衡】命令

【局部平衡】命令可以提高图像边缘颜色的对比度，使图像产生高亮对比的线描效果。图像原图和执行【效果】/【调整】/【局部平衡】命令后的效果如图9-2所示。

图9-2 原图和执行【局部平衡】命令后的效果

三、 【取样/目标平衡】命令

【取样/目标平衡】命令可以用提取的颜色样本来重新调整图像中的颜色值。图像原图和执行【效果】/【调整】/【取样/目标平衡】命令后的效果如图 9-3 所示。

图9-3　原图和执行【取样/目标平衡】命令后的效果

四、 【调合曲线】命令

【调合曲线】命令可以改变图像中单个像素的值，以此来精确修改图像局部的颜色。图像原图和执行【效果】/【调整】/【调合曲线】命令后的效果如图 9-4 所示。

图9-4　原图和执行【调合曲线】命令后的效果

五、 【亮度/对比度/强度】命令

【亮度/对比度/强度】命令可以均等地调整选择图形或图像中的所有颜色。图像原图和执行【效果】/【调整】/【亮度/对比度/强度】命令后的效果如图 9-5 所示。

图9-5　原图和执行【亮度/对比度/强度】命令后的效果

六、 【颜色平衡】命令

【颜色平衡】命令可以改变多个图形或图像的总体平衡。当图形或图像上有太多的颜色时，使用此命令可以校正图形或图像的色彩浓度以及色彩平衡，是从整体上快速改变颜色的一种方法。图像原图和执行【效果】/【调整】/【颜色平衡】命令后的效果如图 9-6 所示。

图9-6　原图和执行【颜色平衡】命令后的效果

七、　【伽玛值】命令

【伽玛值】命令可以在对图形或图像阴影、高光等区域影响不太明显的情况下，改变对比度较低的图像细节。图像原图与执行【效果】/【调整】/【伽玛值】命令后的效果如图9-7所示。

图9-7　原图和执行【伽玛值】命令后的效果

八、　【色度/饱和度/亮度】命令

【色度/饱和度/亮度】命令，可以通过改变所选图形或图像的色度、饱和度和亮度值，来改变图形或图像的色调、饱和度和亮度。图像原图和执行【效果】/【调整】/【色度/饱和度/亮度】命令后的效果如图 9-8 所示。

图9-8　原图和执行【色度/饱和度/亮度】命令后的效果

九、　【所选颜色】命令

选择【所选颜色】命令，可以在色谱范围内按照选定的颜色来调整组成图像颜色的百分比，从而改变图像的颜色。图像原图和执行【效果】/【调整】/【所选颜色】命令后的效果如图 9-9 所示。

图9-9　原图和执行【所选颜色】命令后的效果

十、 【替换颜色】命令

【替换颜色】命令可以将一种新的颜色替换图像中所选的颜色，对于选择的新颜色还可以通过【色度】、【饱和度】和【亮度】选项进行进一步的设置。图像原图和执行【效果】/【调整】/【替换颜色】命令后的效果如图 9-10 所示。

图9-10　原图和执行【替换颜色】命令后的效果

十一、【取消饱和】命令

【取消饱和】命令可以自动去除图像的颜色，转成灰度效果。图像原图和执行【效果】/【调整】/【取消饱和】命令后的效果如图 9-11 所示。

图9-11　原图和执行【取消饱和】命令后的效果

十二、【通道混合器】命令

【通道混合器】命令可以通过改变不同颜色通道的数值来改变图像的色调。图像原图和执行【效果】/【调整】/【通道混合器】命令后的效果如图 9-12 所示。

图9-12　原图和执行【通道混合器】命令后的效果

9.2　图像颜色的变换与校正

本节讲解【效果】菜单栏中的【变换】和【校正】命令。在【变换】命令的子菜单中包括【去交错】、【反显】和【极色化】命令；【校正】命令的子菜单中包括【尘埃与刮痕】命令。

一、 【去交错】命令

利用【去交错】命令可以把利用扫描仪在扫描图像过程中产生的网点消除，从而使图像更加清晰。

二、 【反显】命令

利用【反显】命令可以把图像的颜色转换为与其相对的颜色，从而生成图像的负片效果。图像原图和执行【效果】/【变换】/【反显】命令后的效果如图 9-13 所示。

图9-13 原图和执行【反显】命令后的效果

三、 【极色化】命令

利用【极色化】命令可以将把图像颜色简单化处理，得到色块化效果。图像原图和执行【效果】/【变换】/【极色化】命令后的效果如图 9-14 所示。

图9-14 原图和执行【极色化】命令后的效果

四、 【尘埃与刮痕】命令

利用【尘埃与刮痕】命令可以通过更改图像中相异像素的差异来减少杂色。

9.3 【斜角】命令

利用【斜角】命令可以为具有填充色的图形和文字等制作倒角效果。

> **要点提示** 图形填充单色、渐变色、图案或纹理后都可以应用【斜角】命令，但图形应用【斜角】命令后，原来的填充效果可能会被更改。

执行【效果】/【斜角】命令，将弹出如图 9-15 所示的【斜角】泊坞窗。

- 【样式】：设置斜角的样式，包括"柔和边缘"和"浮雕"两种类型。
- 【斜角偏移】：点选【到中心】单选项，图形将由边缘向中心斜角；点选【距离】单选项，可在其文本框中指定斜角曲面的宽度。如图 9-16 所示为分别点选这两个选项生成的斜角效果。

图9-15 【斜角】泊坞窗

图9-16 斜角效果

- **【阴影颜色】**: 用于指定斜角阴影的颜色。
- **【光源颜色】**: 用于指定光照的颜色。
- **【强度】**: 用于设置光照的强度, 数值越大, 光照越强。
- **【方向】**: 用于设置光照的方向。
- **【高度】**: 用于设置光源的位置。数值为 "0" 时, 光源处在选定对象所在的平面上; 数值为 "90" 时, 光源从选定对象顶部直射下来。
- ░░应用░░ 按钮: 只有单击此按钮, 在【斜角】泊坞窗中设置的参数才能应用于选择的对象上。

 为图形添加斜角效果后, 还可为其添加交互式封套和交互式变形效果, 但不能为其添加交互式阴影和交互式透明效果。另外可随时利用【效果】/【清除效果】命令将斜角效果清除。

9.4 【透镜】命令

利用【透镜】命令可以改变位于透镜下面的图形或图像的显示方式, 而不会改变其原有的属性。下面以实例的形式来介绍该命令的使用方法。

🔑 制作放大镜效果

1. 按 Ctrl+O 组合键, 将素材文件中 "图库\第 09 章" 目录下名为 "放大镜.cdr" 的文件打开, 如图 9-17 所示。
2. 利用 ▷ 工具将放大镜中的蓝色 "镜片" 图形选中, 然后移动到画面中的 "蜜蜂" 位置, 如图 9-18 所示。

图9-17 打开的图片

图9-18 移动图形位置

3. 执行【效果】/【透镜】命令，弹出【透镜】泊坞窗，在 无透镜效果 下拉列表中选择【放大】选项，然后设置其他的选项及参数如图 9-19 所示。此时画面中出现的放大效果如图 9-20 所示。
4. 勾选【透镜】对话框中的【冻结】复选项，固定透镜中显示的内容，然后将添加透镜效果后的图形移动到放大镜的原位置，完成放大镜效果的制作，如图 9-21 所示。

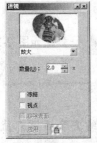

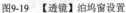

透镜
放大
数量(U)：2.0 x
冻结
视点
移除表面
应用
图9-19　【透镜】泊坞窗设置

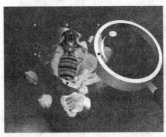

图9-20　出现的放大效果

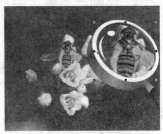

图9-21　制作完成的放大镜效果

5. 按 Shift+Ctrl+S 组合键，将此文件命名为“放大镜效果.cdr”另存。

在 CorelDRAW X3 中，共提供了 11 种透镜效果。图形应用不同的透镜样式时，产生的特殊效果对比如图 9-22 所示。

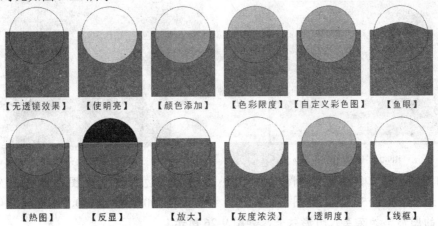

【无透镜效果】
【使明亮】
【颜色添加】
【色彩限度】
【自定义彩色图】
【鱼眼】
【热图】
【反显】
【放大】
【灰度浓淡】
【透明度】
【线框】
图9-22　应用不同透镜样式后的图形效果对比

【透镜】泊坞窗中选项和按钮的含义分别介绍如下。

- 【冻结】：可以固定透镜中当前的内容。当再移动透镜图形时，不会改变其显示的内容。
- 【视点】：可以在不移动透镜的前提下只显示透镜下面图形的一部分。
- 【移除表面】：透镜只显示它覆盖其他图形的区域，而不显示透镜所覆盖的空白区域。
- 单击 应用 按钮，即可将设置的透镜效果添加到图形或图像中。当激活 🔒 按钮时，所设置的透镜效果将直接添加到图形或图像中，无需再单击 应用 按钮。

9.5 【添加透视】命令

利用【效果】/【添加透视】命令，可以给矢量图形制作各种形式的透视效果。

下面以实例的形式来讲解该命令的具体使用方法。在本节手表产品展示架效果图的绘制过程中，读者不仅能学习到【添加透视】命令的应用，而类似效果图绘制的方法、图形结构、大小比例、前后位置的安排以及前后透视关系的调整，也是本例要重点学习和掌握的内容。

绘制产品展示架

1. 按 Ctrl+N 组合键新建一个图形文件，然后在属性栏中设置页面大小和参数如图 9-23 所示。

图9-23　属性栏中的页面参数设置

2. 双击工具箱中的 ▢ 工具，根据页面大小添加一个矩形，将轮廓线去除后填充蓝灰色（C:20,M:10,Y:10）。

3. 将矩形选择，然后执行【排列】/【锁定对象】命令，将矩形在原位置锁定。

4. 利用 ✎ 工具绘制出如图 9-24 所示的图形，去除轮廓线后利用 ◊ 填充如图 9-25 所示的颜色。

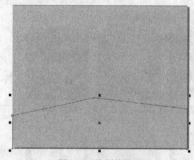

图9-24　绘制的图形

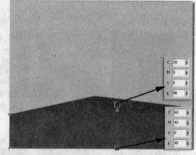

图9-25　填充的颜色

5. 利用 ✎ 和 ✐ 工具依次绘制出两个大小不同的四边形，下面图形填充色为深红色（M:100,Y:60,K:50），上面图形填充色为红色（M:100,Y:60,K:30），然后利用 ▢ 工具为下方的图形添加交互式阴影效果，如图 9-26 所示。

6. 利用 ✎ 工具绘制出如图 9-27 所示的"支架"图形，在绘制时要注意图形的透视关系。

图9-26　绘制的图形

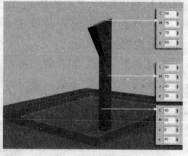

图9-27　绘制的支架

7. 将支架选择后复制出 3 个，分别放置在红色图形的 4 个角位置，然后根据透视关系分别调整一下各支架的透视关系，如图 9-28 所示。

8. 利用 ✎ 和 ✐ 工具绘制出如图 9-29 所示的图形，注意图形前后位置的调整。

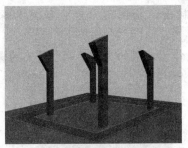

图9-28　复制出的支架

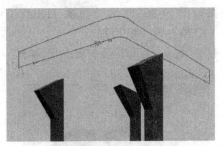

图9-29　绘制的结构图形

9. 利用 工具给图形填充如图 9-30 所示的渐变色，并将其轮廓线去除。

10. 单击属性栏中的 按钮，在【渐变填充】对话框中设置渐变颜色如图 9-31 所示。

图9-30　填充渐变颜色

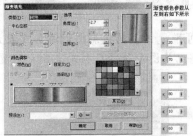

图9-31　渐变颜色参数设置

11. 单击 确定 按钮，渐变颜色效果如图 9-32 所示。

12. 使用相同的绘制方法，绘制出如图 9-33 所示的结构图形，注意图形的前后排列顺序以及透视关系。

图9-32　填充渐变颜色的效果

图9-33　绘制的结构图形

要点提示　为了避免叙述上的重复，在下面的操作过程中，将不再为绘制的每一个图形说明调整排列顺序，读者可根据给出的图示自己进行调整。

13. 利用 和 工具以及向中心等比例缩小复制图形的操作方法，绘制并复制出如图 9-34 所示的轮廓图形。

14. 将轮廓图形同时选择，按 Ctrl+L 组合键结合，然后为其填充深灰色（K:80），并将其轮廓线去除，如图 9-35 所示。

图9-34　绘制的轮廓图形

图9-35　填充颜色效果

15. 在如图 9-36 所示的位置利用 ⬚ 和 ⬚ 工具绘制出结构图形，颜色填充为深黑色（K:70）和（K:90）。

16. 利用 ⬚ 和 ⬚ 工具绘制出如图 9-37 所示的图形，作为支架的投影，颜色填充为深灰色（C:20,K:80）。

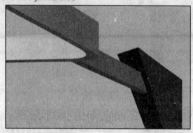

图9-36　绘制的结构图形

图9-37　绘制的结构图形

17. 利用 ⬚ 工具为投影图形添加交互式标准透明效果，使投影更加逼真，如图 9-38 所示。

18. 将结构图形选择后移动复制，放置到如图 9-39 所示的位置。

图9-38　设置透明效果

图9-39　绘制出的图形

19. 利用 ⬚ 工具和图形的修剪操作，依次绘制并调整出如图 9-40 所示的结构图形。各图形填充的颜色，读者可以根据自己的理解自行设置不同的灰色。

20. 再利用 ⬚ 、⬚ 和 ⬚ 工具依次绘制并调整出如图 9-41 所示的玻璃柜结构图形，顶面和底面图形的颜色为红色。

图9-40　绘制的结构图形

图9-41　绘制的结构图形

21. 利用 ⬚ 工具绘制圆角矩形，然后利用【效果】/【添加透视】命令对其进行透视变形，效果如图 9-42 所示。

22. 为圆角矩形填充深蓝灰色（C:90,M:70,Y:60,K:30），并在水平方向上缩小，然后用向中心等比例缩小复制操作将其缩小复制。将两个图形同时选择按 Ctrl+L 组合键结合，生成的图形形态如图 9-43 所示。

23. 将结合后的图形移动复制，再将后面的图形稍微缩小一点，使其符合透视关系，并将
颜色重新填充为深蓝灰色（C:90,M:70,Y:60,K:30），如图 9-44 所示。

图9-42 调整透视状态

图9-43 结合后的图形

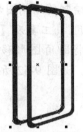

图9-44 复制的图形

24. 利用 工具为两个图形添加交互式调和效果，然后再利用 、 和 工具依次绘制
出框架图形里面的玻璃柜图形，如图 9-45 所示。

25. 将绘制的框架图形全部选择并群组，然后移动复制，根据透视关系将图形缩小后放置
到如图 9-46 所示的位置。

图9-45 绘制的图形

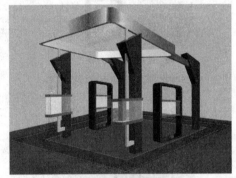

图9-46 图形放置的位置

26. 利用 工具依次绘制出灰色（K:40）和白色的结构图形，然后将素材文件中"图库\第
09 章"目录下名为"手表.psd"的文件导入，再利用【效果】/【图框精确剪裁】/【放
置到容器中】命令，将手表图片分别放置到 3 个白色图形中，效果如图 9-47 所示。

 为了让读者能看清绘制的结构图形及置入容器后的效果，给出的图示是隐藏前面的其他图形
后的效果。读者绘制出的结构图形放置到相应的位置即可。

27. 使用相同的绘制方法，再绘制出如图 9-48 所示的结构图形。

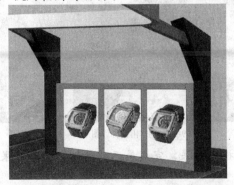

图9-47 绘制的图形及置入容器后的效果

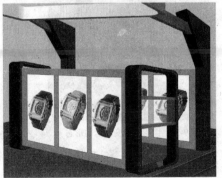

图9-48 绘制的结构图形

28. 利用 、 和 工具依次绘制出如图 9-49 所示的结构图形（其颜色填充读者可根据光盘文件来设置）。

29. 将绘制的结构图形分别群组，调整大小后放置到如图 9-50 所示的展示空间中。

30. 利用 工具及【效果】/【添加透视】命令绘制出如图 9-51 所示的白色圆角图形，然后将圆角图形移动复制，并将复制出的图形形态及颜色进行调整，使其符合透视关系，如图 9-52 所示。

图9-49 绘制的结构图形

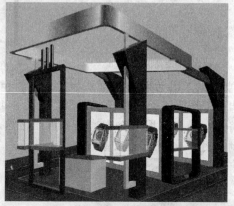

图9-50 结构图形调整后放置的位置

图9-51 绘制的圆角图形

图9-52 复制的图形

31. 利用 工具为两个圆角图形添加交互式调和效果，然后将素材文件中 "图库\第 09 章" 目录下名为 "金鸡标志.cdr" 的文件导入，并利用【添加透视】命令将其调整至如图 9-53 所示的透视形态。

32. 用与步骤 30～31 相同的方法，再制作出右边如图 9-54 所示的图形。

图9-53 图形透视变形后的形态

图9-54 制作出的标牌图形

33. 利用 、 和 工具依次制作出各构件的投影效果，完成展示的绘制，整体效果如图 9-55 所示。

34. 按 Ctrl+S 组合键，将此文件命名为 "展示.cdr" 保存。

图9-55 绘制完成的展示效果

9.6 【图框精确剪裁】命令

【图框精确剪裁】命令可以将图形或图像放置在指定的容器中，并可以对其进行提取或编辑，容器可以是图形也可以是文字。

9.6.1 制作精确剪裁效果

下面以实例的形式来详细讲解制作图框精确剪裁图形的方法。

🔑 制作精确剪裁效果

1. 按 Ctrl+N 组合键，新建一个图形文件。再按 Ctrl+I 组合键，将素材文件中 "图库\第09章" 目录下名为 "人物.jpg" 的文件导入，如图 9-56 所示。
2. 选择 ☆ 工具，根据导入图片的大小绘制出如图 9-57 所示的五角星图形。

图9-56 导入的图片

图9-57 绘制的五角星图形

3. 利用 ▸ 工具选择导入的图片，然后执行【效果】/【图框精确剪裁】/【放置在容器中】命令，此时鼠标光标将显示为 ➡ 形状。
4. 将鼠标光标移动到如图 9-58 所示的五角星图形上单击，即可将选择的图片置于五角星图形中，如图 9-59 所示。

图9-58 鼠标光标单击的位置

图9-59 置于五角星图形后的效果

5. 按 Ctrl+S 组合键，将此文件命名为 "图框精确剪裁练习.cdr" 保存。

 在想要放置到容器内的图像上右击并拖曳，并向作为容器的图形上拖曳，当鼠标光标显示为 ⊕ 形状时释放，在弹出的右键菜单中选择【图框精确剪裁内部】命令，也可将图像放置到指定的容器内。如果容器是文字，鼠标光标会显示为 A⌒ 形状。

9.6.2 编辑精确剪裁的内容

默认状态下，系统是将选择的图像放置在容器的中心位置。当选择的图像比容器小时，图像将不能完全覆盖容器；当选择的图像比容器大时，在容器内只能够显示图像中心的局部位置。如果需要进行调整，可以利用【编辑内容】命令对其进行编辑，具体操作介绍如下。

1. 利用 ▹ 工具选择需要编辑的精确剪裁图形。
2. 执行【效果】/【图框精确剪裁】/【编辑内容】命令，或在要编辑的图形上右击，在弹出的右键菜单中选择【编辑内容】命令。此时，精确剪裁容器内的图形将显示在绘图窗口中，其他图形将隐藏。
3. 按照需要来调整容器内图片的大小、位置或角度等。
4. 调整完成后，执行【效果】/【图框精确剪裁】/【结束编辑】命令，或在图像上右击，在弹出的右键菜单中选择【结束编辑】命令，或者单击绘图窗口左下角的 完成编辑对象 按钮，即可完成图像的编辑。

 如果需要将放置到容器中的内容与容器分离，可以执行【效果】/【图框精确剪裁】/【提取内容】命令，或在精确剪裁的图形上右击，在弹出的右键菜单中选择【提取内容】命令，使容器和图像恢复为未置入以前的形态。

9.6.3 锁定与解锁精确剪裁内容

默认情况下，系统会自动将内容锁定到容器上，这样可以保证在移动容器时内容也能随容器同时移动。将鼠标光标移动到精确剪裁图形上右击，在弹出的右键菜单中选择【锁定图框精确剪裁的内容】命令，即可将精确剪裁内容解锁，再次选择此命令，即可锁定。当精确剪裁的内容是非锁定状态时，移动精确剪裁图形，则只能移动容器的位置，而不能移动内容的位置。

9.7 综合案例——设计香皂包装

本节利用 CorelDRAW X3 来设计 "润肤佳香皂" 包装。

9.7.1 设计图标

下面先来设计香皂包装中的两个图标。

⚷ 设计图标

1. 启动 CorelDRAW X3，新建一个图形文件，然后利用 ⌇ 和 ⍦ 工具绘制出图 9-60 所示的图形。

2. 选择▦工具，弹出【渐变填充】对话框，设置各选项及参数如图 9-61 所示，然后单击 确定 按钮，为图形填充设置的渐变色。

图9-60　绘制的图形

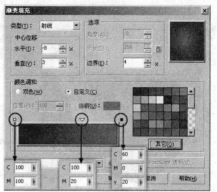

图9-61　【渐变填充】对话框

3. 选择〇工具，按住 Ctrl 键，在图形上绘制一个白色无外轮廓的圆形，如图 9-62 所示。

4. 选择🖉工具，将鼠标光标移动到圆形的中心位置，按下鼠标左键并向右拖曳，为图形添加交互式透明效果，然后将属性栏中的 射线 设置为"射线"，添加透明后的效果如图 9-63 所示。

图9-62　绘制的白色圆形

图9-63　透明效果

5. 利用🡒工具并结合移动复制及缩放图形的操作，依次复制出如图 9-64 所示的图形。

6. 将所有圆形同时选择，然后利用【效果】/【图框精确剪裁】/【放置在容器中】命令，将其放置到不规则图形中，效果如图 9-65 所示。

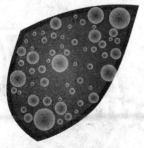

图9-64　复制出的图形

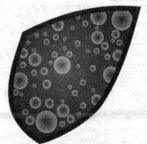

图9-65　放置在容器中的效果

7. 利用🖇和🖊工具，在不规则图形的下方绘制并调整出如图 6-66 所示的红色（M:100,Y:100）图形。

8. 利用🡒工具将最先绘制的不规则图形选择，并将其外轮廓颜色设置为白色，然后利用🗔工具为其添加交互式阴影效果，其属性栏中各参数及添加交互式阴影后的图形效果如图 9-67 所示。

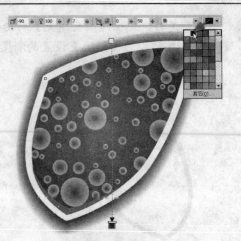

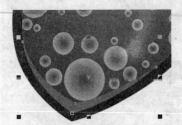

图9-66　绘制的红色图形　　　　　　　　　　　　　图9-67　阴影效果

9. 选择 字 工具，在图形上面依次输入如图 9-68 所示的白色文字和英文字母，其轮廓颜色为蓝色（C:100,M:100）。

10. 利用 工具分别将文字调整至如图 9-69 所示的倾斜形态。

图9-68　输入的文字　　　　　　　　　　　　　　　图9-69　倾斜形态

11. 确认英文字母处于选择状态，选择 工具，弹出【轮廓笔】对话框，设置各选项及参数如图 9-70 所示。

12. 单击 确定 按钮，设置轮廓属性后的文字效果如图 9-71 所示。

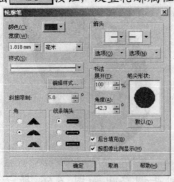

图9-70　【轮廓笔】对话框　　　　　　　　　　　　图9-71　轮廓效果

13. 利用 工具为文字添加如图 9-72 所示的交互式阴影效果，然后利用 字 和 工具依次输入并调整出如图 9-73 所示的文字。

14. 利用 工具为"专业保护健康全家"文字添加交互式阴影，效果如图 9-74 所示，其阴影颜色为蓝色（C:100,M:100）。

图9-72 阴影效果

图9-73 输入的文字

图9-74 阴影效果

下面来设计另一种图标。

15. 利用 和 工具，绘制出如图 9-75 所示的浅绿色（C:60,Y:40,K:20）无外轮廓的不规则图形。

16. 选择 工具，在浅绿色图形的下方按住鼠标左键并向下拖曳，为其添加如图 9-76 所示的交互式透明效果。

17. 在选择的图形上单击，然后在出现的旋转变形符号上按住鼠标左键并拖曳，来旋转图形，状态如图 9-77 所示。

图9-75 绘制的图形

图9-76 交互式透明效果

图9-77 旋转图形

18. 在不释放鼠标左键的情况下按下鼠标右键，旋转复制出如图 9-78 所示的图形。

19. 使用相同的旋转复制操作，再复制出如图 9-79 所示的图形。

20. 调整 3 个图形的位置后，再分别为其填充黄色（M:30,Y:100）和蓝色（C:100,M:100），效果如图 9-80 所示。

图9-78 复制出的图形

图9-79 再次复制出的图形

图9-80 填充颜色效果

21. 选择【基本形状】工具 ，单击属性栏中的 按钮，在弹出的选项面板中选择如图 9-81 所示的形状，然后绘制出如图 9-82 所示的红色（M:100,Y:100）心形。

22. 利用 工具在图形的左侧再绘制出如图 9-83 所示的圆形。

图9-81 形状面板

图9-82 绘制的图形

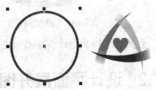

图9-83 绘制的圆形

23. 将右侧的图形选择，按住鼠标右键向左侧的圆形上拖曳，状态如图 9-84 所示。

24. 释放鼠标右键后，在弹出的右键菜单中选择【图框精确剪裁内部】命令，将图形放置到圆形的内部，然后再绘制一个大一些的圆形，如图9-85 所示。

图9-84　移动图形

图9-85　图形放置到圆形的内部

25. 利用 字工具输入如图 9-86 所示的文字，然后执行【文本】/【使文本适合路径】命令，并将鼠标光标移动到大的圆形位置，状态如图 9-87 所示。

26. 移动鼠标光标来确定文字在路径上的位置，然后单击确定。再将属性栏中 ⭤ -3.0 mm 的参数设置为 "-3.0mm"，按 Enter 键确认。

27. 利用 字工具在图形的下面再输入 "勤洗手 防疾病" 文字，如图 9-88 所示。

润肤佳家庭卫生护理专家

图9-86　输入的文字

图9-87　鼠标光标位置

图9-88　输入的文字

28. 使用【文本】/【使文本适合路径】命令，将文字沿圆形路径排列，如图 9-89 所示。

29. 分别单击属性栏中的 🔲 和 🔲 按钮，再设置 ⭤ -1.5 mm 🔲 30.0 mm 的参数分别为 "-1.5 mm" 和 "30.0 mm"，按 Enter 键确认，调整后的文字效果如图 9-90 所示。

图9-89　制作的路径文字

图9-90　调整文字位置

30. 至此，图标设计完成，按 Ctrl+S 组合键，将此文件命名为 "图标.cdr" 保存。

9.7.2　设计平面展开图

下面来设计香皂包装的平面展开图。

设计平面展开图

1. 启动 CorelDRAW X3，新建一个横向的图形文件，根据包装展开面的尺寸添加辅助线，再利用基本绘图工具绘制出香皂包装平面展开的结构图形，如图 9-91 所示。

> **要点提示** 后面的蓝色图形只是衬托包装主画面用的，读者可以任意设置颜色，包装的结构图形颜色为浅粉红色（C:10,M:13,Y:3）和白色。

2. 利用 ✎ 和 ✎ 工具，在包装的主展面上依次绘制出如图 9-92 所示的白色无外轮廓不规则图形。

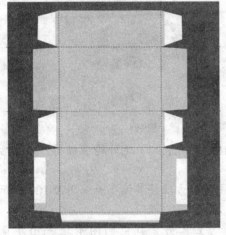
图9-91　平面展开的结构图形

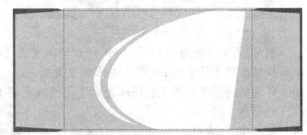
图9-92　绘制的白色图形

3. 利用 ✎ 工具为大的白色图形添加如图 9-93 所示的交互式透明效果。

4. 选择小白色图形，并选择 ✎ 工具，然后在属性栏中将 标准 ▾ 设置为"标准"，生成的效果如图 9-94 所示。

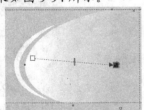
图9-93　添加交互式透明效果

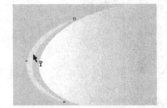
图9-94　添加交互式透明效果

5. 将调整后的两个白色图形同时选择并群组，然后移动复制，并利用调整图形大小的操作将复制出的图形调整至如图 9-95 所示的大小及位置。

6. 选择 ▢ 工具，为调整后的群组图形添加如图 9-96 所示的交互式阴影效果。

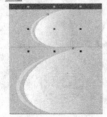
图9-95　复制出的图形

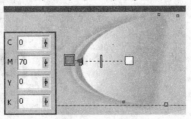
图9-96　添加阴影效果

7. 用移动复制图形的操作方法，将添加阴影后的群组图形向下移动复制，效果如图 9-97 所示。

8. 利用 ![]和 ![]工具绘制不规则图形，然后利用 ![]工具为其填充由深黄色（C:13,M:35,Y:90）到深褐色（M:20,Y:20,K:60）的线性渐变色，如图 9-98 所示。

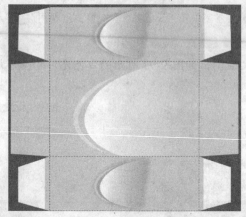

图9-97 复制出的图形

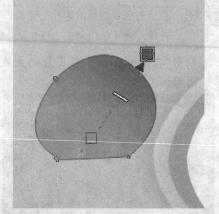

图9-98 填充渐变色

9. 利用 ![]工具绘制出如图 9-99 所示的深黄色（C:13,M:35,Y:90）无外轮廓椭圆形，然后按键盘数字区中的 ![]键将其在原位置复制。

10. 将复制的图形的填充色修改为白色，然后用缩小图形的方法将其缩小至如图 9-100 所示的形态。

11. 再次复制图形，并进行缩小调整，然后利用 ![]工具为复制出的图形填充由灰色（C:15,M:10,Y:30）到白色的线性渐变色，如图 9-101 所示。

图9-99 绘制的图形

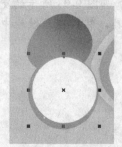

图9-100 填充白色效果

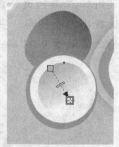

图9-101 填充渐变色

12. 将椭圆形同时选择并群组，然后分别移动复制并调整大小及位置，再将上一节设计的图标导入，调整至合适的大小后分别放置到如图 9-102 所示的位置。

图9-102 导入的图标

13. 用与步骤 11 相同的方法，为主展面添加图形和图标，效果如图 9-103 所示。

14. 选择 ▢ 工具，根据辅助线绘制矩形，然后将其与下方的图形同时选择，如图 9-104 所示。

15. 单击属性栏中的 ⬚ 按钮，用矩形将下方的圆形修剪，效果如图 9-105 所示。

图9-103　添加的图标

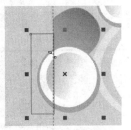

图9-104　绘制的图形

图9-105　修剪后的形态

16. 灵活运用移动复制操作、调整图形大小和旋转图形等操作，在包装展开面中复制图形，并利用 字 工具输入文字，效果如图 9-106 所示。

图9-106　复制的图形及输入的文字

17. 利用沿路径排列文字的方法，在包装盒的侧面制作出如图 9-107 所示的标签效果。然后用移动复制图形的方法将其移动复制，并调整至如图 9-108 所示的位置。

要点提示　制作标签的方法是先绘制圆形作为路径，然后输入文字，并将文字适配至圆形路径，再执行【排列】/【拆分】命令，将圆形路径和文字拆分为单独的整体，最后选择圆形删除即可。

最后来制作底面。

18. 利用 ▢ 工具绘制填充色为白色，外轮廓线为洋红色（M:100）的矩形，然后执行【效果】/【透镜】命令，在弹出的【透镜】面板中选择【透明度】选项，并将【比率】的参数设置为 "40%"。

19. 利用 工具将矩形调整至如图 9-109 所示的圆角矩形形态。

图9-107　绘制的标签

图9-108　复制的标签

图9-109　绘制的图形

20. 利用 工具在圆角矩形中绘制出如图 9-110 所示的圆形，颜色为洋红色（M:100）。

21. 选择 工具，弹出【轮廓笔】对话框，参数设置如图 9-111 所示。单击 确定 按钮，生成的圆形效果如图 9-112 所示。

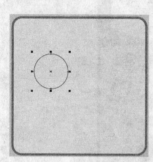

图9-110　绘制的圆形

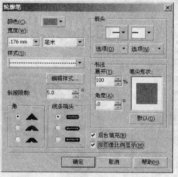

图9-111　【轮廓笔】对话框

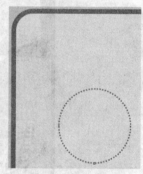

图9-112　圆形效果

22. 利用 和 工具及移动复制操作，依次制作出如图 9-113 所示的图形效果，其渐变颜色参数设置如图 9-114 所示。

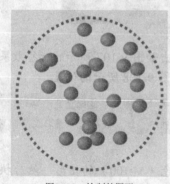

图9-113　绘制的图形

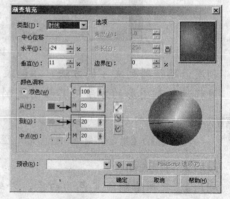

图9-114　渐变颜色设置

23. 将虚线边框的圆形向右水平移动复制，然后利用 、 和 工具，并结合移动复制、缩放和旋转图形的操作，制作出如图 9-115 所示的图形，其填充色为由蓝色到白色的线性渐变色。

24. 选择〔字〕工具，在圆角矩形内依次输入如图 9-116 所示的红色（M:100,Y:100）和黑色文字。

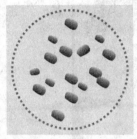

图9-115　绘制的图形

图9-116　输入的文字

25. 利用〔字〕、〔〇〕和〔口〕工具，在背面图形上依次输入并制作出如图 9-117 所示的文字和条形码。

图9-117　输入的文字

26. 将背面上的文字及图形全部选择，然后将属性栏中〔◯ 180.0 °〕的参数设置为 "180"，将图形及文字旋转角度。再利用〔字〕、〔〇〕和〔口〕工具，并结合旋转和移动复制操作，在背面图形两侧输入文字并绘制图形，如图 9-118 所示。

图9-118　输入的文字及绘制的图形

27. 至此，香皂包装的平面展开图就设计完成了，其整体效果如图 9-119 所示。按〔Ctrl〕+〔S〕组合键，将此文件命名为 "香皂包装.cdr" 保存。

图9-119 设计完成的包装平面展开图

28. 将香皂包装平面展开图导出为"香皂包装.jpg"文件，再利用 Photoshop 制作出香皂包装的立体效果，如图 9-120 所示，然后将其命名为"香皂包装立体图.psd"保存。

图9-120 制作的立体效果图

小结

本章讲解了【效果】菜单中的常用命令的应用，包括图形图像的色彩调整、变换、透镜设置、添加透视点以及图框精确剪裁等。对于【透镜】、【添加透视】和【图框精确剪裁】命令，读者要重点学习并熟练掌握，因为这几个命令在实际绘图中的作用很大，使用频率也非常高。

操作题

1. 根据读者对本章内容的学习，设计出如图 9-121 所示的报纸广告。本作品参见素材文件中"作品\第 09 章"目录下名为"操作题 09-1.cdr"的文件。

图9-121 设计的报纸广告

2. 利用【添加透视】命令对输入的文字进行透视变形，设计出如图 9-122 所示的房地产广告。本作品参见素材文件中"作品\第 09 章"目录下名为"操作题 09-2.cdr"的文件，导入的图像分别为"图库\第 09 章"目录下名为"效果图 02.jpg"和"常青嘉园.cdr"的文件。

3. 利用【图框精确剪裁】命令并结合基本绘图工具和【文字】工具设计出如图 9-123 所示的房地产广告。本作品参见素材文件中"作品\第 09 章"目录下名为"操作题 09-3.cdr"的文件，导入的图像分别为"图库\第 09 章"目录下名为"蝴蝶.ai"、"室内效果图 01.jpg"、"室内效果图 02.jpg"和"效果图 03.jpg"的文件。

图9-122 设计完成的房地产广告

图9-123 设计完成的房地产广告

4. 根据对本章"香皂包装"案例的学习，设计出如图 9-124 和图 9-125 所示的节能灯包装的平面展开图和立体效果图。本作品参见素材文件中"作品\第 09 章"目录下名为"操作题 09-4.cdr"和"操作题 09-4.psd"的文件，导入的图像为"图库\第 09 章"目录下名为"节能灯.psd"和"灯具图标.cdr"的文件。

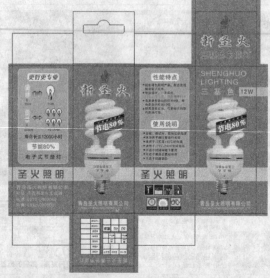

图9-124　包装平面展开图

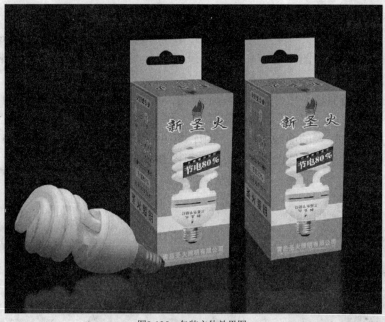

图9-125　包装立体效果图

第10章 位图效果应用

【位图】菜单是 CorelDRAW 中图像效果处理中非常精彩的一部分内容，利用其中的命令制作出的图像艺术效果可以与 Photoshop 中的【滤镜】命令相媲美。本章来讲解【位图】菜单命令，并通过给出的效果来加以说明每一个命令的作用和功能，需要注意的是，【位图】菜单下面的大多数命令只能应用于位图，要想应用于矢量图形，只有先将矢量图形转换成位图。

10.1 矢量图形与位图图像的转换

在 CorelDRAW 中可以将矢量图形与位图图像互相转换。通过把含有图样填充背景的矢量图转化为位图，图像的复杂程度就会显著降低，且可以运用各种位图效果；通过将位图图像转换为矢量图，就可以对其进行所有矢量性质的形状调整和颜色填充。

10.1.1 转换位图

选择需要转换为位图的矢量图形，然后执行【位图】/【转换为位图】命令，弹出的【转换为位图】对话框如图 10-1 所示。

- 【分辨率】：设置矢量图转换为位图后的清晰程度。在此下拉列表中选择转换成位图的分辨率，也可直接输入。
- 【颜色模式】：设置矢量图转换成位图后的颜色模式。
- 【应用 ICC 预置文件】：ICC 预置文件是国际色彩联盟编写的国际通用色彩解析文件，此文件对各大扫描仪、打印机的色彩进行了综合解析。勾选此复选项，图片输出后的色彩将把颜色误差降到最低。
- 【始终叠印黑色】：勾选此复选项，矢量图中的黑色转换成位图后，黑色就被设置了叠印。当印刷输出后，图像或文字的边缘就不会因为套版不准而出现露白或显露其他颜色的现象发生。

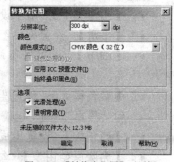

图10-1 【转换为位图】对话框

- 【光滑处理】：可以去除图像边缘的锯齿，使图像边缘变得平滑。
- 【透明背景】：勾选此复选项，可以使转换为位图后的图像背景透明。

在【转换为位图】对话框中设置选项后，单击 确定 按钮，即可将矢量图转换为位图。当将矢量图转换成位图后，使用【位图】菜单中的命令，可以为其添加各种类型的艺术效果，但不能够再对其形状进行编辑调整，针对矢量图使用的各种填充功能也不可再用。

10.1.2 描摹位图

选择要矢量化的位图图像后，执行【位图】/【描摹位图】/【线条图】命令，将弹出如图 10-2 所示的【Power TRACE】对话框。

图10-2 【Power TRACE】对话框

在【Power TRACE】对话框中，左边是效果预览区，右边是选项及参数设置区。

- 【图像类型】：用于设置图像的描摹方式。
- 【平滑】：设置生成图形的平滑程度。数值越大，图形边缘越光滑。
- 【细节】：设置保留原图像细节的程度。数值越大，图形失真越小，质量越高。
- 【颜色模式】：设置生成图形的颜色模式，包括 "CMYK"、"RGB"、"灰度" 和 "黑白" 等模式。
- 【颜色数】：设置生成图形的颜色数量，数值越大，图形越细腻。
- 【删除原始图像】：勾选此复选项，系统会将原始图像矢量化；反之会将原始图像复制然后进行矢量化。
- 【移除背景】：用于设置移除背景颜色的方式和设置移除的背景颜色。
- 【跟踪结果详细资料】：显示描绘成矢量图形后的细节报告。
- 【颜色】选项卡：其下显示矢量化后图形的所有颜色及颜色值。

将位图矢量化后，图像即具有矢量图的所有特性，可以对其形状进行调整，或填充渐变色、图案及添加透视点等。

10.2　编辑位图、裁剪和重新取样

利用【编辑位图】命令可以对位图图像进行编辑；利用【裁剪位图】命令可以裁剪位图图像，根据编辑情况可以有效地控制图像的最终显示效果；利用【重新取样】命令，可以在保持图像质量不变的情况下改变图像的大小。

10.2.1　编辑位图

执行【位图】/【编辑位图】命令，将启动 Corel PHOTO-PAINT X3，该软件是 CorelDRAW X3 系统自带的外部插件窗口，是基于对位图图像进行编辑和特效处理的程序。该软件的功能非常强大和完善，利用该软件可以像 Photoshop 一样对位图图像进行处理和制作各种滤镜特效。由于本书版面所限，就不再对其进行详细的讲解了，有兴趣的读者可参阅相关教材。

10.2.2　裁剪位图

使用【裁剪位图】命令，可以将位图图像中不需要的部分删除。其操作方法为：选择 🔪 工具，在需要裁剪的位图上单击，图像周围会出现裁剪节点和边框。利用 🔪 工具可以像调整矢量图形一样随意调整边框的大小和裁剪区域的形状，执行【位图】/【裁剪位图】命令，即可完成位图的裁剪操作。

裁剪位图生成的最终效果与置于容器中相似，但两者的本质是不同的。利用【图框精确剪裁】命令将位图图像置于指定的图形容器中，图像的尺寸将保持不变；而利用 🔪 工具对位图图像调整完成后，再利用【裁剪位图】命令对其裁剪，得到的位图比原来的尺寸要小，同时也会减小文件的大小。

10.2.3　重新取样

利用【重新取样】命令，可以在保持图像质量不变的情况下来改变图像的大小。当手动调整位图的大小时，放大图像会使其变得模糊，因为图像变大而像素数没有跟着相应的增多，位图的像素扩散在了更大的区域之中。而利用【重新取样】命令就可以在放大图像的同时，通过增加像素的数量来保留原始图像中的细节。

位图重新取样的操作如下所示。

(1)　利用 � 工具选择需要重新取样的位图，执行【位图】/【重新取样】命令，弹出如图 10-3 所示的【重新取样】对话框。

(2)　在【宽度】和【高度】的文本框中输入数值，可以改变位图的尺寸大小。当勾选【保持纵横比】复选项时，【宽度】和【高度】参数将保持一定的比例来修改。

(3)　在【水平】和【垂直】的文本框中输入数值，可以改变位图的分辨率。勾选【保持原始大小】复选项，在设置位图分辨率时，图像的原始大小不会改变。

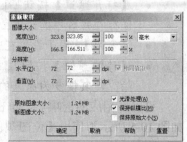

图10-3　【重新取样】对话框

(4) 勾选【光滑处理】复选项，可以生成具有较高的画面质量的图像。

(5) 单击 重置 按钮，可以将设置的参数恢复为原始状态；单击 确定 按钮，即可按照设置的参数对位图重新取样。

10.3　位图模式和颜色遮罩

利用【位图】/【模式】下面的相应命令，可以给位图图像更改模式；利用【位图颜色遮罩】命令可以根据位图颜色的色性给位图设置颜色遮罩，将位图中不需要的颜色隐藏。

10.3.1　位图模式

如果需要在 CorelDRAW 中直接转换位图图像的颜色模式时，可以执行【位图】/【模式】命令，在弹出的子菜单中选择相应的命令即可。有关位图图像颜色模式的知识，请参见第 1.4.2 小节的相关内容进行学习。

10.3.2　【位图颜色遮罩】命令

在处理和编辑位图时，如果需要隐藏位图中的某些颜色，使用【位图颜色遮罩】命令，将会得到理想的效果。利用此命令可以在位图中隐藏或显示多达 10 种选择的颜色。位图中被隐藏的颜色并没有在位图中删除，而是将其变为完全透明的一种状态。执行【位图】/【位图颜色遮罩】命令，将弹出如图 10-4 所示的【位图颜色遮罩】泊坞窗。

图10-4　【位图颜色遮罩】泊坞窗

- 【隐藏颜色】：可以隐藏位图中选择的颜色。
- 【显示颜色】：可以显示位图中选择的颜色，并将其他所有未选择的颜色隐藏。
- 【颜色选择】按钮：勾选一个颜色选择框，然后单击此按钮，将鼠标光标移动到位图中的目标颜色上单击，可以吸取需要隐藏或显示的颜色。选择的颜色将显示在选择的颜色框中。
- 【编辑颜色】按钮：单击此按钮，可在弹出的【选择颜色】对话框中设置需要隐藏或显示的颜色。
- 【保存遮罩】按钮：单击此按钮，可在弹出的【另存为】对话框中将当前设置的颜色遮罩保存，以备后用。
- 【打开遮罩】按钮：单击此按钮，可在弹出的【打开】对话框中打开已经保存在磁盘中的遮罩。
- 【容限】：用于设置在吸取颜色时的颜色范围。
- 【移除遮罩】按钮：单击此按钮，可以将当前位图中添加的颜色遮罩删除，使其恢复为原来的图像显示效果。

设置好相应的选项后，单击 应用 按钮，即可将设置的颜色在位图中显示或隐藏。如图 10-5 所示为使用【位图颜色遮罩】命令后的画面对比效果。

图10-5　原图和使用【位图颜色遮罩】命令后的对比效果

10.4　位图效果

利用【位图】命令可对位图图像进行特效艺术化处理。CorelDRAW X3 的【位图】菜单中共有 70 多种（分为 10 类）位图命令，每个命令都可以使图像产生不同的艺术效果，下面以列表的形式来介绍每一个命令的功能。

10.4.1　【三维效果】命令

【三维效果】命令可以使选择的位图产生不同类型的立体效果。其下包括 7 个菜单命令，每一种滤镜所产生的效果如图 10-6 所示。

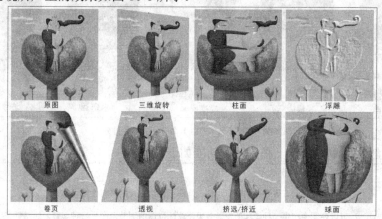

图10-6　执行【三维效果】命令产生的各种效果

【三维效果】菜单中的每一种滤镜的功能如下。

滤镜名称	功　　能
【三维旋转】	可以使图像产生一种景深效果
【柱面】	可以使图像产生一种好像环绕在圆柱体上的突出效果，或贴附在一个凹陷曲面中的凹陷效果
【浮雕】	可以使图像产生一种浮雕效果。通过控制光源的方向和浮雕的深度还可以控制图像的光照区和阴影区
【卷页】	可以使图像产生有一角卷起的卷页效果
【透视】	可以使图像产生三维的透视效果
【挤远/挤近】	可以从图像的中心开始弯曲整个图像
【球面】	可以使图像产生一种环绕球体的效果

10.4.2 【艺术笔触】命令

【艺术笔触】命令是一种模仿传统绘画效果的特效滤镜，可以使图像产生类似于画笔绘制的艺术特效。其下包括 14 个菜单命令，每一种滤镜所产生的效果如图 10-7 所示。

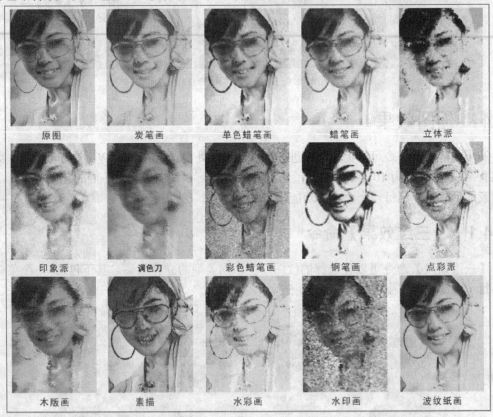

图10-7　执行【艺术笔触】命令产生的各种效果

【艺术笔触】菜单中的每一种滤镜的功能如下。

滤镜名称	功　　能
【炭笔画】	使用此命令就好像是用炭笔在画板上画图一样，它可以将图像转化为黑白颜色
【单色蜡笔画】	可以使图像产生一种柔和的发散效果，软化位图的细节，产生一种雾蒙蒙的感觉
【蜡笔画】	可以使图像产生一种熔化效果。通过调整画笔的大小和图像轮廓线的粗细来反映蜡笔效果的强烈程度，轮廓线设置得越大，效果表现越强烈，在细节不多的位图上效果最明显
【立体派】	可以分裂图像，使其产生网印和压印的效果
【印象派】	可以使图像产生一种类似于绘画中的印象派画法绘制的彩画效果
【调色刀】	可以为图像添加类似于使用油画调色刀绘制的画面效果
【彩色蜡笔画】	可以使图像产生类似于粉性蜡笔绘制出的斑点艺术效果
【钢笔画】	可以产生类似使用墨水绘制的图像效果，此命令比较适合图像内部与边缘对比比较强烈的图像
【点彩派】	可以使图像产生看起来好像由大量的色点组成的效果
【木版画】	可以在图像的彩色或黑白色之间生成一个明显的对照点，使图像产生刮涂绘画的效果

滤镜名称	功　能
【素描】	可以使图像生成一种类似于素描的效果
【水彩画】	此命令类似于【彩色蜡笔画】命令，可以为图像添加发散效果
【水印画】	可以使图像产生斑点效果，使图像中的微小细节隐藏
【波纹纸画】	可以为图像添加细微的颗粒效果

10.4.3　【模糊】命令

【模糊】命令示通过不同的方式柔化图像中的像素，使图像得到平滑的模糊效果。其下包括 9 个菜单命令，如图 10-8 所示为部分模糊命令制作的模糊效果。

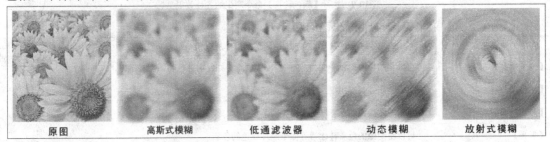

| 原图 | 高斯式模糊 | 低通滤波器 | 动态模糊 | 放射式模糊 |

图10-8　执行【模糊】命令产生的各种效果

【模糊】菜单中的每一种滤镜的功能如下。

滤镜名称	功　能
【定向平滑】	可以为图像添加少量的模糊，使图像产生非常细微的变化，主要适合于平滑人物皮肤和校正图像中细微粗糙的部位
【高斯式模糊】	此命令是经常使用的一种命令，主要通过高斯分布来操作位图的像素信息，从而为图像添加模糊变形的效果
【锯齿状模糊】	可以为图像添加模糊效果，从而减少经过调整或重新取样后生成的参差不齐的边缘，还可以最大限度地减少扫描图像时的蒙尘和刮痕
【低通滤波器】	可以抵消由于调整图像的大小而产生的细微狭缝，从而使图像柔化
【动态模糊】	可以使图像产生动态速度的幻觉效果，还可以使图像产生风雷般的动感
【放射式模糊】	可以使图像产生向四周发散的放射效果，离放射中心越远放射模糊效果越明显
【平滑】	可以使图像中每个像素之间的色调变得平滑，从而产生一种柔软的效果
【柔和】	此命令对图像的作用很微小，几乎看不出变化，但是使用【柔和】命令可以在不改变原图像的情况下再给图像添加轻微的模糊效果
【缩放】	此命令与【放射式模糊】命令有些相似，都是从图形的中心开始向外扩散放射。但使用【缩放】命令可以给图像添加逐渐增强的模糊效果，并且可以突出图像中的某个部分

10.4.4　【相机】命令

【相机】命令下只有【扩散】一个子命令，主要是通过扩散图像的像素来填充空白区域消除杂点，类似于给图像添加模糊的效果，但效果不太明显。

10.4.5 【颜色转换】命令

【颜色转换】命令类似于位图的色彩转换器，可以给图像转换不同的色彩效果。其下包括 4 个菜单命令，每一种滤镜所产生的效果如图 10-9 所示。

图10-9　执行【颜色转换】命令产生的各种效果

【颜色变换】菜单中的每一种滤镜的功能如下。

滤镜名称	功　　能
【位平面】	可以将图像中的色彩变为基本的 RGB 色彩，并使用纯色将图像显示出来
【半色调】	可以使图像变得粗糙，生成半色调网屏效果
【梦幻色调】	可以将图像中的色彩转换为明亮的色彩
【曝光】	可以将图像的色彩转化为近似于照片底色的色彩

10.4.6 【轮廓图】命令

【轮廓图】命令是在图像中按照图像的亮区或暗区边缘来探测、寻找勾画轮廓线。其下包括 3 个菜单命令，每一种滤镜所产生的效果如图 10-10 所示。

图10-10　执行【轮廓图】命令产生的各种效果

【轮廓图】菜单中的每一种滤镜的功能如下。

滤镜名称	功　　能
【边缘检测】	可以对图像的边缘进行检测显示
【查找边缘】	可以使图像中的边缘彻底地显现出来
【描摹轮廓】	可以对图像的轮廓进行描绘

10.4.7 【创造性】命令

【创造性】命令可以给位图图像添加各种各样的创造性底纹艺术效果。其下包括 14 个菜单命令，每一种滤镜所产生的效果如图 10-11 所示。

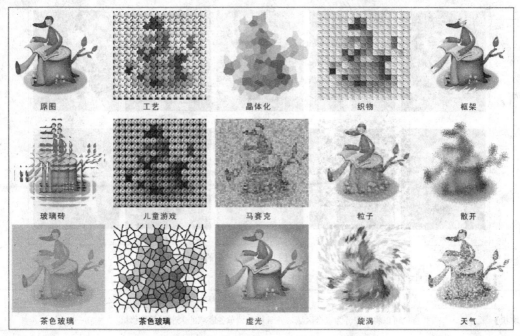

图10-11 执行【创造性】命令产生的各种效果

【创造性】菜单中的每一种滤镜的功能如下。

滤镜名称	功　　能
【工艺】	可以为图像添加多种样式的纹理效果
【晶体化】	可以将图像分裂为许多不规则的碎片
【织物】	此命令与【工艺】命令有些相似，它可以为图像添加编织特效
【框架】	可以为图像添加艺术性的边框
【玻璃砖】	可以使图像产生一种玻璃纹理效果
【儿童游戏】	可以使图像产生很多意想不到的艺术效果
【马赛克】	可以将图像分割成类似于陶瓷碎片的效果
【粒子】	可以为图像添加星状或泡沫效果
【散开】	可以使图像在水平和垂直方向上扩散像素，使图像产生一种变形的特殊效果
【茶色玻璃】	可以使图像产生一种透过雾玻璃或有色玻璃看图像的效果
【彩色玻璃】	可以使图像产生彩色玻璃效果，类似于用彩色的碎玻璃拼贴在一起的艺术效果
【虚光】	可以使图像产生一种边框效果，还可以改变边框的形状、颜色、大小等内容
【旋涡】	可以使图像产生旋涡效果
【天气】	可以给图像添加如下雪、下雨或雾等天气效果

10.4.8 【扭曲】命令

　　【扭曲】命令可以对图像进行扭曲变形，从而改变图像的外观，但在改变的同时不会增加图像的深度。其下包括 10 个菜单命令，每一种滤镜所产生的效果如图 10-12 所示。

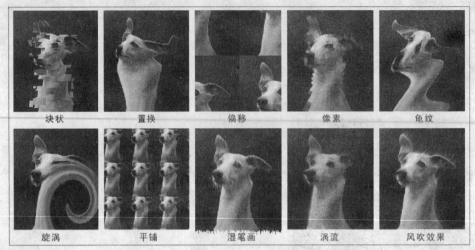

图10-12 执行【扭曲】命令产生的各种效果

【扭曲】菜单中的每一种滤镜的功能如下。

滤镜名称	功　能
【块状】	可以将图像分为多个区域，并且可以调节各区域的大小以及偏移量
【置换】	可以将预设的图样均匀置换到图像上
【偏移】	可以按照设置的数值偏移整个图像，并按照指定的方法填充偏移后留下的空白区域
【像素】	可以按照像素模式使图像像素化，并产生一种放大的位图效果
【龟纹】	可以使图像产生扭曲的波浪变形效果，还可以对波浪的大小、幅度、频率等进行调节
【旋涡】	可以使图像按照设置的方向和角度产生变形，生成按顺时针或逆时针旋转的旋涡效果
【平铺】	可以将原图像作为单个元素，在整个图像范围内按照设置的个数进行平铺排列
【湿笔画】	可以使图像生成一种尚未干透的水彩画效果
【涡流】	此命令类似于【旋涡】命令，可以为图像添加流动的旋涡图案
【风吹效果】	可以使图像产生起风的效果，还可以调节风的大小以及风的方向

10.4.9　【杂点】命令

　　【杂点】命令不仅可以给图像添加杂点效果，而且还可以校正图像在扫描或过渡混合时所产生的缝隙。其下包括 6 个菜单命令，部分滤镜所产生的效果如图 10-13 所示。

原图　　　　添加杂点　　　　最大值　　　　中值　　　　最小

图10-13 执行【杂色】命令产生的各种效果

【杂点】菜单中的每一种滤镜的功能如下。

滤镜名称	功 能
【添加杂点】	可以将不同类型和颜色的杂点以随机的方式添加到图像中，使其产生粗糙的效果
【最大值】	可以根据图像中相邻像素的最大色彩值来去除杂点，多次使用此命令会使图像产生一种模糊效果
【中值】	通过平均图像中的像素色彩来去除杂点
【最小】	通过使图像中的像素变暗来去除杂点，此命令主要用于亮度较大和过度曝光的图像
【去除龟纹】	可以将图像扫描过程中产生的网纹去除
【去除杂点】	可以降低图像扫描时产生的网纹和斑纹强度

10.4.10 【鲜明化】命令

【鲜明化】命令可以使图像的边缘变得更清晰。其下包括 5 个菜单命令，部分滤镜所产生的效果如图 10-14 所示。

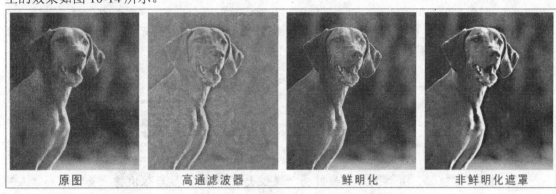

图10-14 执行【鲜明化】命令产生的各种效果

【鲜明化】菜单中的每一种滤镜的功能如下。

滤镜名称	功 能
【适应非鲜明化】	可以通过分析图像中相邻像素的值来加强位图中的细节，但图像的变化极小
【定向柔化】	可以根据图像边缘像素的发光度来使图像变得更清晰
【高通滤波器】	通过改变图像的高光区和发光区的亮度及色彩度，从而去除图像中的某些细节
【鲜明化】	可以使图像中各像素的边缘对比度增强
【非鲜明化遮罩】	通过提高图像的清晰度来加强图像的边缘

10.5 综合案例——设计化妆品广告

本节综合运用基本绘图工具、【文本】工具、【导入】命令及【位图】菜单下的部分命令来设计化妆品广告。

10.5.1 制作艺术字

下面首先利用【椭圆形】工具及【文字】工具来制作艺术字效果。

制作艺术字

1. 按 `Ctrl`+`N` 组合键，新建一个横向的图形文件。
2. 利用 工具绘制一个轮廓色为酒绿色（C:40,Y:100），轮廓宽度为 "0.83 mm" 的圆形，然后用移动复制图形的方法，将圆形移动复制，并将复制出的图形放置到如图 10-15 所示的位置。
3. 单击属性栏中的 按钮，将复制出的圆形转换为弧线，然后将其起始和结束角度分别设置为 "0" 和 "180"，生成的弧线效果如图 10-16 所示。
4. 将弧线的颜色修改为黄色（Y:100），然后旋转至如图 10-17 所示的形态。

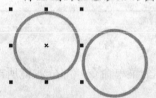
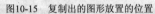
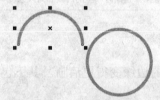
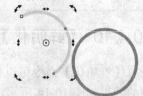

图10-15 复制出的图形放置的位置   图10-16 生成的弧线效果   图10-17 弧线旋转后的形态

5. 用相同的移动复制并调整图形的方法，制作出如图 10-18 所示的洋红色（M:100）弧线。然后利用 工具输入如图 10-19 所示的黑色文字，字体为 "汉仪中黑简"。

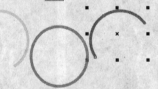
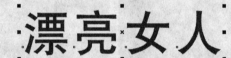

图10-18 制作的弧线   图10-19 输入的文字

6. 将 "亮" 字选择，并将其字体修改为 "汉仪大宋简体"，然后依次将 "女" 字和 "人" 字选择，并分别修改其字体为 "华文新魏" 和 "文鼎 CS 行楷"，修改字体后的文字效果如图 10-20 所示。
7. 按 `Ctrl`+`K` 组合键，将文字拆分为单个文字，然后将拆分后的文字分别调整至合适的大小及颜色，移动到如图 10-21 所示的位置。

图10-20 修改字体后的文字效果   图10-21 文字放置的位置

8. 利用 工具在文字的右下方绘制一个黄色（Y:100）的无轮廓矩形，然后利用 工具在矩形上输入图 10-22 所示的洋红色（M:100）文字，完成艺术字的制作。

图10-22 输入的文字

9. 双击 工具，将作为艺术字的所有图形及文字选择，并按 `Ctrl`+`G` 组合键群组。
10. 按 `Ctrl`+`S` 组合键，将此文件命名为 "化妆品广告.cdr" 保存。

10.5.2　设计化妆品广告

　　下面来设计化妆品广告，在设计过程中主要运用【转换为位图】命令及为转换的位图添加位图效果的方法，希望读者通过练习能将其掌握。

🗝 设计化妆品广告

1. 接上例。双击 ▣ 工具，创建一个与页面相同大小的矩形，然后为其填充如图 10-23 所示的渐变色。

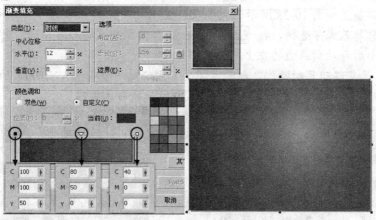

图10-23　为矩形填充渐变色

2. 执行【位图】/【转换为位图】命令，在弹出的【转换为位图】对话框中设置选项及参数如图 10-24 所示，然后单击 确定 按钮，将矩形转换为位图。

3. 执行【位图】/【创造性】/【天气】命令，为位图图像添加雪效果，参数设置及添加后的效果如图 10-25 所示。

图10-24　【转换为位图】对话框　　　　　　　图10-25　设置的雪参数及添加后的效果

4. 执行【排列】/【锁定对象】命令，将位图图像锁定。

5. 按 Ctrl+I 组合键，将附盘中 "图库\第 10 章" 目录下名为 "化妆品.psd" 的文件导入，然后调整至如图 10-26 所示的形态及位置。

6. 用移动复制并旋转调整图形的方法，依次将 "化妆品" 图形复制并旋转调整，使最终效果如图 10-27 所示。

图10-26　导入图片调整后的形态及位置　　　　　　　　图10-27　复制出的图形

7. 按 Ctrl+I 组合键，将教学资源包中"图库\第 10 章"目录下名为"流水.psd"的文件导入，然后调整至如图 10-28 所示的大小及位置。

8. 将上面制作的艺术字选择，按 Ctrl+Home 组合键调整至所有对象的前面，然后调整为合适的大小后移动到画面的左上角。

9. 利用 □ 工具及移动复制操作，在艺术字的下方绘制两个黄色（Y:100）的无外轮廓小正方形，然后利用 字 工具依次输入如图 10-29 所示的白色文字。

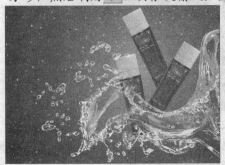

图10-28　流水图片调整后的大小及位置　　　　　　　图10-29　输入的文字

10. 继续利用 字 工具输入如图 10-30 所示的黑色文字，然后选择 ♦ 工具，弹出【轮廓笔】对话框，设置各选项及参数如图 10-31 所示。

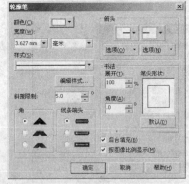

图10-30　输入的文字　　　　　　　　　　图10-31　【轮廓笔】对话框参数设置

11. 单击 确定 按钮，设置轮廓属性后的文字效果如图 10-32 所示。

图10-32　设置轮廓属性后的文字效果

12. 按键盘数字区中的 ➕ 键，将文字在原位置复制，然后将复制出的文字颜色修改为黄色（Y:100），轮廓色修改为黑色，轮廓【宽度】修改为"1.33mm"，效果如图 10-33 所示。

图10-33　复制出的文字

13. 利用 字 工具依次输入如图 10-34 所示的文字，其填充色为冰蓝色（C:40），轮廓色为蓝色（C:100,M:100）。

图10-34　输入的文字

14. 至此，化妆品广告设计完成，整体效果如图 10-35 所示。

图10-35　设计完成的化妆品广告

15. 按 Ctrl+S 组合键，将此文件保存。

读者可以将绘制完成的化妆品广告导出为"JPG-JPEG Bitmaps"格式，然后利用 Photoshop 打开教学资源包中"图库\第 10 章"目录下名为"墙面.jpg"的文件，进行实际场景效果图绘制，最终效果如图 10-36 所示。

图10-36　放置于实际场景中的广告效果

小结

本章主要学习了 CorelDRAW X3 中的【位图】菜单命令，在讲解过程中，对每一个命令选项都进行了介绍，并给出了使用此命令制作的图像的效果对比，使读者清楚地了解每一个命令的功能和对图像所产生的作用，这对读者进行图像效果处理有很大的帮助和参考价值。希望读者能够对这些命令熟练掌握，在实际工作中也能够做到灵活运用，制作出一些精彩的图像艺术效果来。

操作题

1. 利用与本章设计化妆品广告相同的方法，设计出如图 10-37 所示的化妆品广告，制作出的实景效果要求如图 10-38 所示。本作品参见教学资源包中"作品\第 10 章"目录下名为"操作题 10-1.cdr"的文件，导入的图像为"图库\第 10 章"目录下名为"化妆品.psd"、"流水.psd"的文件。

图10-37 设计的化妆品广告

图10-38 制作的候车亭实景效果

2. 利用基本绘图工具、【文本】工具，并结合【导入】命令及【位图】菜单命令，设计出如图 10-39 所示的中华网络户外广告，制作出的实景效果要求如图 10-40 所示。本作品参见教学资源包中"作品\第 10 章"目录下名为"操作题 10-2.cdr"的文件，导入的图像为"图库\第 10 章"目录下名为"夜景.jpg"的文件。

图10-39 设计的户外广告

图10-40 制作的实景效果

第11章　系统设置、作品打印与发布

本章主要讲解重新设置工作界面的选项、使用图层管理对象操作及作品的打印输出与发布。重新设置工作界面在 CorelDRAW 中不太常用，但其选项的功能及作用却不容忽视。作品的打印输出与发布是本章的重点，希望读者要认真学习。

11.1　自定义选项设置

读者可以利用【选项】命令根据自己的操作习惯来重新设置工作区、文档和全局。执行【工具】/【选项】命令（或按 Ctrl+J 组合键），弹出如图 11-1 所示的【选项】对话框。在此对话框的左侧区域可以选择需要设置的各种选项。单击任一选项命令，在其右边的设置区中将会出现相对应的不同选项及设置参数。

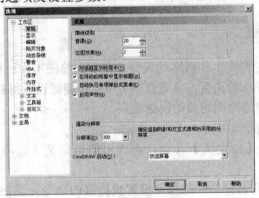

图11-1　【选项】对话框

- 【工作区】：可以对页面的显示、捕捉对象、文件的保存、文本及工具箱等选项进行设置。
- 【文档】：可以设置图形的显示模式，当前页面的大小、版式和背景，辅助线的显示与预置，网格和标尺的设置以及当前文件保存时的有关设置等。
- 【全局】：可以设置当前文件打印时的有关内容、位图执行效果命令时最初的预览方式、可用文件的过滤器选项等。此处的过滤器是指 CorelDRAW X3 可用位图、矢量图、文本及动画文件的格式。

11.1.1　自定义命令栏

执行【工具】/【自定义】命令，弹出自定义【选项】对话框。在【命令栏】中可以自定义菜单栏、属性栏、工具箱等命令栏中的按钮大小、边界及外观等选项。单击左侧的【命令栏】选项，弹出的【选项】对话框如图 11-2 所示。

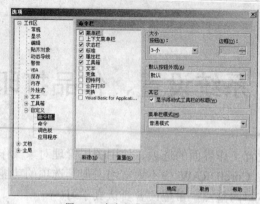

图11-2 自定义【选项】对话框

- 在右侧区域中勾选不同的选项，可设置相应选项栏是否在绘图窗口中显示或隐藏。

- 单击【命令栏】下方的 新建(N) 按钮，可新建一个工具栏。当在列表中选择软件自带的工具栏时，单击下方的 重置(R) 按钮，可重新设置工具栏中的按钮，使其恢复为默认的设置。当在列表中选择新建的工具栏时，其下方将显示 删除(L) 按钮，单击此按钮，可将该工具栏删除。

11.1.2 设置快捷键

给命令设置快捷键是提高工作效率的关键。在实际绘图工作过程中，CorelDRAW 自带的快捷键也许不能满足操作的需要，或者有些常用的快捷键设置得并不方便，因此读者可以根据需要自行设置符合自己绘图习惯的快捷键。

设置命令快捷键的方法如下。

(1) 执行【工具】/【自定义】命令，在弹出的自定义【选项】对话框中单击【自定义】/【命令】选项。

(2) 在右侧的命令列表窗口中选择要设置快捷键的命令，然后在右侧的设置区域中单击【快捷键】选项卡，弹出的快捷键【选项】对话框如图 11-3 所示。

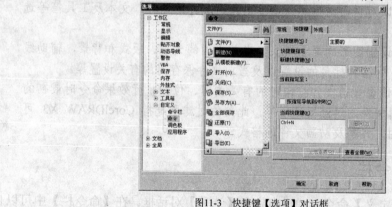

图11-3 快捷键【选项】对话框

(3) 在弹出对话框的【新建快捷键】文本框中单击，插入输入符，然后在键盘上按下要设置命令的快捷键。

要点提示 此快捷键如已被其他命令使用，【当前指定至】文本框中将显示该命令，此时读者要重新按下另一个要设置命令的快捷键。

(4) 单击 指定(A) 按钮，即为当前选择的命令设置了快捷键，此时【当前快捷键】文本框中将显示此快捷键。

如要将设置的快捷键删除，可首先在【当前快捷键】文本框中选择要删除的快捷键，然后单击其右侧的 删除(D) 按钮即可。

- 单击 全部重置(R) 按钮，将重新设置所有命令的快捷键。
- 单击 查看全部(W) 按钮，弹出 CorelDRAW X3 中各命令的【快捷键】列表，拖曳右侧的滑块可观察所有的快捷键命令。

11.1.3 自定义调色板

在自定义【选项】对话框中单击左侧的【调色板】选项，弹出的自定义【选项】对话框如图 11-4 所示。在此对话框右侧的区域中，可以设置调色板在绘图窗口右侧固定位置时显示的列数、调色板中颜色之间的间距、颜色样本大小、是否显示⊠按钮及在颜色上右击时的功能。

11.1.4 设置透明用户界面

在自定义【选项】对话框左侧单击【应用程序】选项，弹出的自定义【选项】对话框如图 11-5 所示。在此对话框右侧的设置区域中勾选【使用户界面透明】复选项，并勾选【命令栏】、【泊坞窗】或【具有颜色信息的 UI】复选项，再设置右侧的【透明层】选项，就可以设置透明的界面，包括菜单栏及各浮动面板。

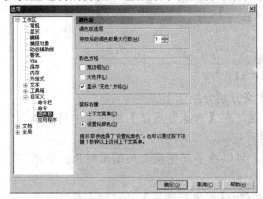

图11-4 自定义【选项】对话框

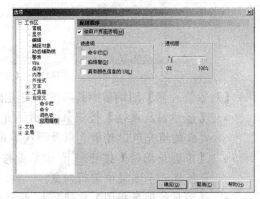

图11-5 自定义【选项】对话框

11.1.5 提高显示速度

在日常工作中，计算机反应速度慢会非常影响绘图效率，最典型的就是在 CorelDRAW X3 中编辑有文字的复杂图形时，虽然鼠标光标已经选到文字，电脑却会等一阵才能反应过来，然后才能进行文字的编辑，很不方便。下面就讲解这种问题的解决方法。

(1) 执行【工具】/【选项】命令，在弹出的【选项】对话框中依次单击【工作区】/

【内存】选项，然后将右侧参数设置区中的内存使用百分比提高（具体数值根据需要设置），默认是 25%。再将【允许压缩】复选项前面的勾选取消。

> **要点提示** 如果在使用 CorelDRA 件的同时常使用 Photoshop 之类的其他软件，尽量不要将此值设置为 50%以上，以免影响其他程序运行。

(2) 单击【文本】/【字体】选项，然后将右侧设置区中的【使用字体显示字体名称】复选项前面的勾选取消。

(3) 单击【文本】/【拼写】选项，然后将右侧设置区中的【执行自动拼写检查】复选项前面的勾选取消。

执行以上操作后，重新启动 CorelDRAW X3，即可完成提高显示速度操作，此时再进行文字的编辑操作，反应速度就会非常快了。

11.2　使用图层管理对象

大多数精美的作品都是由很多个对象组成，在 CorelDRAW X3 中也可以像在 Photoshop 中一样利用图层对这些对象进行管理。

执行【工具】/【对象编辑器】命令，弹出如图 11-6 所示的【对象管理器】泊坞窗。在此对话框中可以查看绘图窗口中各个对象的属性，并能将其显示或隐藏。

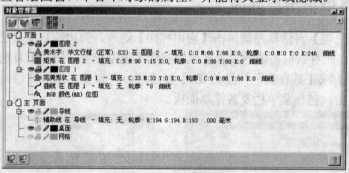

图11-6　【对象管理器】泊坞窗

【对象管理器】泊坞窗中其各图标按钮的含义分别介绍如下。

- 【显示对象属性】按钮 ：激活此按钮，在【对象管理器】泊坞窗中将显示对象的填充色、轮廓色以及形状等属性。
- 【跨图层编辑】按钮 ：激活此按钮，可以在不同图层之间编辑对象。否则只能在一个图层中编辑对象。
- 【图层管理器视图】按钮 ：激活此按钮，【对象管理器】泊坞窗中将只显示所有的图层，而不显示图层中的对象。
- 【显示或隐藏】图标 ：设置对象是否在绘图窗口中显示。当在此图标上单击使其显示为灰色时，此对象将在绘图窗口中隐藏。
- 【启用还是禁用打印和导出】图标 ：在打印文件时，要设置对象为可打印。当在此图标上单击使其显示为灰色时，此对象将不能被打印。
- 【锁定或解除锁定】图标 ：设置对象是否可以进行编辑。当在此图标上单击使其显示为灰色时，即将此对象锁定，此时将不能对其进行编辑操作。

- 【新建图层】按钮：单击此按钮，可以在【对象管理器】泊坞窗中新建一个图层。
- 【新建主图层】按钮：单击此按钮，可以在【对象管理器】泊坞窗中新建一个主图层。所谓主图层，是指无论当前文件有多少页面，每一页面中将都包含主图层中的内容。
- 【删除】按钮：单击此按钮，可以将当前选择的图层或对象删除。

11.2.1　选择对象并编辑

在【对象管理器】泊坞窗中单击任一对象，即可将绘图窗口中相应的对象选中。按住 Ctrl 键可以同时选择同一页面中的多个对象；按住 Shift 键，可以选择同一页面中连续的多个对象。当按钮被激活时，可以同时选择同一页面、不同图层中的对象。

在【对象管理器】泊坞窗中除可以选择对象外，还可以在图层之间移动、复制和群组对象，并可以方便地改变同一图层中对象的排列顺序。

- 在【对象管理器】泊坞窗中选择要移动或复制的对象，单击对话框右上角的按钮，在弹出的菜单中选择【移动图层】或【复制到图层】命令，鼠标光标将显示为形状，在要移动或复制的图层上单击，即可将对象移动或复制到该图层中。
- 选择两个或两个以上的对象后，在选择的对象上右击，然后在弹出的右键菜单中选择【群组】命令，即可将选择的对象群组；也可将一个对象拖曳到另一个对象上，当鼠标光标显示为形状时，释放鼠标左键，即可将两个对象群组。单击群组对象前面的图标，可将该组展开，显示出群组的对象。

在群组对象中选择某一对象然后将其向群组外的空白区域拖曳，当鼠标光标显示为形状时释放鼠标左键，可将该对象在群组中分离。如在选择的对象上右击，在弹出的右键菜单中选择【取消群组】命令，可将该群组取消。

- 选择要改变顺序的对象，然后将其向要调整的位置拖曳，当出现带有插入光标的黑色线形时释放鼠标，即可改变选择对象的排列顺序；如在选择的对象上按下鼠标右键，同时向要调整的位置拖曳，此时鼠标光标会显示为一个虚线的指示方框，至合适的位置后释放鼠标右键，会弹出一个右键菜单，选择【移到对象前】或【在之后移动】命令，也可改变对象的顺序。另外，在选择的对象上右击，然后在弹出的右键菜单中选择相应的【顺序】命令，也可改变对象的排列顺序。

11.2.2　查看或编辑对象属性

在【对象管理器】泊坞窗中选择的对象上右击，在弹出的右键菜单中选择【属性】命令，可打开【对象属性】泊坞窗，如图 11-7 所示（注意，由于选择的对象不同，该泊坞窗中的选项也会有所不同）。在此对话框中可对选择对象的属性进行查看或进行修改。

- 【填充】选项卡：用于查看或设置选择对象的填充属性。
- 【轮廓】选项卡：用于查看或设置选择对象的轮廓属性。

- 【常规】选项卡█: 用于查看或设置选择对象的文本绕图样式。
- 【细节】选项卡█: 用于查看选择对象细节属性，如宽度、高度和中心坐标位置等。
- 【因特网】选项卡█: 用于将选择对象创建为超链接书签对象。
- 【曲线】选项卡~|: 用于显示选择对象的属性，包括节点数或节点位置等。
- 如选择文本，最后的【曲线】选项卡~|将显示为【文本】选项卡█, 用于查看或设置选择文字的属性，如字体、字号和对齐设置等。
- 如选择位图，【对象属性】泊坞窗中将没有【填充】和【轮廓】选项卡，且最后的选项卡将显示为【位图】选项卡█, 用于查看当前位图的属性，如大小、颜色模式和分辨率等。

图11-7 【对象属性】泊坞窗

11.3 打印

利用 CorelDRAW X3 创作的作品，完成后可以进行打印输出。由于 CorelDRAW X3 具有较完善的打印输出命令，因此成为输出中常用的软件之一。

11.3.1 打印输出

对作品进行打印前，首先要进行打印设置，如定义纸张的大小、打印图片的质量或副本数等。本章以实例的形式来详细讲解打印操作过程。

🔑 打印设置

1. 确认打印机处于联机状态，打开打印机电源开关。
2. 在放纸夹架中放一张 A4（210 毫米 × 297 毫米）尺寸的普通打印纸。
3. 在 CorelDRAW X3 中打开一幅要打印的作品。
4. 执行【文件】/【打印】命令，弹出如图 11-8 所示的【打印】对话框。

打印机系统默认的纸张方向为纵向打印，如果要打印作品的页面是横向的，在设置打印参数之前，系统会自动弹出如图 11-9 所示的询问面板，提示自动调整打印纸方向。单击 █是(Y)█ 按钮，即可进行打印参数设置。

图11-8 【打印】对话框

图11-9 【CorelDRAW】对话框

- 【目标】栏：在【名称】下拉列表中可选择要使用的打印机名称，其下将显示所选打印机的类型、状态、位置和说明等信息。
- 属性(P) 按钮：单击该按钮，弹出如图 11-10 所示的【属性】对话框。在【主窗口】选项卡中可设置打印的质量、打印纸的类型、尺寸和打印方向等。在【页面版式】选项卡中可设置打印的位置、份数、页数等。【维护】选项卡中的选项主要用于设置对打印机的维护，如打印头清洗、校准或更换墨盒等。

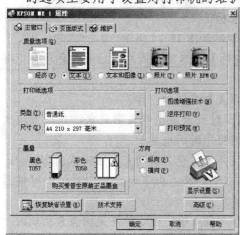 

图11-10　【属性】对话框

要点提示　由于打印机的品牌和型号不同，在执行【打印】命令后弹出的【打印】对话框的形状也会有所不同，但基本选项设置都会在不同型号打印机的【打印】对话框内找到。

5. 在【打印】对话框中切换到【版面】选项卡，如图 11-11 所示。在该对话框的【图像位置和大小】栏中可以设置打印时图像的位置和大小，勾选【出血限制】复选项，可以设置出血的数值。

要点提示　设置出血是为了防止在印刷裁切的过程中，由于裁切误差而在成品图像上留下白边。

6. 在【打印】对话框中切换到【分色】选项卡，如图 11-12 所示。在该对话框中，只有勾选了【打印分色】复选项后其下的选项才可用。在【选项】栏中可以设置不同的分色模式；在【补漏】栏中可以选择不同的补漏功能。

 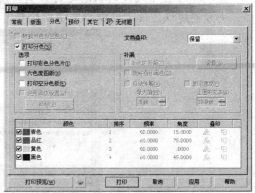

图11-11　【版面】选项卡　　　　　　　　图11-12　【分色】选项卡

7. 在【打印】对话框中切换到【预印】选项卡，如图 11-13 所示。

- 在该对话框的【纸张/胶片设置】栏中可以设置页面的显示方式。
- 在【文件信息】栏中可以设置打印文件的相关信息。
- 在【裁剪 /折叠标记】栏中可以设置将裁切线印刷到输出的胶片上，有利于印刷厂装订。
- 在【注册标记】栏中可以选择不同的套准样式，有利于在印刷时胶片的套准。
- 在【调校栏】栏中可以设置调校的参考标记。

8. 在【打印】对话框中切换到【其它】选项卡，如图 11-14 所示。

- 在该对话框中勾选【应用 ICC 预置文件】复选项，图片输出后的色彩会把颜色误差降到最低。
- 勾选【打印作业信息表】复选项，可以更加方便地打印。
- 如设置较小的【渐变步长】值，在打印时可能会出现条带现象，此时可增大步长值。步长值越大，调和越平滑，但打印时间也越长。
- 将彩色图像打印黑白效果时，可以指定是以黑色方式还是灰度方式打印。
- 勾选【光栅化整页】复选项，并在其右侧的文本框中设置一个数值，可将图像转换为位图，并提高打印速度。
- 设置【位图缩减取样】选项，可以减小文件大小。由于位图是由像素组成的，所以当缩减位图取样时，每个线条的像素数将减少，从而减小了文件大小。

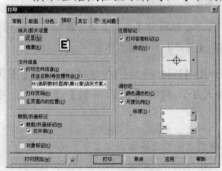
图11-13 【预印】选项卡

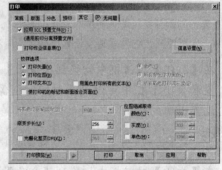
图11-14 【其它】选项卡

9. 切换到最后一个【无问题】选项卡，如图 11-15 所示，该选项卡的功能是进行印前检查，即对打印文件的状态进行检查，发现问题将在该对话框中显示，并提供简要的解决方案建议。读者可以指定印前检查需要检查的问题，也可以保存印前检查设置。

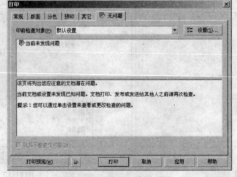
图11-15 最后一个选项卡

10. 设置完以上的选项后，单击 打印预览(W) 按钮，可预览打印效果。如无问题，单击 打印 按钮，即可对作品进行打印。

11.3.2　打印预览

在打印作品之前，可以先预览打印后的版面效果，该功能方便读者在打印前进一步调整打印效果，使打印后的作品更加精确。

执行【文件】/【打印预览】命令，即可进入打印预览模式，弹出的【打印预览】对话框，如图 11-16 所示。

图11-16　【打印预览】对话框

在 调整到页面大小 下拉列表中可设置图像在页面中的位置，包括【与文档相同】、【调整到页面大小】、【页面中心】、【左上角】和【右下角】等选项，默认显示【与文档相同】选项。

对预览的效果满意后，单击工具栏中的 按钮即可进行打印。单击工具栏中的 按钮可关闭【打印预览】对话框。

11.3.3　合并打印

在实际工作过程中常常需要打印一些格式相同而内容不同的作品，比如信封、名片、明信片或请柬等，如果分别编辑打印，数量大时操作会非常繁琐。利用 CorelDRAW X3 中的"合并打印"功能，可轻松进行打印，下面以实例的形式来具体讲解。

例如设计了一张贺卡，要送给不同的朋友，此时就可以使用打印功能来实现。

☞　合并打印

1. 按 Ctrl+O 组合键，打开教学资源包中"图库\第 11 章"目录下名为"贺卡.cdr"的文件。
2. 执行【文件】/【合并打印】/【创建/装入合并域】命令，弹出如图 11-17 所示的【合并打印向导】对话框。点选【从头开始创建】单选项，可以创建新的合并域；点选【从现有文件中选择】单选项，可以从已有的文件中创建合并域，同时也可以添加新的域。

 域，是合并打印中的一个数据名称。好比多个变量（如 *A*、*B*、*C*），分别代表"姓名"、"性别"、"职务"等各个条目，各个记录项的具体内容如"张三"、"男"、"经理"等就是变量的数据。

3. 单击 下一步(N) > 按钮，在弹出对话框【为域命名】文本框中输入"人名"，然后单击 添加(A)-> 按钮，将域名添加到右侧的【合并中使用的域】选项窗口中，如图 11-18 所示。

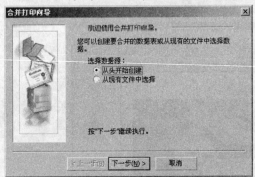
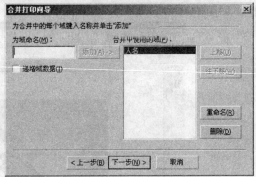

图11-17 【合并打印向导】对话框　　　　　　　图11-18 设置的域名

4. 再次单击 下一步(N) > 按钮，在弹出对话框【人名】栏中的文本框中输入人名，然后依次单击 新建(E) 按钮，添加新的域数据，并分别输入人名，如图 11-19 所示。

5. 再单击 下一步(N) > 按钮，弹出如图 11-20 所示的对话框，在此对话框中勾选【数据设置另存为】复选项，然后单击 按钮，在弹出的【另存为】对话框中设置保存的路径，可将创建的域设置保存在文件中，以便今后调用。

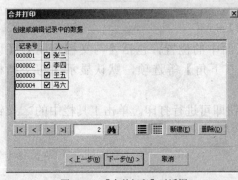
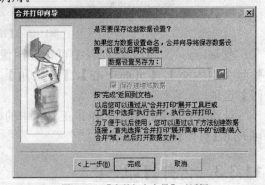

图11-19 【合并打印】对话框　　　　　　　图11-20 【合并打印向导】对话框

6. 单击 完成 按钮，即可完成域的创建。此时，工作界面中弹出【合并打印】工具栏，如图 11-21 所示。

图11-21 【合并打印】工具栏

7. 选择 字 工具，将鼠标光标移动到贺卡中的"TO"字后面单击，设置插入点，然后单击【合并打印】工具栏中的 按钮，在单击处插入域名，如图 11-22 所示。

8. 利用 工具选择域名还可对其字体、字号或颜色等进行设置，如图 11-23 所示。

图11-22　插入的域名

图11-23　设置字体及颜色后的效果

9.　当设置好合并域后，单击【合并打印】工具栏中的 按钮，即可弹出【打印】对话框，单击下方的 `打印预览(W)` 按钮，显示的预览效果如图 11-24 所示。

图11-24　显示的预览效果

> **要点提示**　从上图可以看出，系统会自动生成 4 个预览页，且每个文件中的人名都不相同，分别为设置的域数据名称。

10.　当预览效果没有错误，且【打印】对话框中最右侧的选项卡显示为"无问题"时，单击 `打印` 按钮，即可开始打印。

11.　按 Shift+Ctrl+S 组合键，将此文件命名为"合并打印练习.cdr"另存。

11.4　发布

在 CorelDRAW 中创作的作品不仅可以打印输出，还可以以 PDF 格式输出或发布至互联网中。

11.4.1　发布至 PDF

PDF 是 Adobe 公司指定的一种可移置文档格式，是计算机跨平台传递文档数据的通用文件格式，适用于 Windows、MacOs 系统。该格式文件可以存储多页信息，包括图形和文件的导航功能等。

执行【文件】/【发布至 PDF】命令，弹出如图 11-25 所示的【发布至 PDF】对话框。在对话框中选择文件保存的位置，输入文件名并在【PDF 样式】下拉列表中选择一种样式，然后单击 `保存(S)` 按钮，即可将文件以 PDF 格式保存。

如果要对输出的文件进行更高的设置，可以在【发布至 PDF】对话框中单击 设置(E)... 按钮，弹出如图 11-26 所示的【发布至 PDF】设置对话框。

- 【常规】选项卡：用于设置文件的导出范围、兼容性、作者名称、关键字以及 PDF 样式等。
- 【对象】选项卡：用于设置文件压缩的类型、压缩的质量以及文本的输出方式等。
- 【文档】选项卡：用于设置是否包含超链接或生成书签及缩览图等。
- 【预印】选项卡：用于设置是否显示裁切线标记、文件信息及出血等。
- 【安全性】选项卡：可以设置密码来保护 PDF 文件，控制使用者访问、编辑和复制 PDF 文件的权力。
- 【高级】选项卡：用于设置是否保留文档叠印。

图11-25　【发布至 PDF】对话框

图11-26　【发布至 PDF】设置对话框

 最右侧的选项卡用于显示在保存时出现的错误设定及相关内容，如发布的作品中有小于 18 点的文字，当勾选下方的【以后不检查该问题】复选项时可忽略此问题。如果在发布时没有发现问题，该选项卡将显示为"无问题"。

11.4.2　发布至网络

　　在 CorelDRAW 中制作完成一个作品后，可以将其转换为 HTML 格式，并发布到网络上。执行【文件】/【发布到 Web】/【HTML】命令，弹出如图 11-27 所示的【发布到 Web】对话框。在此对话框中设置好各选项后，单击 确定 按钮，即可将作品转换为 HTML 格式。

图11-27　【发布到 Web】对话框

- 在【HTML 排版方式】下拉列表中可以选择 HTML 的排版方式。
- 单击 按钮，可在弹出的【选择目录】对话框中选择文件输出的路径。如勾选【图像子文件夹使用 HTML 名称】复选项，将使用 HTML 文件名作为保存图像文件的文件夹名，同时输入 HTML 文件生成的所有图片都将保存在该文件夹中；如不选此项，可在【图像文件夹】文本框中输入名称作为保存图片的文件夹名称。

- 【替换现有文件】：勾选此复选项，在转换文件时如果有同名文件，将直接覆盖原文件；如不勾选此选项，弹出提示对话框。
- 【完成时显示在浏览器中】：勾选此复选项，在转换完成后将打开 Web 浏览器，并显示转换后的 HTML 文件。
- 【导出范围】：点选【全部】单选项可以将全部作品输出为 HTML 文件；点选【页面】单选项可以将指定的页面输出；点选【当前页】单选项，将只能将当前页输出；如当前文件中有选择的对象，【选项】选项才可用，点选此单选项，可以将选择的对象输出。
- 【FTP 上载】：勾选此复选项，可以使用文件传输协议"FTP"将作品传送到指定的网络服务器上。单击下方的 FTP 设置(G) 按钮，可在弹出的【FTP 上载】对话框中设置 FTP 地址、用户名及密码等。
- 单击 浏览器预览... 按钮，可在弹出的浏览器中预览转换后的效果。

11.4.3 嵌入 Flash 文件

将作品发布至网络上时，可将作品转换为 Flash 软件中的 SWF 格式，也可在 HTML 文件中嵌入 Flash 文件。Flash 文件是一种用于创建和显示基于矢量图像和动画的文件格式，还可以包含声音文件。该格式生成的文件较小，但质量却很高，因而是用于网络的理想文件格式。

执行【文件】/【发布至 Web】/【嵌入 HTML 的 Flash】命令，在弹出的【导出】对话框中选择文件的导出路径位置后单击 导出 按钮，即可又弹出如图 11-28 所示的【Flash 导出】对话框。

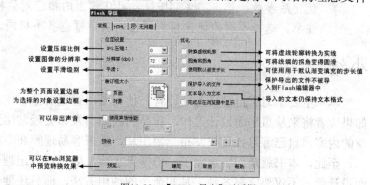

图11-28 【Flash 导出】对话框

> **要点提示** 要在浏览器中预览 Macromedia Flash 文件，必须在计算机上安装 Macromedia Flash Player 插件。

单击"HTML"，可切换到"HTML"选项卡，在此选项卡下面可以选择导出时使用的 Flash 模板，还可以设置 Flash 图像的大小、质量以及文件的兼容性。

11.4.4 优化图像

将作品转换为 HTML 格式后，在发布至网络之前，还可以对作品中的图像进行优化处理，这样既可以减小文件的大小，又可以保证图像的清晰效果。

执行【文件】/【发布到 Web】/【Web 图像优化程序】命令，弹出如图 11-29 所示的【网络图像优化器】对话框。

图11-29 【网络图像优化器】对话框

- 28.8 K：在此下拉列表中可以设置传输速度。
- 100%：在此下拉列表中可以设置图像在预览窗口中的显示比例。
- 按钮：设置预览窗口的数目。
- 每个预览窗口下面都会有一个相应的选项区，用于显示图像优化的细节。当在选项区左上角的选项窗口中选择相应的优化格式后，选项区中即显示相应的优化后参数。单击 高级 按钮，可在弹出的相应对话框中进行更细致的设置。注意，选择不同的优化格式弹出的对话框也各不相同。

小结

本章主要学习了自定义选项设置、使用图层管理对象、作品的打印输出与发布等内容。如果读者将来从事平面设计工作，作品的打印与发布会经常用到，所以读者必须认真学习本章的内容，自己练习打印或发布一幅图片，就很容易理解和掌握这些内容了。

至此，本书就全部讲解完了，但学无止境，要想设计出理想的作品，成为一名优秀的平面设计师，不仅要掌握各种工具和命令的使用方法，而且还要不断地学习一些美术知识来增强自己的审美水平，这样才能设计并制作出更为理想的作品。

操作题

1. 为【工具】/【自定义】命令设置快捷键。
2. 利用【合并打印】命令，为教学资源包中"图库\第 11 章"目录下名为"贵宾卡.cdr"的文件设置编号 001～008，然后合并打印输出。原图及添加的编号样式如图 11-30 所示。

图11-30 原图及添加的编号样式